泥石流灾害风险分析与聚落减灾

——以岷江上游为例

丁明涛　胡凯衡　著

科学出版社

北　京

内 容 简 介

本书从科学性和实践性出发，在野外调查的基础上，结合遥感影像和区域历史统计资料，应用 RS 和 GIS 等信息技术手段，获取山区聚落和泥石流活动的时空演化特征，从多个特征角度讨论并验证两者之间存在一定的响应关系，对山区聚落泥石流灾害危险性、易损性及其风险进行综合评价与监测预警，并进行典型区实证研究，可为岷江上游及类似地区乡村聚落防灾减灾工作提供一定的指导和帮助。

本书适合地质科学、地理科学、环境科学、环境管理及相关专业的科研人员和研究生阅读参考。

图书在版编目(CIP)数据

泥石流灾害风险分析与聚落减灾：以岷江上游为例 / 丁明涛，胡凯衡著.
—北京：科学出版社，2020.5
ISBN 978-7-03-054291-5

Ⅰ.①泥⋯　Ⅱ.①丁⋯　②胡⋯　Ⅲ.①岷江–上游–泥石流–风险分析
②岷江–上游–泥石流–聚落环境–减灾管理　Ⅳ.①P642.23

中国版本图书馆 CIP 数据核字 (2017) 第 213409 号

责任编辑：莫永国 / 责任校对：彭　映
责任印制：罗　科 / 封面设计：墨创文化

科 学 出 版 社 出版
北京东黄城根北街16号
邮政编码：100717
http://www.sciencep.com

四川煤田地质制图印刷厂印刷
科学出版社发行　各地新华书店经销
*

2020 年 5 月第 一 版　开本：787×1092 1/16
2020 年 5 月第一次印刷　印张：14
字数：420 000

定价：169.00 元
(如有印装质量问题，我社负责调换)

本书成果主要来源于以下科研项目

- 国家重点研发计划项目，No.2018YFC150540202，"强震区宽缓沟道型泥石流致灾机理及灾害链效应"项目子课题，2018/12—2021/12

- 国家自然科学基金面上项目，No.41871174，面向灾害保险的岷江上游聚落风险模式化认知与应急响应，2019/01—2022/12

- 国家自然科学基金重大项目课题，No.41790434，大规模灾害风险评估及综合调控原理和模式，2018/01—2022/12

- 国家自然科学基金面上项目，No.41371185，岷江上游河谷聚落对泥石流灾变的响应机制研究，2014/01—2017/12

- 四川省青年科技基金项目，No.2017JQ0051，岷江上游聚落灾变与山地垂直分异的耦合机制研究(青年基金)，2017/03—2020/03

作者简介

丁明涛(1981—),男,山东日照人,博士,西南交通大学教授,博士生导师,四川省学术和技术带头人后备人选(第十二批),四川省海外高层次留学人才,长期从事地质灾害防灾减灾理论及其技术方面的教学与科研工作。2009年6月毕业于中国科学院水利部成都山地灾害与环境研究所,获理学博士学位;2013年11月~2014年11月,赴奥地利维也纳自然资源与应用生命科技大学(BOKU)从事博士后工作。已承担主持国家自然科学基金委项目(6项)等30余项科研项目;发表学术论文60余篇(SCI收录15篇),授权软件著作权6项、国家发明专利4项,出版学术著作3部。入选四川省杰出青年学术技术带头人培育计划(2017),入选第十四批西部之光访问学者(2017),荣获第十四届四川省青年科技奖(2017)。

胡凯衡(1975—),男,江西瑞金人,博士,中国科学院水利部成都山地灾害与环境研究所研究员,博士生导师,第十二批四川省有突出贡献的优秀专家,长期从事泥石流动力学、泥石流减灾理论与技术、地表过程数值模拟等研究。任四川省气象学会常务理事、中国水保学会泥石流滑坡专业委员、中国地理学会山地分会委员。2006年毕业于北京大学工学院,获理学博士学位。1997年进入中国科学院成都山地灾害与环境研究所工作至今。承担了重点研发计划等国家和地方重要项目30余项;发表论文182篇(SCI56、EI29),授权软著权3项、专利5项,荣获2009年国家科技进步二等奖、2006年和2013年四川省科技进步一等奖。

前　言

　　西部山区是我国社会经济发展中各种不利条件和困难因素叠加影响的地区，是地形上的隆起区和经济上的低谷区，更是滑坡、泥石流等山地灾害的多发区。在大地震及其引发的山地灾害链式效应的共同作用下，先天脆弱与高风险并存的山区聚落(包括河谷聚落、半高山聚落和高山聚落)成为居民生命财产和生计资源受灾最为严重的地理单元，同时也是遭受泥石流等山地灾害威胁的主要承灾体，更是山区生态环境恢复与建设的立足点和突破口。

　　岷江上游位于四川盆地西北部、阿坝藏族羌族自治州东部、青藏高原东缘，地处横断山区东北部，是四川盆周丘陵山地向青藏高原的过渡地带，属于典型的生态环境脆弱区和泥石流灾害多发区，同时，其也被视作蜀文化及成都平原繁荣发展的重要生态安全屏障，是四川省自然、社会与经济大融合的形成、演化和发展中的关键之所在。岷江上游是川西少数民族聚居区，拥有不同的聚落类型：从生产方式看，既有草地放牧聚落，也有农牧结合聚落，还有纯农聚落；从民族特点看，既有藏族聚落，也有羌族和回族等聚落。山区聚落的形成和空间分布是人类利用和适应自然的产物，其民族类型分布具有显著的垂直分异特征，民族生计方式与山地自然垂直带谱和谐统一，如藏族聚落—高半山—牧业，羌族聚落—干旱河谷、低半山缓坡地带—农牧业，汉族—河谷—农耕。在多源性的聚落文化背景下，人类对山地生态环境的干扰频繁且强烈，加上活跃地震带(尤其是 2008 年 5 月 12 日汶川 Ms 8.0 地震和 2013 年 4 月 20 日芦山 Ms 7.0 地震)的影响，使岷江上游成为典型的生态环境脆弱区和泥石流灾害多发区。

　　岷江上游地区泥石流灾害和人类活动相互作用明显，两者均随时间而变化，对于两者相互关系的研究具有重要的科学意义和实践价值。本书通过对岷江上游泥石流灾变过程的综合分析，开展泥石流灾害危险性和聚落易损性的耦合研究，构建泥石流影响下人类活动灾变响应评价的指标体系和模型，科学界定灾变响应阈值，明确灾变响应区划边界，为我国西部泥石流多发区聚落合理规划、防灾减灾管理、人口合理分布与再调整提供重要的科学依据。该典型区域内人地关系的研究将对我国山区的协调发展提供有益的帮助和指导。

　　本书内容是丁明涛教授带领的科研团队近五年来关于泥石流活动与山区聚落相互作用研究的成果集成，是区域泥石流灾害风险控制研究方面成果的总结。通过对岷江上游地理位置、地貌特征、地质环境、气象和水文、植被和土壤、社会经济等方面的深入研究，以泥石流分布规律和发育特征为基础，重点讨论岷江上游泥石流活动及其堆积扇特征和演化、河谷聚落的特征及其演化、土地利用方式的特征、泥石流灾害监测预警等，并以此为基础分析河谷聚落对泥石流灾害的响应、土地利用方式对泥石流灾变的响应，最终回归到对泥石流灾害危险性、易损性和风险的综合评价。

　　本书主体内容共分为 11 章，是"地质灾害风险防控与聚落减灾"团队近五年来科学研究的成果集成，各章作者如下：第 1 章～第 4 章由丁明涛、胡凯衡、庙成、王骏完成；

第 5 章由丁明涛、胡凯衡、王欢、黄涛完成；第 6 章由丁明涛、胡凯衡、周鹏、黄涛完成；第 7 章～第 8 章由丁明涛、胡凯衡、庙成、林虹宇完成；第 9 章由丁明涛、胡凯衡、王骏、黄涛完成；第 10 章～第 11 章由丁明涛、胡凯衡、黄涛、黄英完成；最后全书由丁明涛统稿完成。

在野外调查的基础上，结合遥感影像和区域历史统计资料，利用 RS(遥感)和 GIS(地理信息系统)等技术手段，通过获得的山区聚落和泥石流堆积扇的范围、形态以及分布特征，将这些特征进行多期的演化分析，再将两者的响应关系耦合，同时从多个特征角度讨论并验证两者之间存在一定的响应关系，从而进行泥石流灾害评价，对区域泥石流灾害危险性、易损性及其综合风险进行预测，并提出相应的监测预警措施，可为岷江上游地区及其他类似地区地质灾害防灾减灾工作提供一定的指导和帮助。

本书的出版得到了西南交通大学研究生教材(专著)建设项目的资助，本书内容系由国家重点研发计划项目"强震区宽缓沟道型泥石流致灾机理及灾害链效应"项目子课题(No. 2018YFC150540202)、国家自然科学基金面上项目"面向灾害保险的岷江上游聚落风险模式化认知与应急响应"(No. 41871174)、国家自然科学基金重大项目课题"大规模灾害风险评估及综合调控原理和模式"(No. 41790434)、国家自然科学基金面上项目"岷江上游河谷聚落对泥石流灾变的响应机制研究"(No. 41371185)和四川省青年科技基金项目"岷江上游聚落灾变与山地垂直分异的耦合机制研究(青年基金)"(No. 2017JQ0051)等项目的研究成果汇编而成。从本书的筹划、立项到创作过程，始终受到西南交通大学地球科学与环境工程学院领导和同事们的支持和鼓励。初稿得到中国科学院水利部成都山地灾害与环境研究所的程尊兰研究员和谢洪研究员，以及西南科技大学王青教授的热情指导和帮助。科研团队成员也分别审阅了全书，提出了中肯、详细的修改意见，使专著质量获得大幅度提升。在此对他们的无私奉献表示衷心的感谢。

从齐鲁大地到天府之国，辗转数千里，科研探索之路漫长而艰辛，倍加感激那些曾给予我们无私帮助的领导、前辈、朋友和同事们。

限于作者的知识面和学术水平，书中难免有不妥之处，敬请广大读者批评指正。

于西南交通大学犀浦校区

2020 年 3 月

目　　录

第1章 绪 论

1.1 研究目的和意义

泥石流又称山洪泥流，是指在山区或者其他沟谷深壑，地形险峻的地区，因为暴雨、冰雪融水或其他地表灾害引发的山体滑坡并携带有大量泥沙以及石块的特殊洪流。泥石流具有突发性、流速快、重度高和破坏力强等特点。我国又是个多山国家，频发的山区地质灾害，每年都会引起巨大的人员死伤和财产损失(文宝萍，1994)。其中，泥石流在地质灾害中属于分布广、暴发频率高和破环性巨大的一种灾害类型(唐邦兴等，2000)。数据统计表明，我国每年暴发泥石流数千起，影响约480万平方公里(王琼，2012)；据国家地质环境监测院统计，我国约有3万余条泥石流沟，极大的威胁着群众的生命和财产安全(徐继维，2014)。特别是在地形地貌特殊、物源丰富、降水充足的西南山区，泥石流暴发的频率高、危害大(陈宁生等，2013)。近年来，受极端气候和人类不合理的工程活动影响，泥石流灾害已进入频发期，特别是厄尔尼诺出现的极端干湿循环对我国西南山区大规模的泥石流、滑坡等灾害起到了促进作用(陈宁生等，2015)。

西部山区是我国社会经济发展中各种不利条件和困难因素叠加影响的地区，是地形上的隆起区和经济上的低谷区，更是滑坡泥石流等山地灾害的多发区。山区聚落(包括河谷聚落、半高山聚落和高山聚落)是山区最基本的社会经济单元和最基础的社会组织单元，其中河谷聚落(指选址在河谷阶地或冲洪积扇上的山区聚落)是遭受泥石流灾害威胁的主要承灾体，更是山区生态环境再调整与建设的立足点和突破口。在多源性的聚落文化背景下，岷江上游人类活动对山地生态环境的干扰频繁且显著，加上活跃地震带的影响，使其成为长江上游典型的生态环境脆弱区和山地灾害多发区。

千百年来，繁衍生息在岷江上游的羌、藏、汉、回等民族勤劳耕作，渐渐形成了具有强烈的地域特色的山区聚落文明。聚落的兴衰常系于所处的自然环境，环境的稳定与退化现象交替出现，聚落也随之兴衰(程根伟等，2006；陈国阶等，2007；李立，2007)。岷江上游地区地质灾害频发，有史可考：1713年，叠溪地震诱发了茂县的花红园滑坡，200多人被埋丧生(柴贺军等，2002)；1889年，理县板子沟泥石流暴发，农田被毁，河道阻塞，汶川理县道路交通受阻；1972年，通化村泥石流暴发，17人死亡(刘斌等，1990)；1890年，汶川桃关沟泥石流造成的死亡人数逾千；1912年，佛堂坝沟特大泥石流事件中全村仅一人幸免于难(孟国才等，2005)；1975年，茂县龙洞沟泥石流淹没、冲毁乡道并危及城区(谢洪等，2004)；2008年，汶川映秀震后泥石流，损坏房屋、农田无数，造成的经济损失难以估量(谢洪等，2009)；2013年，羊店滑坡堵塞岷江主河道形成特大堰塞湖，威胁沿江公路(殷志强，2014)；2013 年 7 月，七盘沟泥石流造成超过两亿的经济损失。当年 8 月雨季，各处泥石流灾害总计造成死亡人数超过一千人，4.7 万人次受灾，6 万多间房屋损坏，经济损失难以量化，仅汶川一县就有超过 2000 多间房屋受损，121 间房屋倒塌。从历史资料可以看出该区域的地质灾害活动异常频繁，具有以下特点：①时间跨度大，有明确时间记载的可以上溯到 18 世纪初；②灾害表现形式多样，有滑坡、泥石流等，但造成重大生命财产损失的主要是泥石流灾害；③灾害分布有明显的地域性，多集中在汶川、茂县、理县；④以 2008 年汶川 8.0 级特大地震为一个契机，泥石流灾害事件迁跃到了新的活跃周期；⑤每次灾害发生，不仅威胁居民生命安全，还对居民建筑造成破坏乃至损毁，造成的损失巨大。

岷江上游山区聚落研究是自然地理学与人文地理学研究的综合应用，更是深入研究泥石流灾害危险性与山区聚落易损性的重要试验区。基于 3S(GPS、RS 和 GIS)空间信息技术的山区聚落对泥石流灾害的响应机制研究(本书将响应阈值定义为：在岷江上游地区，在特定时段内，泥石流灾害影响下聚落区人类对聚居和生活的生存环境所作出可接受的最大灾变响应值，其内容包括两个方面：泥石流灾害危险性和山区聚落易损性)，是揭示山区聚落人地相互影响与作用机制的重要途径与方法。因此，本书的科学意义和研究价值主要体现在以下两个方面。

其一，岷江上游山区聚落的空间分布状况是长期以来人类利用自然资源和适应自然环境的产物，山区聚落与泥石流灾害的相互影响与作用和岷江上游大流域环境背景紧密关联。由于处于不同时期(1974~2018 年)的山区聚落具有不同的空间分布特征及人文要素(文化背景、生产生活方式等)，分析评估不同时期泥石流灾害对山区聚落的影响程度和山区聚落对泥石流灾害的应对能力，建立岷江上游山区聚落对泥石流灾害风险响应评价的指标体系和模型，揭示山区聚落对泥石流灾害风险的响应机制，对于阐明岷江上游山区聚落合理规划、选址与人口迁移具有重要的理论意义和参考价值。

其二，泥石流灾害影响下聚落易损性的响应阈值界定研究，其核心内容就是基于空间引力和潜能模型，从全新角度确定泥石流影响下聚落发生灾变的响应临界值，为山区聚落易损性灾变响应区划提供理论依据。这一问题的解决，可以对岷江上游山区聚落泥石流灾害评估与风险管理的理论依据给予科学的诠释，也为岷江上游地区及其他类似的泥石流多发区防灾减灾规划和山区经济建设及布局再调整提供关键参数支持。

本书是关于山区人地相互影响与作用机制研究的系统集成，开展泥石流灾害危险性与山区聚落易损性的耦合研究，可以为科学地界定泥石流影响下山区聚落灾变风险响应阈值及其区划边界提供指导，使山区聚落风险区划具有一定的物理意义和参考价值，同时为全面调整山区聚落人口再分布和防灾减灾管理提供科学依据。

泥石流灾害过程评估与风险管理是当今世界防灾减灾领域关注的焦点。本书在泥石流灾害危险性和山区聚落易损性评价的基础上，深入研究泥石流灾害风险控制与防灾减灾管理，将其内容概括为泥石流灾害危险性(泥石流自然属性)和山区聚落易损性(泥石流社会属性)两个相互联系的组成部分。其中，泥石流灾害危险性侧重于泥石流灾害发生时会造成的危害期望值，山区聚落易损性侧重于山区聚落承灾体可接受的最大损毁值。

1.2 国内外研究现状

1.2.1 泥石流风险分析研究

研究风险问题的起点是对"风险"内涵的理解。但是，对"风险"这个概念进行准确的界定是非常困难的。多年来研究者们分别从不同的角度对"风险"一词进行了定义。

Maskrey(1989)认为灾害风险评估不仅要考虑灾害发生后可能造成的后果，还要考虑灾害发生的概率，Sitkin 和 Weingart(1995)将风险定义为"决策中可能的重要结果和（或）不想要的结果有不确定性的存在"。Adms(1995)认为，风险不仅涉及事件发生的概率，而且涉及事件的结果，将风险定义为"将来不利事件在数量上增加的可能性"。Smith(1996)则将风险定义为"风险是指灾害发生的概率"，Tobin(1997)认为"风险是指灾害发生的概率和期望损失的乘积"。Feomme 等(1997)将风险定义为"能同时造成正向及负向的结果"。Sjoberg(1998)将风险作为一个心理学的概念来探讨，认为风险指的是期望的或可能的消极事件。Rosa(2003)认为风险是指人们对一种情形或事件（包括人们自己）的评价是危险的，并且这种情形或事件的结果是不确定的。而 Sitkin(1992)则认为风险是多维度的概念，其中包含有三个维度：结果的不确定性(outcome uncertainty)、结果的预期(outcome expectations)、结果的可能性(outcome potential)。Yates(1992)亦认为风险应包含三个基本的原素：损失(Loss)、损失的重大性(Significance)、不确定性(Uncertainty)。

以上研究者们对风险的定义虽然在研究的角度、内容、方式等方面存在差异，但都具有一定的合理性。然而，作为一个概念，风险必定具备一个核心的意义，本书采用1992 年联合国提出的灾害风险评估的定义为"在指定的区域和给定的时间段内发生的自然灾害，对人类生命财产和社会经济造成的损失可能性"，并将灾害风险评估的数学表达式表述为"风险性＝危险性×易损性"，全面地反映了灾害风险评估中自然属性和社会属性两方面的本质特征(United Nations，1991，1992；曾晓丽，2015；林紫红，2015)，泥石流灾害这一风险评价模式目前已经得到了国内外众多学者的认同。

在泥石流自然属性方面，19 世纪后半期，俄国 S. N. 斯塔科特夫斯基初步涉及泥石流危险度的问题。日本学者足立胜治等(1977)首先开展了泥石流危险度的判定研究。日本学者高桥堡(1980)开展了泥石流堆积过程和堆积范围的模型试验，运用连续流基础方程首次建立了泥石流危险范围预测的数学模型。奥地利、瑞士等欧洲国家对泥石流灾害危险性进行评价，较早地提出了采用类似于交通信号中红、黄、绿三色的特定含义，来划分泥石流危险区、潜在危险区和无危险区。王礼先(1982)对泥石流沟的危险性进行了量化分析。谭炳炎(1986)提出了泥石流沟严重程度的数量化综合评判方法。刘希林(1988)提出了泥石流危险度的判定方法。20 世纪 90 年代以来，随着泥石流运动基本方程和流变特性研究的日益成熟，泥石流数值模拟方法也得到迅速发展，唐川等(1993)利用 4 种流速和流深的不同组合，确定了泥石流危险性的四级标准。韦方强等(2003)利用流速和流深 2 个因素建立了泥石流危险性动量分区模型，使分区结果具有广泛的可比性。胡凯衡等(2003)利用流速和流深 2 个参量建立了泥石流危险性的动能分区法，并用等方差法对动能进行分级来确定不同的危险区。目前泥石流危险性的研究已发展到了能够精确定量、模型模式化操作的阶段。因此，本书将在泥石流危险性评价模型的基础上优化，将其应用到河谷聚落区泥石流灾害过程研究中。

在泥石流社会属性方面，近二十年来，国内外学者从地球系统科学、生态学、地理学等多个角度对自然灾害易损性进行了广泛研究。美国地理学家 Cutter(1996)以县为单元，运用美国 20 世纪 90 年代的社会经济和人口资料，构建了美国的社会易损性评价指标体系，并对美国的自然灾害社会易损性进行了评价；姜彤等(1996)提出社会易损性的完整概念，并简要分析了社会易损性与自然易损性的关系；张梁等(1998)在对中国地质灾害研究中，提出了地质灾害风险区划的理论和方法，提出易损性分为社会易损性、物质易损性、经济易损性和资源环境易损性，并建立了相应的风险评价指标体系；蒋勇军(2001)在重庆市自然灾害综合区划研究中对社会易损性进行了分析，但缺乏对指标的细化研究；史培军(2002)近十年来对灾害学进行了较为系统的总结，提出了"区域灾害系统论"，并认为灾害易损性评价是当前灾害科学的学科前沿问题之一；郭跃(2005)对灾害社会易损性的国内外研究现状进行了总结和概括，从灾害管理的角度确定了研究灾害社会易损性的重要性，强调降低人类本身的易损性是目前减灾的主要途径；丁明涛等(2010)采用自组织神经网络方法，选取房屋结构、建筑物的修建时间、房屋建筑面积、楼层、家庭人数和家庭收入等 6 个指标，建立了泥石流灾害易损性评价指标体系，绘制了云南省东川城区泥石流灾害易损性分区图，但未能界定易损性的灾变阈值和区划边界。目前泥石流易损度的研究还处在模型探索阶段，因此，本书将构建河谷聚落易损性评价指标体系和优化模型，将其应用到岷江上游河谷聚落易损性评价研究中。

1.2.2　聚落减灾研究

聚落作为人类的家园和住所，是人类生产和生活与外部环境关系最密切的时空单元。国内外学者针对聚落做了大量的相关研究，总的来看，国外学者在聚落地理方面的研究历程可分为定性描述、计量与模式化、空间分析与人本主义三个阶段，国外代表性学者主要有 Demangeon(1952)、Bylund(1960)、Paul(1980)、Goodwin(1984)、Peter(1994)、Michael(1997)、Brendan(1998)、Leslaw(2000)、Peter(2002)、Neil(2005)、Michael(2005)、Marjanne(2007)、Paul(2009)、Radoslava(2014)、Smith(2016)、Flynn(2017)、Maria(2017)、Nowakowski(2018)、Wilding(2018)、Ristić(2019)、Hoffman-Hall(2019)和 Restrepo-Cardona(2020)等；国内学者对推动农村聚落地理发展做出了很大的贡献，对聚落的形成演变、空间格局、功能、类型、优化调控等方面进行了多层次、全方位的理论研究和实证分析，国内代表性学者主要有李旭旦(1941)、胡振洲(1977)、金其铭(1988)、王智平(1993)、吴映梅(2006)、陈国阶(2010)、刘彦随(2018，2019)、龙花楼(2009，2019)、马晓冬(2012)、郭晓东(2013)、宋伟(2014)、舒波(2015)、席建超(2016)、周国华(2018)、罗光杰(2018)和李阳兵(2018)等。

岷江上游作为一个独特的地理单元，一直是科研工作者关注的热点，曾开展过大量的有关于地质、地貌、水文、气候、植被、土壤等方面的科学考察和研究工作（包维楷等，1995；汤加法和谢洪，1999；汪西林，2008；Liu et al.，2010；韩文权等，2012；张文江等，2013；胡玉明等，2016；樊敏，2019）；有关这个区域历史、民族、文化和人口方面的研究也十分丰富（吴宁等，2003）。围绕岷江上游山区聚落开展的相关研究主要有：Ye 等（2003）就退耕还林工程对岷江上游农村聚落影响的研究；陈勇、涂建军、王青等对岷江上游理县山区聚落分布规律及其聚落生态特征的研究（Chen et al.，2003；陈勇和陈国阶，2003；Tu et al.，2005）；陈国阶等（2006）关于农村聚落生态环境建设的研究；冯文兰和周万村等（2008）应用 GIS 手段对茂县乡村聚落空间分布特征与地理、气候、地貌、水系、交通等环境因子进行了相关性的定量研究；姚永慧等（2009）对长江上游山地垂直带谱及其空间分布模式的研究；马旭等（2012）对岷江上游山区聚落生态位及其模型的研究；王青等（2013）定量研究了山区聚落生态位影响尺度、人口密度及民族类型带谱垂直分异特征，并建立了民族聚落生态位类型图谱；丁明涛等（2018）通过分析岷江上游多时期河谷聚落的时空分布，阐述了其基本特征和演化规律，并针对岷江上游山区聚落与山地灾害之间的相互作用及其耦合机制进行了初步的分析与探讨（Ding et al.，2014，2019）；张继飞等（2017）探讨了岷江上游生态系统服务与聚落居民福祉的空间关系及其变化；陈莉和王青（2019）探究了岷江上游藏区聚落土地利用类型、数量演变规律及空间分布。

岷江上游山区聚落是自然地理学与人文地理学交叉的重要研究领域，是认知人类活动和山区生态环境相互影响与作用机制的重要途径和试验区，而聚落泥石流的灾变研究也一直是这个领域研究的弱点与热点问题。

对聚落减灾的相关研究现状进行总结，探讨出以下聚落减灾的结论。①目前，国内外泥石流研究大多仅限于泥石流灾害结果方面的研究，而忽略了对泥石流灾害风险控制与管理过程（泥石流灾害度和山区聚落承灾度）的综合研究，缺乏对泥石流灾害过程的环境背景与社会背景的耦合研究以及人地关系的系统研究。因此，本书特别关注山区聚落对泥石流灾害的响应机制研究。②聚落是一个特殊的研究对象，泥石流灾害影响下聚落的响应机制是研究山区泥石流灾害的重要组成部分，且是当前灾害研究中理论与实践相结合的薄弱环节，如何选择刻画山区聚落对泥石流灾害响应评价的指标体系和模型，科学界定山区聚落灾变响应阈值，明确聚落灾变响应区划边界，显然是一个急需解决的科学问题。

作者在主持的国家自然科学基金面上项目"面向灾害保险的岷江上游聚落风险模式化认知与应急响应"（No. 41871174）和国家自然科学基金面上项目"岷江上游河谷聚落对泥石流灾害的响应机制研究"（No. 41371185）研究过程中，在对岷江上游山区聚落和泥石流灾害进行遥感影像解译分析和实地调研时，发现山区聚落形态与泥石流运动呈现很强的相关性，调研结果显示：山区聚落形态演化正是在泥石流灾害的激励作用下形成的。由此发现，可以利用不同时期的遥感影像和实地调研资料来研究山区聚落形态演化，分析其时空变化规律；利用数值模拟方法和原型观测来研究泥石流灾害过程，从而揭示泥石流影响下山区聚落的灾变响应机制。本书是通过对岷江上游山区聚落形态演化与泥石流灾害过程的综合分析，开展泥石流灾害危险性和山区聚落易损性的耦合研究，构建泥石流影响下山区聚落灾变响应评价的指标体系和模型，科学界定山区聚落灾变响应阈值，明确山区聚落灾变响应区划边界，为我国西部泥石流多发区聚落合理规划、防灾减灾管理、人口合理分布与再调整提供重要的科学依据。

1.3　研究特色与创新

（1）研究特色。本书选取岷江上游典型聚落为研究对象，借助 1974～2018 年多时期的高精度遥感影像资料和 3S 空间信息技术，采用野外原型观测和人类学的田野调查法，从全新的角度解析岷江上游聚落对泥石流灾害的动态响应机制，该方法拓展了信息技术在自然地理学和人文地理学交叉领域的应用研究。本书研究结果可以为我国西部泥石流多发区防灾减灾管理与人口合理分布决策提供科学依据。

（2）创新之处。泥石流灾害影响下聚落的响应阈值是客观且能够准确表征人类活动与山地生态环境相互影响强度的关键参数。因此，寻求科学表达山区聚落系统和泥石流灾害过程之间的动态响应机制，合理界定山区聚落对泥石流灾害的响应阈值，从而使泥石流影响下聚落的灾变响应区划具备一定的物理意义和参考价值。

1.4　内容简介

1.4.1　核心内容

本书选取岷江上游泥石流灾害和山区聚落为研究对象，利用多个时期的高精度遥感影像资料、该区域社会经济统计数据和泥石流灾害过程的相关统计数据，来实现以下三个方面的研究内容。

（1）泥石流灾害风险分析研究。泥石流灾害影响下聚落的响应阈值界定研究，其核心内容就是基于空间引力和潜能模型，从全新角度确定泥石流影响下聚落发生灾变的响应临界值，为山区聚落灾变响应区划提供理论依据。这一问题的解决，可以对岷江上游聚落区泥石流灾害评估与风险管理的理论依据给予科学的诠释，也能够为岷江上游地区及其他类似的泥石流多发区防灾减灾规划和山区经济建设及布局再调整提供关键参数支持。

（2）山区聚落研究：岷江上游山区聚落空间分布受泥石流灾害影响严重，其中河谷聚落主要分布在泥石流堆积扇上，两者紧密相关。分析长时间序列（1974～2018）下河谷聚落空间布特征，并分析其演变特征，探讨不同时期泥石流灾害对山区聚落迁徙、选址等的影响和山区聚落对泥石流灾害的抗灾能力，揭示山区聚落对泥石流灾害的动态响应机制，对于岷江上游山区聚落合理规划、选址与人口迁移具有重要的理论意义和参考价值。

（3）泥石流灾害风险分析在聚落减灾中的作用。岷江上游泥石流灾害风险分析与聚落减灾的研究，是关于山区人地相互影响与作用机制研究的系统集成，开展泥石流灾害危险性与山区聚落易损性的耦合研究，为科学地界定泥石流灾害胁迫下山区聚落的灾变响应阈值及其区划边界提供指导，使聚落风险区划具有一定的物理意义和参考价值，同时为全面调整聚落人口再分布和防灾减灾管理提供科学依据。

1.4.2 章节结构

全文共 11 章，各章主要内容如下所述。

第 1 章，绪论：介绍本书的目的与意义、国内外研究现状、研究内容、创新点、研究方法以及本书的研究框架。

第 2 章，研究区概况：介绍岷江上游地理位置、地形地貌、地质环境、水文气象、植被和土壤、社会经济与人类工程活动。

第 3 章，泥石流灾害数据库构建：介绍泥石流灾害数据库的构建方法、构成和主要功能。

第 4 章，泥石流成灾规律分析：介绍泥石流分布规律和发育特征。

第 5 章，泥石流堆积扇的发育规律：介绍国内外泥石流堆积扇研究现状、岷江上游泥石流堆积扇特征及其演化。

第 6 章，山区聚落研究：介绍山区聚落研究现状、分类、演化及与土地利用的关系。

第 7 章，河谷聚落对泥石流堆积扇演化的响应：介绍河谷聚落和泥石流堆积扇的分布情况和河谷聚落对泥石流堆积扇的响应。

第 8 章，土地利用方式对泥石流灾害的响应：介绍土地利用方式对泥石流灾害的响应研究现状、土地利用与泥石流的相互关系、土地利用方式对泥石流的影响和泥石流对土地利用方式响应的定量分析。

第 9 章，泥石流灾害风险分析：介绍泥石流灾害危险性评价、泥石流灾害易损性评价和泥石流风险评价。

第 10 章，泥石流灾害短临预警：介绍泥石流短临预警研究的发展趋势、基于传感网的泥石流短临预警系统设计及其在七盘沟的应用。

第 11 章，结论与展望：综述全书的重要结论以及下一步的工作计划。

参 考 文 献

柴贺军，刘汉，2002. 岷江上游多级多期崩滑堵江事件初步研究[J]. 山地学报，20(5)：617.

陈国阶，方一平，陈勇，等，2007. 中国山区发展报告：中国山区聚落研究[M]. 北京：商务印书馆.

陈国阶，方一平，高延军，等，2010. 中国山区发展报告——中国山区发展新动态与新探索[M]. 北京：商务印书馆.

陈莉，王青，2019. 岷江上游藏区聚落土地利用演变及预测[J]. 广东农业科学，46(01)：147−153，179.

陈宁生，王凤娘，2015. 2010 年极端干湿循环对我国西南山区大规模泥石流滑坡灾害的促进作用[C]. 2015 年全国工程地质学术年会，长春：98−101.

陈宁生，周海波，卢阳，等，2013. 西南山区泥石流防治工程效益浅析[J]. 成都理工大学学报（自然科学版），40(1)：50−58.

程根伟，王金锡，2006. 三江流域生态功能区建设的理论与模式[M]. 成都：四川科学技术出版社.

丁明涛，庙成，黄涛，2018. 岷江上游河谷聚落特征及其演化分析[J]. 西南师范大学学报(自然科学版)，043(008)：37−43.

樊敏，2019. 岷江上游山地生态系统服务地域分异过程与补偿阈值[J]. 生态与农村环境学报，(10)：1289−1298.

高桥堡，1980. 土石流堆积危险范围的预测[J]. 自然灾害科学，17：133−148.

郭晓东，2013. 乡村聚落发展与演变——陇中黄土丘陵区乡村聚落发展研究[M]. 北京：科学出版社.

郭跃，2005. 灾害易损性研究的回顾与展望[J]. 灾害学，20(4)：92−96.

韩文权，常禹，胡远满，等，2012. 基于GIS的四川岷江上游杂谷脑流域农林复合景观格局优化[J]. 长江流域资源与环境，21(2)：231.

胡凯衡，韦方强，何易平，等，2003. 流团模型在泥石流危险度分区中的应用[J]. 山地学报，21(6)：726−730.

胡玉明，梁川，2016. 岷江全流域水资源量化配置研究[J]. 水资源与水工程学报，27(1)：7−12.

姜彤，许朋柱，1996. 自然灾害研究的新趋势：社会易损性分析[J]. 灾害学，11(2)：5−9.

蒋勇军，2001. 区域易损性分析、评估及易损度区划[J]. 灾害学，16(3)：59−64.

李立，2007. 乡村聚落：形态、类型与演变——以江南地区为例[M]. 南京：东南大学出版社.

李旭旦，1941. 白龙江中游人生地理观察[J]. 地理学报，00：3−20.

李旭旦，金其铭，1983. 江苏省农村聚落的整治问题[J]. 经济地理，(2)：132−135.

李阳兵，罗光杰，2018. 岩溶山地乡村聚落空间格局演变与人地关系耦合效应研究——以贵州省为例[M]. 北京：科学出版社.

林紫红，2015. 基于RS与GIS的单沟泥石流风险评价方法研究[D]. 昆明：云南师范大学.

刘斌，张仁绥，纪先桃，1990. 岷江上游干旱河谷的水土流失现状和原因[J]. 四川农业大学学报，8(4)：352.

刘希林，1988. 泥石流危险度判定的研究[J]. 灾害学，3(3)：10−15.

刘彦随，周扬，李玉恒，2019. 中国乡村地域系统与乡村振兴战略[J]. 地理学报，(12)：2511−2528.

龙花楼，李裕瑞，刘彦随，2009. 中国空心化村庄演化特征及其动力机制[J]. 地理学报，64(10)：1203−1213.

罗光杰，2018. 喀斯特小流域信息特征与生态优化调控策略[M]. 北京：科学出版社.

马晓冬，李全林，沈一，2012. 江苏省乡村聚落的形态分异及地域类型[J]. 地理学报，(04)：86−95.

孟国才，王士革，谢洪，等，2005. 岷江上游泥石流灾害特征分析[J]. 灾害学，20(3)：95.

史培军，2002. 三论灾害研究的理论与实践[J]. 自然灾害学报，11(3)：1−9.

宋微曦，第宝锋，左进，等，2014. 聚落应对山地灾害环境的适应性分析——以彭州市银厂沟为例[J]. 山地学报，(02)：86−92.

谭炳炎，1986. 泥石流沟的严重程度的数量化综合评判[J]. 水土保持通报，6(1)：51−57.

唐邦兴，周必凡，吴积善，2000. 中国泥石流[M]. 北京：商务印书馆.

唐川，刘希林，朱静，1993. 泥石流堆积泛滥区危险度的评价与应用[J]. 自然灾害学报，2(4)：79−84.

王礼先，1982. 关于荒溪分类[J]. 北京林学院学报，3：94−106.

王青，石敏球，郭亚琳，等，2013. 岷江上游山区聚落生态位垂直分异研究[J]. 地理学报，68(11)：1559−1567.

王琼，2012. 基于流域尺度的震后汶川县潜在泥石流危险性评价[D]. 成都：成都理工大学.

韦方强，胡凯衡，Lopez J L，2003. 泥石流危险性动量分区方法与应用[J]. 科学通报，48(3)：298−301.

文宝萍，1994. 浅议山地灾害对我国社会经济的主要影响及相应的承受能力[J]. 中国地质灾害与防治学报，(01)：5−10.

吴映梅，2006. 西部少数民族聚居区经济发展及机制研究：以川滇藏民族交接地带为例[M]. 北京：人民出版社.

席建超，王首琨，张瑞英，2016. 旅游乡村聚落"生产−生活−生态"空间重构与优化——河北野三坡旅游区苟各庄村的案例实证[J]. 自然资源学报，31(03)：425−435.

谢洪，王式革，周麟，等，2004. 岷江上游干旱河谷区龙洞沟泥石流及其防治[J]. 自然灾害学报，13(5)：21.

谢洪，钟敦伦，矫震，等，2009. 2008汶川地震重灾区的泥石流[J]. 山地学报，27(4)：503−504

徐继维，2014. 山区泥石流灾害风险评估研究[D]. 西安：长安大学.

殷志强，2014. 岷江上游汶川羊店高位滑坡灾害[J]. 中国地质灾害与防治学报，(1)：32−32.

于慧，刘邵权，王勇，等，2014. 川西南山区聚落宜居性的空间差异分析[J]. 长江流域资源与环境，23(9)：1236

—1241.

张梁，张业成，1998. 地质灾害灾情评估理论与实践[M]. 北京：地质出版社.

周国华，刘畅，唐承丽，等，2018. 湖南乡村生活质量的空间格局及其影响因素[J]. 地理研究，37(12)：117—131.

足立胜治，德山九仁夫，中筋章人，等，1977. 土石流发生危险度的判定[J]. 新砂防，30(3)：7—16.

曾晓丽，2015. 基于数值模拟的白沙河流域干沟泥石流风险评价[D]. 绵阳：西南科技大学.

Adams J，1995. Risk[M]. London：UCL Press.

Brendan M G，1998. The sustainability of a car dependent settlement pattern：an evaluation of new rural settlement in Ireland [J]. The Environmentalist，19(2)：99—107.

Bo S，Yang C，Kunli Y，2015. Design of rural residence based on thermal comfort：a case study of Chengdu area[J]. Journal of Landscape Research，7(04)：1—6.

Cutter S L，1996. Vulnerability to environmental hazards[J]. Progress in Human Geography，20 (4)：529—539.

Ding M T，Cheng Z L，Wang Q，2014. Coupling mechanism of rural settlements and mountain disasters in the upper reaches of Min River [J]. Journal of Mountain Science，11(1)：66—72.

Ding M T，Tellez R D，Hu K H，2010. Mapping vulnerability to debris flows based on SOM method[J]. ICCAE 2010，2：393—398.

Ding M T，Wang Q，Wu C Y. 2009. Debris flow risk zoning based on numerical simulation and GIS[J]. AMSRA 2009，10：1—4.

Feomme K，Katz E C，Rivet K，1997. Outcome expectancies and risk-taking behavior[J]. Cognitive Therapy and Research，21：421—442.

Flynn M，Kay R，2017. Migrants' experiences of material and emotional security in rural Scotland：Implications for longer-term settlement[J]. Journal of Rural Studies，52：56—65.

GoodwinH L，Doeksen G A，Oehrtman R L，1984，Determination of settlement patterns in rapidly growing rural areas[J]. The Annals of regional science，18(3)：67—80.

Hoffman-Hall A，Loboda T V，Hall J V，et al.，2019. Mapping remote rural settlements at 30m spatial resolution using geospatial data-fusion[J]. Remote Sensing of Environment，233：111—386.

Leslaw，Czetwertynski S，Edward K，et al.，2000. Settlement and sustainability in the polish sudetes [J]. GeoJournal，50(2—3)：273—284.

Maria B F，Vincenzo G，Agostino G，et al.，2017. Socio-economic drivers，land cover changes and the dynamics of rural settlements：Mt. Matese Area (Italy)[J]. European Countryside，9(3)：435—457.

Marjanne S，Marc A，2007. Settlement models，land use and visibility in rural landscapes：two case studies in Greece [J]. Landscape and Urban Planning，80(4)：362—374.

Maskrey A，1989. Disaster mitigation：a community based approach [J]. Oxford：Oxfam：1—100.

Michael S C，2005. Barriers to the adoption of sustainable agriculture on rented land：an exammination of contesting social fields[J]. RuralSociology，70(3)：387—413.

Michael W，1997. Researching rural conflicts：hunting，local politics and actor-networks [J]. Journal of Rural Studies，14(3)：321—340.

Neil M A，Peter J S，Trevor G，2005. Tracing the density impulse in rural settlement systems：a quantitative analysis of the factors underlying rural population density across South-Eastern Australia [J]. Population & Environment，27 (2)：151—190.

Nowakowski P，Mrówczyńska B，2018. Towards sustainable WEEE collection and transportation methods in circular economy-Comparative study for rural and urban settlements[J]. Resources，Conservation and Recycling，135：93 —107.

Olivier L，Bonnard C，1998. Example of Hazard Assessment and Land-use Planning in Switzerland for Snow Avalanches，Floods and Landslides[M]. Bern：Swiss National Hydrological and Geological Survey.

Cloke P J，1980. New emphases for applied rural geography [J]. Progress in Human Geography，4(2)：181—207.

Paul O, 2009. Rural settlement and economic development in Southern Italy: Troia and its contado [J]. Journal of Medieval History, 31(4): 327−345.

Peng L, Liu S, Sun L, 2016. Spatial-temporal changes of rurality driven by urbanization and industrialization: A case study of the Three Gorges Reservoir Area in Chongqing, China[J]. Habitat International, 51: 124−132.

Peter B, 1994. Rural process-pattern relationships: nomadization, sedentarization and settlement fixation [J]. The Geographical Journal, 16(1): 98.

Peter J S, Neil A, Trevor L C G, 2002. Rural population density: its impact on social and demographic aspects of rural rommunities [J]. Journal of Rural Studies, 18 (4): 385−404.

Radoslava K, Miriam K, Jozef N, 2014. Land-use and land-cover changes in rural areas during different political systems: A case study of Slovakia from 1782 to 2006[J]. Land Use Policy, 36: 554−566.

Restrepo-Cardona J S, Echeverry-Galvis M Á, Maya D L, et al., 2020. Human-raptor conflict in rural settlements of Colombia[J]. PLOS ONE, 15(1): e0227704.

Rosa E A, 2003. The logical structure of the social amplification of risk framework (SARF): Metatheoretical foundation and policy implications[M]. In N K Pidgeon, R E, P Slovic (Ed), The social amplification of risk. Cambridge: Cambridge University Press: 47−79.

Sitkin S B, Weingart L R, 1995. Determinants of risky decision-making behavior: A test of the mediating role of perceptions and propensity[J]. Academy of Management Journal, 38: 1573−1593.

Sitkin S, Pablo A, 1992. Reconceptualizing the determinants of risk behavior[J]. Academy of Management Review, 17: 9−384.

Sjoberg L, Moen B E, Rundmo T, 2004. Explaining risk perception. An evaluation of the psychometric paradigm in risk perception research[M]. Trondheim: Rotunde publikasjoner: 3−20.

Smith J E, Brainard R, Carter A, et al., 2016. Re-evaluating the health of coral reef communities: baselines and evidence for human impacts across the central Pacific[J]. Proceedings of the Royal Society B-Biological Sciences, 283 (1822): 9.

Smith K, 1996. Environmental Hazards: Assessing Risk and Reducing Disaster[M]. London: Routledge.

Song W, Liu M L, 2014. Assessment of decoupling between rural settlement area and rural population in China[J]. Land Use Policy, 39: 331−341.

Tobin G A, 1997. Natural hazards: explanation and integration[M]. New York: The Guilford Press.

Tu J J, Chen Y, Ye Y Q, et al., 2005. The upper Min River Basin, a key ethno-cultural corridor in China[J]. Mountain Research and Development, 25 (1): 25−29.

United Nations. Department of Humanitarian Affairs, 1991. Mitigating natural disaster: phenomena, effects and options-Amanual for policy makers and planners [M]. New York: United Nations.

United Nations. Department of Humanitarian Affairs, 1992. Internationally agreed glossary of basic terms related to disaster management [J]. UNDHA (United Nations Department of Humanitarian Affairs), Geneva.

Wilding R, Nunn C, 2018. Non-metropolitan productions of multiculturalism: refugee settlement in rural Australia [J]. Ethnic and Racial Studies, 41 (14): 2542−2560.

Ye Y Q, Chen G J, Fan H, 2003. Impact of the "Grain for Green" project on rural community in the Upper Min River Basin, Sichuan, China[J]. Mountain Research and Development, 23 (4): 35−41.

Yates J F, Stone E R, 1992. The Risk Construct[J]. Risk-taking Behavior: 1−25.

Zhang J, Wei D, 2016. Multiscale spatio-temporal dynamics of economic development in an interprovincial boundary region: junction area of Tibetan Plateau, Hengduan Mountain, Yungui Plateau and Sichuan Basin, Southwestern China Case[J]. Sustainability, 8 (3): 215.

第2章　研究区概况

岷江上游是指岷江都江堰以上河段及其支流所覆盖的区域，包括阿坝藏族羌族自治州（简称阿坝州）的汶川、茂县、理县、松潘、黑水县全部或大部以及都江堰市的小部分地区。它位于四川盆地西北部、阿坝州东部、青藏高原东部，地处横断山区东缘，是四川盆周丘陵山地向青藏高原的过渡地带，位于30°45′N~33°10′N，102°35′E~103°57′E（图2-1）。岷江上游干流全长330km，流域南北长267km，东西宽152km，流域面积约为$2.2×10^4$ km²（Ding，2013；Ding et al.，2014，2016；Cheng et al.，2017）。

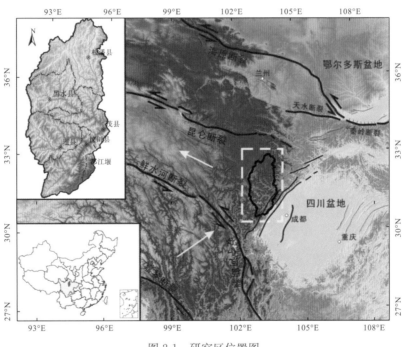

图2-1　研究区位置图

岷江上游是我国最大的羌族聚集地，被视作蜀文化及成都平原繁荣发展的重要生态安全屏障，是四川省自然、社会、经济与民族团结形成、演化和发展中的关键之所在，亦被公认为是全球性气候变化的敏感地区。从生态环境系统的角度看，岷江上游生态具有脆弱性、不可逆性的特点；从板块运动角度看，岷江上游受到各大板块的共同作用，其区域构造的基本格架十分独特。

2.1　自然环境概况

2.1.1　地貌

岷江上游地形极其复杂,属高山峡谷地貌,地处青藏高原与四川盆地过渡带,河谷深切,高差大,涉及高平原、低山、中山、高山、极高山等地貌类型(表 2-1)。以米亚罗至镇江关为分界线,北侧为山原地貌,南侧为高山峡谷地貌,映秀—龙池一带为中山峡谷地貌。区内地势北西高南东低,地表切割由北向南加剧。一般地面高程为 2000～4000m,岷江水流深切岷山、龙门山、邛崃山,河谷狭窄,河床平均纵坡降达 10‰左右,水流湍急。山峰平均海拔 4500～6500m,主峰雪宝顶为 5588m、四姑娘山为 6250m、霸王山为 5551m,最低河谷约为 700m,切割深度为 800～3000m,最大高差为 5383m(常晓军等,2007)。

表 2-1　岷江上游地貌类型分布表

地貌类型	高平原	低山	中山	高山	极高山
海拔/m	200	<1000	1000～3500	3500～5000	>5000
相对高差/m	<50	50～200	>200	>500	>1000
面积/km²	335	35	13167	11108	96
面积百分比/%	1.4	0.1	53.2	44.9	0.4

注:常晓军等(2007)。

海拔 3800m 以上区域,外动力地质作用主要表现为冻融、寒冻风化作用;海拔 3800m 以下;主要是流水剥蚀作用。岷江上游河谷源头谷底较宽,而大部分河谷为峡谷,呈"V"字型,河流下切作用强烈,中、下段山坡坡脚到谷坡部位成为山地灾害最易发生的地带。

2.1.2　地质环境

2.1.2.1　地质构造

岷江上游位于我国青藏高原东部边缘地带的川西倒三角形断块东部,它穿过了川西高原与四川盆地过渡带的高山峡谷区域,在整个区域范围内,沟谷纵横,地表长期遭受强烈的侵蚀,最大切割深度可达 2000 多米。并且,其恰好位于我国南北向强震带中段区,复杂的地质构造控制着研究区地貌的格局,造成了多深"V"侵蚀沟谷发育,发育的断裂和褶皱促使区域岩体破碎,风化强烈,岩体结构破碎为泥石流灾害形成提供丰富的物源条件。

(1)断裂构造。研究区东南侧的汶川——茂县断裂为超壳深、北东向的压扭性大断裂,南起宝兴,经芦山县,耿达乡,绵虒镇,在绵虒镇分为两支,一支消失于神溪沟,另一支延至绵阳境内。研究区内典型的大型断裂有汶(川)——茂(县)断裂，映秀断裂，这两条大型断裂均为压扭性斜冲断层。"5·12"汶川地震的发震断裂正是这一断裂带。

(2)褶皱构造。岷江上游的北东—南西向延展的龙门山褶皱带，主要由一些列褶皱和叠瓦式断裂组成(图 2-2)。区内东南侧为彭灌复背斜，该复背斜规模大，北翼发育两个次级复向(背)斜及一条压扭性大断层，即汶川-茂县断裂，南翼也发育一条压扭性大断层，即映秀断裂。

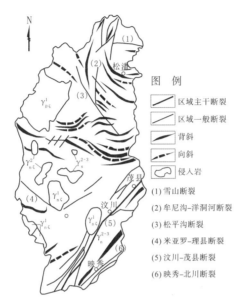

图 例	
	区域主干断裂
	区域一般断裂
	背斜
	向斜
	侵入岩
	(1)雪山断裂
	(2)牟尼沟-洋洞河断裂
	(3)松平沟断裂
	(4)米亚罗-理县断裂
	(5)汶川-茂县断裂
	(6)映秀-北川断裂

图 2-2 岷江上游区域构造纲要图

研究区内的漳腊、松潘、理县等地展布有一些由泥盆系、三叠系地层组成的东西走向的褶皱群，典型褶皱有雪宝顶倒转复背斜、磨子坪-上纳咪倒转复向斜、虎牙-蛇岗倒转复背斜、镇江关倒转复向斜等。

2.1.2.2 地层岩性

岷江上游出露地层较完整，不同分区在岩性、层序、沉积古地理等方面有着较大差异。根据前人的地质调查成果，将岷江上游分为四个分区(图 2-3)。

(1)龙门山及四川盆地分区。该分区主要位于汶川-绵虒-安家坪一线东南侧，属扬子地层区，受早古生代地壳隆起上升作用影响，早古生代地层大量缺失。晚古生代至中生代三叠纪，地壳下降沉积了一套海相碳酸盐岩；第四纪时期，河谷两岸、川西平原则沉积了一套冰水堆积。区内岩浆岩分布较为广泛，已查明有元古代、寒武纪、晚二叠世及中生代等多时期的岩浆岩，出露面积约为 $1800km^2$。

(2)马尔康分区。该分区主要位于茂县境内，大致以茂县-汶川-耿达一线为界分为九顶山小区和大学塘-沟口小区，属昆仑-秦岭地层区，主要是一套浅变质岩，从元古界到中生界三叠均有出露。区内不间断地出露了三叠系至寒武系及第四系地层，其中志留系茂县群的千枚岩、薄层钙质砂岩居多，与下伏奥陶系宝塔组龟裂状灰岩呈平行不整合接触，赋存矿产有磁铁矿、铅锌矿等。

　　(3)马尔康分区金川小区。该分区位于岷江上游的理县、黑水县内,以及北侧松潘县漳腊等地,出露地层单一,均为轻度区域变质的三叠系地层,主要岩性为变质砂岩、板岩夹薄层灰岩。

　　(4)昆仑-秦岭地层区、松潘地层分区。该分区主要在松潘县境内,位于昆仑-秦岭地层区、松潘地层区东部,区内缺失侏罗系、白垩系、二叠系,三叠系分布最广泛,志留系地层分布极少,第四系地层不发育。

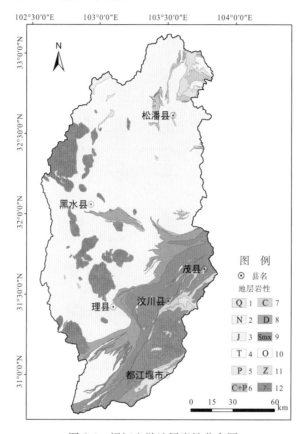

图 2-3　岷江上游地层岩性分布图

　　注:1. 第四系砾石、块石土、粉质黏土;2. 新近系砂砾石、岩屑砂岩;3. 侏罗系砂岩、泥岩;4. 三叠系泥灰岩、页岩、砂质灰岩;5. 二叠系灰岩、变钙质砂岩、砂砾岩;6. 二叠系、石炭系灰岩夹千枚岩、结晶灰岩;7. 石炭系结晶灰岩、生物碎屑灰岩;8. 泥盆系厚层灰岩、石英砂岩;9. 志留系茂县群千枚岩夹结晶灰岩;10. 奥陶系龟裂状灰岩、石英砂岩;11. 震旦系白云岩、砂岩、粉砂岩;12. 各期次侵入岩

2.1.3　地震活动

　　岷江上游地区地震活动频繁、强度高(图 2-4)。自唐朝以来,岷江断裂带 Ms 4.7 级以上地震达 52 次,其中 Ms 7.0 级以上地震 3 次均载入地震历史资料,如 1976 年在四川省北部松潘与平武之间,接连发生了两次 Ms 7.2 级的强烈地震。1713 年、1933 年岷江上游茂县叠溪两次 7 级以上的强烈地震引起大规模滑坡崩塌,堰塞岷江,形成叠溪海子多处。1934 年,北川发生了 Ms 6.2 级地震,1970 年发生在大邑的地震同样达到 Ms 6.2

级。以上均为震源小于 20km 的浅源地震。2008 年 5 月 12 日下午两点二十八分，龙门山主中央断裂带再次活动，诱发了震级达 Ms 8.0 级的浅源型地震，此后余震不断，共计发生 5.7 万余次，其中有 299 次震级达到 4 级以上，汶川地震震惊了世界，造成了巨大损失。从近 500 年来大地震发生的地点来看，Ms>6 级的中强地震在松潘～龙门山地震区具有南北往返移动现象，表明中强地震在岷江上游还是比较活跃的跳跃出现，根本上这些中强地震还是受不稳定的构造运动影响。

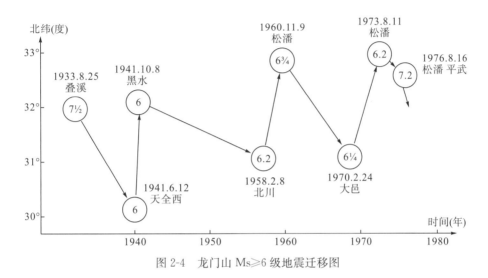

图 2-4　龙门山 Ms≥6 级地震迁移图

2.1.4　气象水文

2.1.4.1　气象条件

岷江上游流域为海陆季风区向高原季风区过渡地带，由于地形复杂，高差悬殊，全年降水不均，干季雨季分明，气候具有明显的垂直、水平分异特点，整个流域可划分为 3 个典型区域。

（1）流域北部和西北部。流域北部和西北部为寒冷高原季风气候区，包括镇江关－黑水一线以北的岷江河段，年均温度区间为 5～10℃，最低温度约为－20℃，最高温度约为 30℃，常年受到的太阳辐射较强。该区域年均降水量为 700～800mm，湿度大，积雪多，积雪期长达 4 个月，分别为 12 月、1 月、2 月、3 月，高山地区积雪期长达 8 个月。

（2）流域中部。岷江上游流域中部为干燥少雨的干旱河谷气候区，包括干流镇江关－汶川绵虒区域。较场－汶川一带为典型的干热风效应区，年降水量少至 500mm，为半干旱半湿润地区。然而，汛期降水量占全年的 85%，年降水约为 150 天。据气象站多年的统计，区内年均气温为 13.4℃，极高温度为 35.6℃，极低温度为－6.5℃。区内地表蒸发量大。由于雨水少，植被生长条件差，故风化剧烈，水土流失严重。

（3）流域东南部。汶川绵虒以下的流域东南部气温高，雨水多，湿度大，年均气温为 15.0℃，最高温为 30.0℃，最低温为－5.0℃，年降水量可高达 1600mm，关门石最大年均降水量为 1665.5mm，龙池镇最大年均降水量为 1547.7mm，地表蒸发量仅为年均降水量的 1/2，气候湿润，植被良好，农业发达。

从降水的地区分布来看，岷江上游各地的地形差异造成各地区降水量差异极大。总的说来，汶川河段以上地区降水量较少；汶川－都江堰降水丰沛，暴雨中心大都在渔子溪－都江堰市一带，且多强降水(图 2-5)。

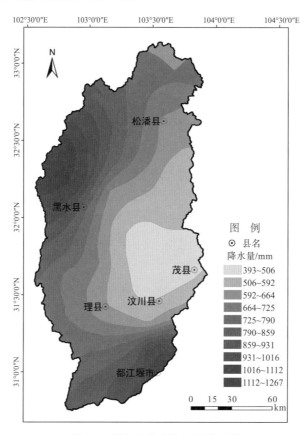

图 2-5　岷江上游多年年均降水量

2.1.4.2　水文条件

岷江上游干流源自阿坝藏族羌族自治州松潘县的羊膊岭。羊膊岭至都江堰岷江上游干流全长 340km，流经高山、峡谷地区，水流湍急，最大流速高达 6～7m/s，流域内最大高差约为 3km，平均纵坡降为 9.0‰(图 2-6)。岷江上游主要河谷径流由降水形成，并伴随着一定量的冰川融雪补给，区内年径流量十分稳定，每年径流变化量维持在相对较小的区间。在狭窄沟谷区，暴雨往往快速集聚成为短时洪水，汶川以下河段多洪水泛滥。

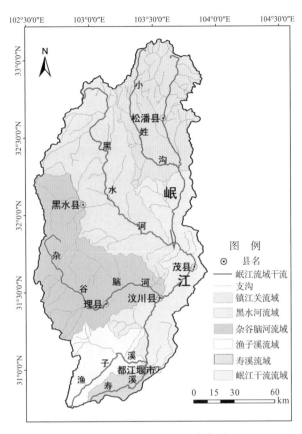

图 2-6 岷江上游河网分布图

研究区地下水分为三类：松散岩类孔隙水、碳酸盐岩岩溶水和基岩裂隙水。根据基岩裂隙水赋存条件和岩相差异，基岩裂隙水可继续划分为变质岩裂隙水和岩浆岩裂隙水。

(1)松散岩类孔隙水。岷江上游松散岩类孔隙水主要分布于岷江干流、黑水河、杂谷脑河及各支流沿岸或岸坡地带。松散岩类孔隙水分布范围较狭窄，受堆积地貌差异控制，孔隙水埋藏深度普遍较浅，一般测井涌水量小于 $100\text{m}^3/\text{d}$，河漫滩和一级阶地测井涌水量可高达 $500\text{m}^3/\text{d}$，整体而言，第四系松散地层富水性较好。

(2)碳酸盐岩岩溶水。碳酸盐岩岩溶水主要分布于震旦系灯影组、石炭系、二叠系以及马尔康分区中的石炭系地层，泉流量为 $1\sim10\text{L/s}$。在灰岩分布比例小的地区，由于夹杂大量砂、泥岩，基岩含水性差，在灰岩分布比例大的地区，基岩含水性好。

(3)基岩裂隙水。①变质岩裂隙水。赋存该类地下水的地层主要为 T_1b(菠茨沟组)、T_2z(杂谷脑组)，岩性为变质石英砂岩，富水性较好的构造部位有褶曲的核部、构造拉张区段以及断层角砾岩带。②岩浆岩裂隙水。赋存该类地下水的主要为晋宁-澄江期的花岗岩。岷江上游的岩浆岩主要分布于分水岭等高山地区，风化作用强烈，在后期形成的基岩裂隙中，富水性因裂隙空间形态差异而定。

2.1.5　植被与土壤

（1）植被。岷江上游植被属于泛北极植物区中国喜马拉雅植物亚区横断山脉地区的一部分。植被垂直分带明显，表现出明显的干旱河谷灌丛、温带森林、亚高山森林、亚高山灌丛、亚高山草甸等生态类型。在整体上，草地和高山草甸为岷江上游第一大植被类型，占流域面积的 32.27%，从低海拔到高海拔均有分布；灌丛是岷江上游第二大植被类型，占流域面积的 31.85%，分为稀疏灌丛和郁闭灌丛；岷江上游的森林主要分布在卧龙自然保护区、米亚罗和干流镇江关以上区域，约占流域面积的 28.44%，其中针叶林所占比例较大；农田面积很小，仅占流域面积的 2.76%，集中分布在河道两侧，主要为河滩地和坡耕地；其他（城镇、冰川、裸地、水体）面积占 4.68%。

（2）土壤。岷江上游土壤类型多样，整个流域分布有石质土、粗骨土、紫色土、寒漠土、寒冻毡土、寒毡土、黑色石灰土、寒棕壤、暗棕壤、酸性棕壤、棕壤、褐土、准黄壤、黄色石灰土、黄棕壤、黄壤、潜育土等，其中暗棕壤、寒冻毡土和寒毡土所占的比例约为整个流域的一半以上。同时岷江上游水土流失严重，土壤退化剧烈，地区内以自然土壤为主，可利用的耕作土壤（以分布在河谷区的熟化度低的旱作农业土壤为主）占比极小，且呈减少的趋势，对山区农林牧业的发展将产生明显的制约作用，进而影响地区的发展与规划。

2.2　社会经济与人类活动

2.2.1　社会经济状况

岷江上游地区自然景色壮丽，人文景观独特，是我国最大的羌族聚居区，同时汉、藏、羌、回等多个民族共居，使该区生产生活习俗独具特色。2013 年该区总人口约为 39.7 万人（表 2-2），其中汶川县与茂县人口较多，分别占整个流域总人口的 25.44% 和 28.21%。而其他三县占地区总人口数的 46.35%。根据地区人口密度分析，整个区域内呈现地广人稀的状态，特别是松潘县，其人口密度约为 9 人/km²，但是整个区域并未呈现过于分散的人口分布。这是由于岷江上游特殊的地理位置和独特的自然条件，区域人口集中在河谷地区。

岷江上游地区是成都平原经济区向川西北生态经济区的过渡地带，经济发展相对滞后。参照《2014 年四川统计年鉴》，岷江上游地区 2013 年地区生产总值为 128.3451 亿元，其中第一产业增加值占比为 9.78%，第二产业增加值占比为 66.12%，第三产业增加值占比为 24.10%，整个流域以第二、三产业为主，区域产业经济的发展极不平衡。同时流域的县域经济和人均 GDP 同样也十分不平衡，例如汶川县的地区生产总值占整个岷江上游地区生产总值的 37.90%，约为整个地区的 1/3，而汶川县的人均 GDP 为 48070 元，远高于岷江上游地区的平均值 32900 元（表 2-3）。岷江上游区域经济发展不平衡，区域经济与人均差异较大，在短时间内将无法消除，对于区域聚落的发展和地质灾害的防治均有着不可忽视的影响。

表 2-2　岷江上游人口状况

地区	土地面积/km²	人口数/万人	人口密度/(人/km²)
汶川县	4083	10.1	24.73671
理县	4318	4.6	10.65308
茂县	4075	11.2	27.48466
松潘县	8486	7.6	8.955927
黑水县	4154	6.2	14.92537
岷江上游	25116	39.7	15.80666

注：引自《四川省 2014 年统计年鉴》，其中土地面积为行政区划面积，与研究区中面积有区别；都江堰仅有龙池镇 1 个乡镇位于岷江上游区域，占比很小，故在表中未列出都江堰。

表 2-3　岷江上游经济状况

地区	地区生产总值/亿元	人均 GDP/元	第一产业/亿元	第二产业/亿元	第三产业/亿元
汶川县	48.6464	48070	2.5731	33.6860	12.3873
理县	18.1616	38316	1.5907	13.2266	3.3443
茂县	28.6920	27093	3.8967	19.5282	5.2671
松潘县	14.8409	20302	2.7408	5.0658	7.0343
黑水县	18.0042	29371	1.7569	13.3598	2.8875
岷江上游	128.3451	32900	12.5582	84.8664	30.9205

注：引自《2014 年四川统计年鉴》；都江堰仅有龙池镇 1 个乡镇位于岷江上游区域，占比很小，故在表中未列出都江堰。

2.2.2　人类工程活动

改革开放以来，岷江上游地区各县社会经济快速发展，人类各项需求不断增加，陡坡耕地、乱伐森林等现象普遍，基础建设大刀阔斧地进行，城镇改建、修路切坡、矿山开采、水电开发等活动日益增多，人类工程活动具体表现为以下三种类型。

(1) 工程建设。大量工程建设对岷江上游地区的斜坡进行表生改造，影响了斜坡内部的平衡状态，在地震作用的促进下，引发了一系列地质灾害，如在开挖薛城电站引水支洞时，由于不合理的开挖，目前斜坡上已出现拉张裂缝，斜坡正处于变形中，一旦发生滑坡，将威胁坡下 317 国道安全。

(2) 植被破坏。区内生态环境破坏程度较大，即便采取了人为植树等一系列恢复生态环境的措施，在一定程度上增加了植被覆盖率，但由于种植的树木多以经济林为主，植被类型比较单一，对于岩土体失稳，水土流失的防治作用有限。

综上所述，复杂多样的地理环境致使该区域逐渐成为岷江流域灾害多发区，特别是泥石流频发，形成了多条生态脆弱带和敏感区，恶劣的生态环境条件严重地影响了区域工农业生产和居民生活。随着人为干扰强度和频度逐年增大，居民相对集中与土地不合理利用已使人口与资源环境之间矛盾日益尖锐，这亦对探讨泥石流灾害风险控制和聚落减灾对生态环境恢复和可持续发展提出了迫切的要求。

参 考 文 献

常晓军，丁俊，魏伦武，等，2007. 岷江上游地质灾害发育分布规律初探[J]. 沉积与特提斯地质，27(1)：103—108.

四川省统计局，国家统计局四川调查总队. 2013. 四川统计年鉴[M]. 北京：中国统计出版社.

Cheng M，Ding M T，2017. Analysis of influence of natural disaster on the economy and prediction of recovery time based on grey forecasting-difference comparison model：a case study in the upper Min River [J]. Natural Hazards，85 (2)：1135—1150.

Ding M T，2013. IM-based hazard assessment on debris flows in the upper reaches of Min River [J]. Disaster Advances，6 (9)：39—47.

Ding M T，Cheng Z L，Wang Q，2014. Coupling mechanism of rural settlements and mountain disasters in the upper reaches of Min River [J]，Journal of Mountain Science，11 (1)：66—72.

第 3 章 　泥石流灾害数据库构建

随着科技发展，建立基于 ArcGIS 的地质灾害数据库是科学技术发展的必然产物。其优势在于可以对滑坡、泥石流、崩塌等地质灾害的各项数据进行高效管理，同时为地质灾害的预测与防治提供高效服务。

利用地理信息技术，基于 ArcGIS 平台建立岷江上游地区泥石流灾害数据库，主要用于泥石流灾害空间信息的管理、分析、评价等，为地质灾害的预测预报工作打下基础。灾害数据库从空间数据信息的获取、存储、处理入手，通过评价指标选取、权重计算、模型构建、图层综合运算等分析技术，完成对研究区泥石流危险性评价。

3.1 　数据库构建的方法与原则

3.1.1 　数据库构建的流程

泥石流灾害空间数据库的建立是一个系统工程，主要包含两部分：图形数据库和属性数据库，它们是相互联系，既独立又统一的有机整体。一方面，建立图形数据库，需完成地形图、地质图、土地利用现状图等各种基础图件的入库工作，在此基础上，再对其建立属性的图元，建立属性结构，进行属性编辑；另一方面，属性数据库的建立，需完成地质灾害点描述信息的录入和编辑等工作。此外，还需对各图层及属性信息进行添加和链接，以泥石流灾害统一编号为关键字段，建立起图形数据库和属性数据库的连接。整个空间数据建立的具体流程如图 3-1 所示。

3.1.2 　数据库构建的原则

(1)统一的地理基础。统一的地理基础是地质灾害信息进行空间定位、图幅拼接及坐标配准的重要条件，是地理数据表达格式和规范的重要组成部分。其内容包括统一的地图投影、地理坐标和地理编码，通过投影坐标、地理坐标、网格坐标进行数据定位，能使不同来源的地质灾害数据在相同的地理基础上反映出它们相应的地理位置及关系特征。

(2)统一分类编码原则。建立地质灾害数据库需依照国家及行业标准，采用统一分类编码的标准化设计原则，对于还未建立统一标准的，也要根据实际情况建立科学合理的临时分类及编码方案。在处理泥石流灾害数据过程中应实现泥石流灾害信息分类编码的标准化与规范化。在实际操作中，完整地记录泥石流灾害信息，既会涉及各种可量化的信息，如参数、指标等，也会涉及大量无法量化的信息，如各种现象或描述等。在制定标准时，对量化与非量化的信息都要充分考虑，使其既能满足泥石流信息收集与整理的要求，又能达到计算机录入与输出的条件。

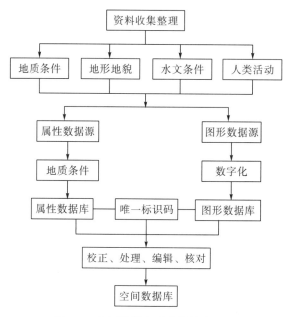

图 3-1　空间数据库系统设计流程图

（3）统一分层原则。为方便各类数据的添加、删除、编辑、管理、查询、分析等操作，建立地质灾害数据库时，应根据实际情况和系统需要，采用统一的分层原则存放数据，其数据分层基本原则包括：①同一属性数据放在一层，不同属性数据分层存放；②比例尺一致性，属性相同、比例尺不同的数据应分层存放；③使用频率高的数据放入主要层，反之，放次要层；④不同部门的数据分别放入不同的层，方便维护；⑤不同安全处理级别的数据分开存储。

3.2　泥石流灾害数据库的构成

3.2.1　数据库结构设计

基于 ArcGIS 的岷江上游泥石流灾害数据库包括空间数据库与属性数据库两部分，空间数据库主要有基础图层、综合背景层、地质灾害专题图层；属性数据库主要是泥石流信息，也附带调查中获取的滑坡信息。其基础是岷江上游的行政区划图层、居民点图层，综合背景层包括岷江上游地层岩性、断裂分布、河流水系、植被覆盖、降水量等图层，地质灾害专题图主要是岷江上游的泥石流、滑坡灾害点分布图。研究区泥石流灾害数据库结构设计如图 3-2 所示。

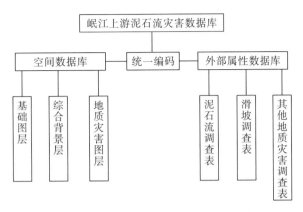

图 3-2　研究区泥石流灾害数据库结构设计图

3.2.2　图形数据库建立

基于 ArcGIS 平台建立泥石流灾害空间数据库及属性数据库，通过地理要素统一编码原则实现空间数据库与属性数据库的连接，建立起泥石流灾害图形数据库，以此实现对灾害数据的查询检索、统计分析等操作。空间数据库是建立灾害信息系统的基础，是灾害信息系统的核心，其质量直接影响后期工作。而图形数据库又是空间数据库的核心内容，因此做好建立图形数据库的前期准备工作十分重要，其具体工作如下。

（1）地质图层矢量化。现有资料中，一些数据图件不能直接应用于 ArcGIS，需经图像处理和矢量化或直接数字化以后，生成可以在地理信息系统中显示、修改、标注、计算、管理和打印的矢量地图文件，再加以利用。ArcMap 软件对空间数据采取分层管理，矢量化前需确定输入哪些图及每一层的具体内容，研究区地质图就是经过 ArcGIS 自身的矢量化功能，提取出了地层岩性、断裂等矢量数据层。

（2）图幅检查与预处理。检查纸质图上各条线是否清楚，以便于数字化或矢量化；检查地图是否变形，检查村名、乡（镇）名或地质灾害发生的地名是否正确；检查控制点精确程度，并选取用于图幅校正的控制点，为保证图幅校正的准确性，控制点的选取一般不少于 4 个。

（3）坐标转换与地图投影变换。实际工作中，不同来源、不同坐标系的空间数据同时使用、相互参照时，需要进行坐标转换，如涉及不同的地图投影，还需进行投影变换。在 ArcGIS Desktop 中定义数据的地图投影与地理坐标，ArcMap、ArcCatalog、ArcToolBox 中都能进行。一般来说，所有图形矢量化后都必须经过图像投影转换和坐标配准，才能使各图层叠加在一起时各个图层的同名点处在同一经纬度上。

（4）Geodatabase 建立。为了有效地存储、组织和管理庞大的地理数据，借助 ArcCatalog 建立地理数据库 Geodatabase(Personal Geodatabase)。Geodatabase 是面向对象的地理数据模型，它以层次型的数据对象来组织地理数据，与基于 ArcSDE 建立的数据库相比，在小型空间数据库方面，Geodatabase 更加灵活方便。因此，Geodatabase 的建立需要分层次进行，首先利用 ArcCatalog 创建一个新的 Personal Geodatabase；其次建立数据库的基本组成项，包括关系表、要素数据集、要素类等；最后可以用 ArcMap 中的 Object Editor 来建立新的对象，或调用已经编辑修改完成的 Shapefiles、Coverages、INFO Tables 和 dBASE Tables 数据来装载数据库对象，这样图形数据库就建立好了。图形数据库的主要图类图层结构如表 3-1 所示。

表 3-1 图形数据库图层结构表

图类名称	图层名称	图层类别	图层格式
基础图层	行政区划图	面图层	矢量数据
	居民点图层	点图层	矢量数据
影响因素图层	地形地貌	面图层	栅格数据
	岩性	面图层	矢量数据
	断裂带	线图层	矢量数据
	河流水系	线图层	矢量数据
	植被	面图层	矢量数据
	降雨	点图层	栅格数据
	道路网	线图层	矢量数据
灾害点图层	泥石流分布图	点图层	矢量数据
	滑坡分布图	点图层	矢量数据

3.2.3 属性数据库建立

属性数据库又叫非空间数据库，指与空间位置没有直接关系的实体特性数据，是描述地理实体社会、经济、人文或其他专题的数据，其表达方式有字符串、各种代码或统计数据值等。

泥石流灾害属性数据库主要包括两部分：图元属性库与外挂属性库。其中，图元属性库在 ArcGIS 编辑功能中实现；外挂属性库在空间数据库中直接输入，其中统一编号是泥石流灾害点的点图元和外挂属性库链接的唯一关键字段。

(1)图元属性库的建立。图元属性库的建立是根据具体图层来建立 ArcGIS 内部属性结构，以行业相关技术要求为依据进行字段添加。其中，可根据图元说明及图元反映信息自行设置自定义的图层、图元属性结构和录入属性等。

(2)外挂属性库的建立。外挂属性库主要描述的是该地质灾害的类型、位置、规模、历史状况、受灾情况等，这些数据通过数据库软件建立起来。本节选用关系型数据库软件 Microsoft Access 建立外挂属性数据库。

(3)属性数据库的数据结构。泥石流灾害属性数据库主要作用是用来描述泥石流的地理位置、发生时间等的信息统计表。本节泥石流灾害属性数据结构主要包括：编号、灾害类型、名称、县名、位置、经度、X 坐标、纬度、Y 坐标、规模、长度、宽度、堆积扇厚度、威胁人口、威胁程度、险情预测、地质条件、历史活动情况、发展趋势、可能诱发因素、检测手段、应急防御、预定报警方案、预定避灾地、预定疏散路线、防灾责任单位、防灾责任人、监测人、监测责任人、相关图件等。

3.2.4　数据库的连接

空间数据库和属性数据库的连接是本书研究的关键。本书采用数据库软件 Microsoft Access 录入与管理属性数据，空间图形数据库通过对其调用，在 ArcGIS 中形成内部属性数据库，以泥石流编号为唯一关键字段进行关联，达到空间图形数据与属性数据无缝连接，进行图形信息和属性信息的互动查询，最终实现泥石流灾害空间数据库的建立。

3.3　数据库的查询与统计

研究区域泥石流灾害数据繁多，在计算和分析中要涉及大量的图形数据和属性数据，有时只通过观察地图并不能满足要求，必须根据要素位置和属性对地图进行查询以解决某些问题。然而，只有在所加载的众多地理对象中选择了需要查询的要素，才能进行各种查询和统计分析。

3.3.1　查询要素选择

ArcMap 中提供了多种选择要素的手段，如单个要素选择、多个要素选择，选择所需的要素之后，便能对其进行统计分析、转换输出等操作。

（1）用选择要素工具选择：在 ArcMap 中确定好选择图层、选择方法、选择框与选择要素的关系之后，即可用 Tools 工具栏中的 Select Feature 工具单击要素进行选择，或者通过画矩形框进行选择。例如，需要选择"岷江上游县界"图层的"汶川县"要素，可以通过 Tools 工具栏中的 Select Feature 工具直接进行选择，选中后"汶川县"则会高亮显示，如图 3-3 所示。

（2）通过要素属性选择：在 ArcGIS 中，图形和属性数据是相互关联、相互对应的，可利用属性选择图形要素。需按照结构化查询语言 SQL 建立由属性字段、逻辑或算数运算符号、属性数值或字符组成的选择条件表达式，就可选出所需的图形要素。例如，同样选择"Country"图层的"汶川县"要素，则可通过 Select 菜单下 Select By Attributes 子菜单进行选择，在弹出的 Select By Attributes 对话框中确定"选择图层"为 country，"选择方法"为 create a new selection，SQL 选择语句为" Name" ＝"汶川县"，选中之后"汶川县"仍会高亮显示在地图窗口中，如图 3-4 所示。

（3）根据空间位置选择要素：就是按照同一数据层不同要素之间或不同数据层不同要素间空间关系，采用不同判断方法来选择图层要素。例如，选择汶川县内的泥石流灾害点，则可采用此选择方法进行，首先通过选择要素工具选中汶川县，在 Select 菜单下选择 Select By Location 子菜单弹出该对话框，按图中显示填好各选择条件，则在汶川县内的泥石流灾害点即可被选中且高亮显示出来，如图 3-5 所示。

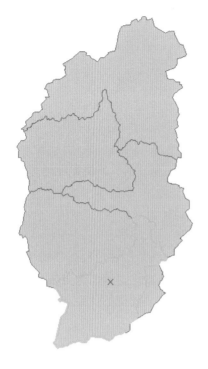

图 3-3 选择要素工具及结果显示

图 3-4 属性选择菜单及对话框

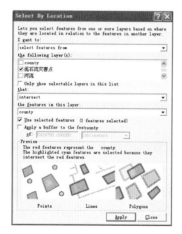

图 3-5 空间位置选择对话框及结果显示

(4)依据图形选择要素：图形查询要素(select by graphic)指根据要素与图形之间的相交关系来选择要素，图形可是除文本和弧线以外的任何图形要素，在进行此操作之前，需先利用选择要素工具(select elements tool)选择一定的图形，其选择原理与根据空间位置选择要素大致相同，故不做具体阐述。

3.3.2 查询及结果显示

(1)利用属性表查询：打开属性表后，确定选择字段，通过属性表操作菜单可进行排序操作，即可按顺序选择所需记录，被选中的要素在图形窗口中则被高亮显示，属性表及属性表操作快捷菜单如图 3-6 所示。

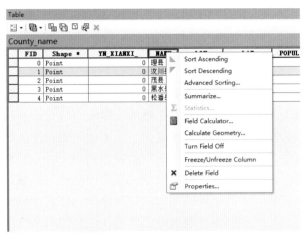

图 3-6　属性表及属性表操作快捷菜单

（2）利用查找工具查询数据：通过工具栏中的 Find 按钮，打开查找对话框（图 3-7），输入需查询的部分或全部属性值，则可查出与此有关的记录，双击其中的记录，即可在图形窗口中高亮显示。

图 3-7　Find 对话框

3.4　数据库的功能

空间分析是基于地理对象的位置和形态特征的空间数据分析技术，其目的在于提取和传输空间信息，是地理信息系统的主要功能。栅格数据结构简单、直观，非常利于计算机操作和处理，是 GIS 常用的空间基础数据格式。ArcGIS 空间分析模块（Spatial

Analyst)提供了范围广阔且功能强大的空间分析工具集，允许用户从 GIS 数据中快速获取所需信息，并以多种方式进行分析操作，如密度制图、空间插值、土地统计分析、重分类、栅格计算等，均是本节主要采用的空间分析功能。

3.4.1　密度制图

密度制图根据输入的要素数据集计算整个区域的数据聚集状况，从而产生一个连续的密度表面。密度制图主要是基于点数据生成的，以每个待计算格网点为中心，进行圆形区域的搜寻，从而计算每个格网点的密度值。从本质上讲，密度制图是通过离散采样点进行表面内插的过程，本节采取密度制图内的核函数(Kernel)的原理进行。核函数密度制图中，落入搜索区内的点具有不同的权重，靠近网格搜寻区域中心的点或线会被赋予较大的权重，随着与格网中心距离的加大，权重降低，使其计算结果分布较平滑。本节在获取泥石流灾害点分布密度图、断裂带密度图、河流切割密度图以及道路网密度图时，都采取该方法得到相关的评价因子图层。密度制图对话框如图 3-8 所示，密度制图结果见第 3 章相关因子分级图。

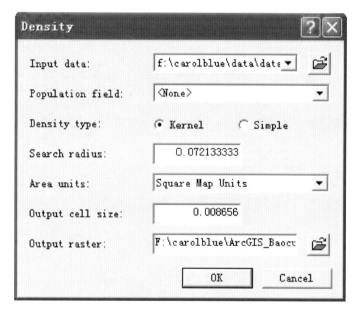

图 3-8　Density 对话框

3.4.2　栅格插值

栅格插值是表面分析的一种，很多情况下采集到的数据会以离散点的形式存在，即采样点上才有准确的数值，其他未采样点上则没有数值。而在实际应用中却需要用到未采样点的值，这时就需要通过已采样点的数值推算出未采样点值，这便是栅格插值的过程。插值结果将生成一个连续的表面，在这个连续表面上就可以得到每一个点的值。

对于降雨数据，由于只有各个雨量站获取的降雨数据，想要获取整个研究区的降雨数据，就必须通过插值的方法实现。在 ArcGIS 中，采用常用降雨插值方法——克里格插值(Kriging)，它是一种基于统计学的插值方法，其基本原理是根据相邻变量的值，利用变异函数揭示的区域化变量的内在联系来估计空间变量数值。克里格插值对话框如图 3-9所示。

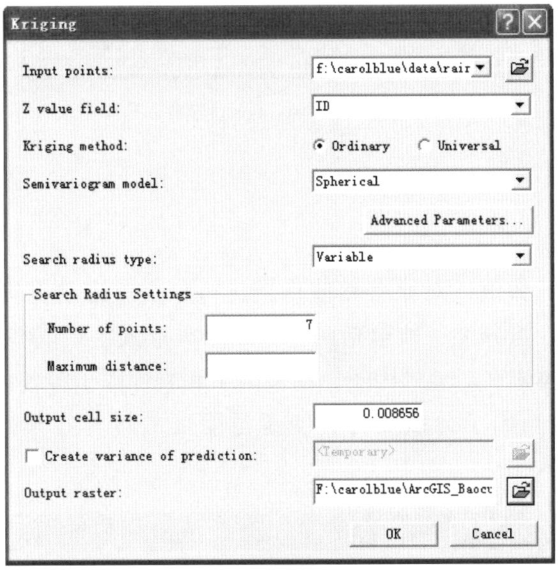

图 3-9　Kriging 对话框

3.4.3　地形分析

不同的地形因子从不同侧面反映地形特征，GIS 数字地形分析是常用的空间分析方法。按照提取地形因子差分计算的阶数，可将地形因子分为一阶地形因子、二阶地形因子和高阶地形因子。本书中涉及的地形因子主要有坡度和坡向，均属于一阶地形因子，在 ArcGIS 中可以从 DEM 数据中直接提取获得。坡度因子、坡向因子提取过程较为简单，其操作对话框如图 3-10 和图 3-11 所示。

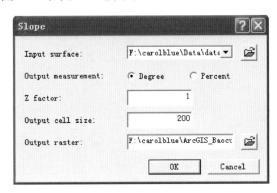

图 3-10　Slope 对话框

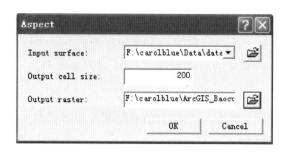

图 3-11 Aspect 对话框

3.4.4 重分类

重分类即基于原有数值，对原有数值重新进行分类整理从而得到一组新值并输出。根据用户不同的需要，重分类一般包括四种基本分类形式：新值替代、旧值合并、重新分类以及空值设置。本书在对地形因子、植被因子和岩性因子等各因子进行分级处理时，需通过重分类将各影响因子分级划分，便于危险度的计算，其操作对话框如图 3-12 所示。

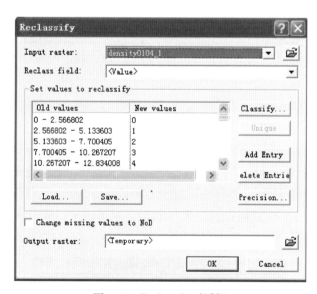

图 3-12 Reclassify 对话框

3.4.5 栅格计算

栅格计算是数据处理和分析最为常用的方法，也是建立复杂的应用数学模型的基本模块。ArcGIS 提供了非常友好的图形化栅格计算器，可以方便完成基于数学运算符及函数的栅格运算，支持 ArcGIS 自带的栅格数据空间分析函数，还支持地图代数运算，功能强大。在本书中，研究区的危险度便是根据建立的计算模型完成栅格计算，得出各个评价单元的危险度值，操作对话框如图 3-13 所示。

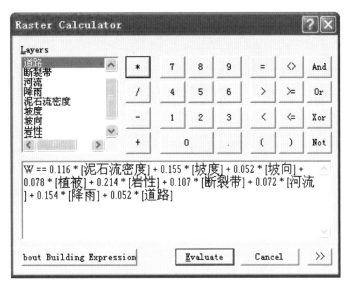

图 3-13   Raster Calculator 对话框

第4章 泥石流成灾规律分析

4.1 泥石流的分布与活动规律

岷江在都江堰宝瓶口以上为上游。岷江上游干流从江源至宝瓶口，分别流经松潘县、茂县、汶川县和都江堰市，干流长度为340km。

4.1.1 区域泥石流分布概况

岷江上游一直是我国西南地区典型的泥石流活跃区，泥石流沟数量众多，类型多样。根据四川地质环境管理信息系统统计，目前区内有活动和危害的泥石流沟共计770条，详细分布情况见表4-1。

表4-1 岷江上游泥石流沟数量分布情况

市(县)	泥石流沟/条	主要分布范围
汶川	238	岷江干流及其支流内
理县	113	杂谷脑河及其支流内
茂县	120	岷江干流及其支流内
黑水	143	黑水河及其支流内
松潘	79	岷江干流及其支流内
都江堰	77	岷江干流两侧及其支流-白沙河内

需要说明的是，表4-1中对山坡型泥石流仅列出了少量几处，绝大部分为沟谷泥石流。实际上"5·12"汶川大地震以后，在岷江干流两岸山坡上发育了数量众多的山坡型泥石流(又称坡面泥石流)。与沟谷泥石流不同，山坡型泥石流是形成于山地凹形斜坡、且斜坡具有较大坡度并在坡面形成与流通后在山麓堆积的一种泥石流类型，岷江上游干流两岸山坡普遍为其分布与活动区，虽然具有分布点多面广、活动频繁的特征，但泥石流的规模普遍不大(图4-1)，以小规模泥石流为主，输入岷江的固体物质量较小，一般不会造成岷江堵塞；泥石流堵塞岷江的可能性小，相对危险性小，故没有对其进行全面的数量统计。

图 4-1　汶川县雁门乡岷江右岸山坡浅层崩塌及山坡型泥石流

注：镜头向西，谢洪摄。

　　岷江上游的沟谷泥石流一旦活动，其规模一般都很大，极易造成岷江被堵塞甚至被堵断的状况，尤其是在峡谷段，往往造成严重堵塞，长时间易形成堰塞湖。如汶川县映秀镇至银杏乡一带，2008 年 "5·12" 汶川地震以后，岷江两岸支沟泥石流活动强烈，2008 年、2009 年和 2010 年的雨季都发生了泥石流堵断岷江的事件，并且一些沟谷如关山沟、磨子沟等连续发生严重堵塞岷江的泥石流，形成多处堰塞湖，导致沿河地带的村庄、公路等被淹。特别是 2010 年 8 月中旬，位于汶川县映秀镇岷江上游地带的左岸支沟红椿沟和烧房沟等，在暴雨激发下，连续发生大规模泥石流，并多次堵断岷江，尽管随后在岷江右岸的堵塞体很快被江水冲出缺口并过流，但大量泥石流堆积物占据河道，河床普遍被抬高 5～10m，河水水位相应被抬高，导致岷江主流被泥石流推向右岸；主流流向发生变化，江水冲向岷江右岸地震后新建的映秀镇，致使大片新建的房屋等建筑物长时间浸泡在水中，危及新建城镇的安全。

　　2010 年 8 月中旬，泥石流堵塞岷江形成的多处堰塞体和堰塞湖，虽然经过了 3 个多月的人工疏浚，但在 2010 年 11 月现场考察时，堰塞体和堰塞湖仍然清晰可见（图 4-2，图 4-3），若不继续疏浚，堰塞体和堰塞湖会较长时间存在，威胁和危害堰塞体上、下游沿岸地带各种设施的安全。

　　受 2008 年 "5·12" 汶川地震影响，岷江上游干流流经的 4 市（县）境内的部分泥石流沟，在雨季，因暴雨激发出现了泥石流活动，但到目前为止，规模巨大并堵断岷江形成堰塞湖造成严重危害的泥石流，主要分布在汶川县境内，特别是集中分布在映秀镇和银杏乡境内。其他区域，泥石流活动呈零星分散状，还未暴发堵断岷江的灾害性泥石流。

图 4-2　汶川县银杏乡银杏沟泥石流堵塞岷江形成堰塞湖
注：镜头向北，谢洪摄。

图 4-3　汶川县映秀镇老街北沟、老街沟、老街南沟泥石流在岷江形成串珠状堰塞体及堰塞湖
注：镜头向北，谢洪摄。

4.1.2　泥石流活动分布规律分析

受泥石流形成条件控制，岷江上游泥石流的分布具有如下一定规律。

（1）岷江上游深大断裂发育，受深大断裂控制，沿断裂带各种软弱结构面发育，岩石破碎，泥石流分布密集。

按大地构造分区，岷江上游位于松潘-甘孜地槽褶皱系的北段，龙门山华夏系、岷江经向系和岷江旋扭构造系三大构造体系在区内均有展布；晋宁、华力西、印支、燕山和喜山期等多期地质构造运动在区内均有显著表现，褶皱和断裂发育，尤其是深大断裂发育。北部有岷江断裂和雪山断裂，中部、南部为茂（县）-汶（川）断裂、映秀-北川断裂和灌县-安县断裂组成的龙门山断裂带（图 4-4），这些断裂多为深大断裂，均为晚近期构造运动活跃的活动断裂和产生强烈地震的发震构造；沿断裂差异性升降作用强烈，地震活跃，频率高，仅 7 级以上的强烈地震在历史上就多次发生，其中的茂-汶断裂，沿断裂带岩石挤压破碎强烈，动力变质岩发育，挤压破裂岩块或构造透镜体夹于断裂带中，断层破裂带宽度可达 100m 以上。

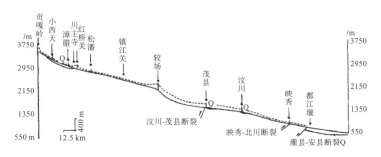

图 4-4　岷江上游河道三级阶地纵剖面及龙门山断裂带分布图［据杨农等（2003）］

（2）沿地震活动频繁地带，崩塌、滑坡强烈发育，松散固体物质极其丰富，泥石流沟密集分布。地震是泥石流、滑坡发生的重要激发因素。1933 年叠溪发生 7.5 级强烈地震，直接激发了叠溪大滑坡，滑坡阻塞岷江，形成堰塞湖（即现在的叠溪海子）。

在地震作用下，岩体崩裂、土体松动，山坡失去稳定性，产生崩塌、滑坡等次生地质灾害，为泥石流的发生提供了丰富的松散固体物质。岷江上游处于我国南北向地震带上，地震活动强烈，频率高，震级大，激发的崩塌和滑坡规模大、数量多。地震震中多分布于漳腊—松潘、较场、茂县—汶川、映秀等地。岷江上游主要泥石流分布带基本在这两个地震活跃地带内，一致性显著（图 4-5）。龙门山地震带、松潘-较场地震带内的泥石流沟分布，占整个岷江上游泥石流沟总数的 80% 左右。沿地震破裂带，当地震烈度大于Ⅶ度且其后遇暴雨或长时降雨时，便形成地震泥石流，其危害性甚至超过地震。

尤其是在 2008 年 "5·12" 汶川地震，由于震中地震烈度达Ⅺ度，极其巨大的震动力使大面积山坡的稳定性受到强烈破坏，直接激发了数以万计的崩塌、滑坡，大量的松散固体物质短时间集中汇聚于河床和沟床，为泥石流活动提供了极为丰富的松散固体物质。因此，地震以后，以震中映秀为中心，向北沿岷江干流至汶川、茂县，向西沿岷江支流渔子溪达耿达、卧龙，向东抵都江堰的龙池、虹口后出岷江流域沿龙门山延伸至彭州、什邡、绵竹、安县、北川、江油、青川等地山区，泥石流密集暴发，十分活跃，在 2008 年、2009 年和 2010 年的雨季，普遍暴发了大规模的泥石流灾害。仅 2008 年 5 月汶川地震之后到当年 9 月，岷江上游（全流域，不只是干流）就有 100 多条沟出现泥石流活动。强烈地震后导致泥石流的形成环境发生巨大变化，泥石流的活动频率大大提高。如汶川县映秀镇牛圈沟支沟莲花心沟上游为 "5·12" 地震震中，该沟是一条近百年没有较大规模泥石流活动的低频率泥石流沟，但从 "5·12" 汶川地震当晚开始，该沟泥石流开始频繁活动，仅 2008 年导致沟口公路交通中断的较大规模的泥石流就发生了 11 次，小规模泥石流更不计其数。

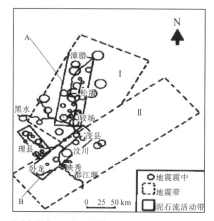

Ⅰ. 松潘-较场地震活动带；Ⅱ. 龙门山地震活动带；

A. 松潘-较场泥石流活动带；B. 茂县-汶川-映秀-卧龙泥石流强烈活动带

图 4-5　岷江上游泥石流沟分布带与地震带的关系［据王昕(2000)，略作修改］

(3)地貌因素对泥石流发育影响大，高山峡谷区泥石流沟集中分布，且泥石流活动的规模大，但宽谷段泥石流堆积扇发育。

岷江上游处于青藏高原东部边缘向四川盆地的过渡带上，具有地形变化剧烈、地貌类型复杂多样的特征。岷江上游地貌特征明显受岷山构造带和龙门山构造带的控制，地势总体由西北向东南降低，北部为青藏高原东部的丘状高原地貌，地势起伏相对和缓，向南逐步过渡到高山峡谷地貌区，流域内包含了岷山主峰雪宝顶(海拔5588m)、邛崃山主峰四姑娘山(海拔6250m)和龙门山主峰九顶山(海拔4989m)等山峰，地形高差极大。从北部贡嘎岭(岷江与嘉陵江的分水岭)到南端的都江堰，岷江的河床海拔由约3600m下降到约700m，平均河床比降达9‰，整个地表切割由北向南逐渐加剧。但岷江上游最高点不在北部，而是在西南部汶川县与小金县交界的四姑娘山，海拔6250m，最低处为都江堰宝瓶口，海拔仅700余米，两者直线距离仅约70km，相对高差却达5500m，因此岷江上游南部地形切割深度远远大于北部，地形提供给泥石流活动的能量南部大于北部，泥石流沟的分布也是南部多于北部。

岷江上游地貌大体以松潘县镇江关为界，以北为丘状高原地貌，以南为高山峡谷地貌。各种地貌类型中，高山和中高山占98.1%，高平原占1.4%，极高山占0.4%，低山占0.1%。整个岷江上游以中深切割的地形为主，平均地形高差在1000m以上，高山和中高山地貌区的分布面积占绝对优势。

岷江上游山高谷深，主河槽下切强烈，山坡陡峻，支沟为适应主河，同样强烈深切，以至于山坡也十分陡峻，沿河(沟)谷陡峭临空面极为发育，多数谷坡坡度为25°～35°，深切峡谷段谷坡坡度达45°以上，甚至达到或接近直立。在这样的地貌条件下，山坡坡体物质多处于极限平衡状态，稍有外力触动，便会失稳形成崩塌或滑坡。如汶川境内岷江左岸的雁门沟，发育于龙门山西坡，流向由东南向西北，沟口与岷江交汇处海拔约为1352m，流域最高点光光山海拔4632m，相对高差达3280m；经流水下切和崩塌等外力作用后，形成两岸壁立的深切峡谷地貌(图4-6)，为泥石流发育提供了有利条件，曾多次发生灾害性泥石流。

图 4-6　雁门沟峡谷地貌与崩塌堆积物

注：谢洪摄。

岷江上游所在的川西高原及龙门山地区，晚新生代以来以断裂活动和持续的隆升为主，经历了中新世末（6Ma 左右）和上新世末（3Ma 左右）两个重要的隆升时期，龙门山逆冲推覆构造带的 2 条主边界断裂带即汶川-茂汶断裂和映秀-北川断裂，在早更新世（1.3～1.2Ma）和中更新世末（0.5Ma 左右）发生强烈的活动；这个时期岷山和龙门山构造带进入地形大切割时期。受新构造运动间歇性抬升的影响，岷江上游断续发育有 4 级阶地，Ⅰ、Ⅱ级阶地由砾石层组成，拔河高度小于 5m；沿河分布最连续的是Ⅲ级阶地（图 4-4），Ⅳ级阶地有零星分布。在松潘县镇江关以下的岷江干流两岸，是泥石流沟的集中分布区。这一区域在地貌上主要以高山峡谷为主，山高谷深，地势陡峭，岭谷相对高差一般为1500～2000m，局部可达2500m以上。茂县县城一带，处于茂汶断裂形成的构造盆地，岷江在此发生由南向西南的流向转折，发育有 4 级阶地。Ⅰ级阶地拔河高度为 1～2m，由河漫滩砾石组成；Ⅱ级阶地拔河高度为 8～12m，由冲积、洪积、泥石流扇组成，在茂县盆地内可见龙洞沟、水巷子沟、药沟、水西大沟、大沟等 5 个大型的泥石流扇与河流共同作用形成的Ⅱ级和Ⅲ级阶地；在河谷地段，Ⅱ级阶地沿河两侧连续分布，拔河高度增大，次级阶面宽度增加，阶地堆积物以砂砾石互层为主；Ⅲ级阶地在茂县盆地呈典型的阶状地貌，拔河高度为 100m 左右，由砾石层、黏土层、土状黄土和灰岩细粒砂等组成。因此，在岷江上游的宽谷段，泥石流堆积扇发育完整，在河流阶地的发育过程中，泥石流也起到了不可忽视的作用。类似的还有汶川县雁门乡的雁门沟泥石流堆积扇与岷江Ⅰ级阶地等。

（4）地层岩性对泥石流发育控制明显。岷江上游地层出露较齐全，从元古宇到新生界都有，以中生界三叠系（T）地层分布最广；出露的岩石主要为陆相碎屑岩、火山碎屑岩、碳酸盐岩和区域变质岩；在河谷地带古生界泥盆系月里寨群和志留系茂县群的千枚岩、板岩、变质砂岩间夹碳酸盐岩的岩层广泛出露。区内变质岩分布广泛，出露面积大于17400km²，占总面积的 75%，主要分布于茂汶断裂以西的广大地区。其中以三叠系西康群为主，分布面积占变质岩的 83%，岩性主要为变质砂岩、砂质板岩，次为结晶灰岩、千枚岩等。茂县至汶川沿岷江河谷分布的变质岩主要是志留系茂县群各组,岩性以千枚岩类为主,夹少量变质砂岩、板岩、结晶灰岩等。岩浆岩分布面积为 3700km²,占总面积的 16.4%,主要为晋宁—澄江期及印支—燕山期的侵入岩体,黄水河群及寒武系的喷出岩体分布范围较小,多呈带状。晋宁—澄江期侵入岩体分布于茂汶大断裂两侧,岩性为花岗岩、钾长花岗岩、闪长岩、橄榄岩及蛇纹岩等。碳酸盐岩的分布面积较小,仅 1600km²,占全区总面积的 7.0%,北部地区,主要分布于岷江断裂以东;在区域中部,受控于弧形构造,呈带状或环带状分布;南部则在漩口一带以飞来峰构造形式呈北东向覆盖于三叠系须家河组砂页岩之上,岩性主要为灰岩、白云质灰岩,夹少量砂岩、页岩。碎屑岩分布面积最小,仅占总面积的 5.2%,主要分布于映秀-北川断裂以东,岩性主要为中生代的砂岩、泥岩、砾岩、页岩。

三叠纪、泥盆纪和志留纪的千枚岩、板岩、变质砂岩等软弱岩石出露区及花岗岩、闪长岩等硬质岩石出露区,泥石流发育的密度大、规模也大。如著名的汶川县圪山沟泥石流、龙洞沟泥石流,主要发育在千枚岩、板岩、变质砂岩等软弱岩石出露区;牛圈沟泥石流、磨子沟泥石流、红椿沟泥石流、烧房沟泥石流等,主要发育在花岗岩、花岗闪长岩等硬质岩石出露区。前者岩性软弱,易于破碎,而后者处于深大断裂带上,构造结构面发育,导致岩体破碎,成为泥石流多发区。

(5)气候湿润区,干旱、半干旱河谷区都有泥石流分布。岷江上游气候条件复杂,河谷地带不同的地段分属气候湿润区,干旱、半干旱气候区,在各种气候区里都有泥石流发育。

岷江上游河谷的水汽主要来自东南季风,经四川盆地边缘的都江堰后,沿岷江河谷由南向北输送。都江堰至汶川银杏一带,河谷海拔为 700~1000m,沿江河谷水汽充足,年降水量达 1000~1240mm,为气候湿润区,形成泥石流的水量充足;再往上游至棉虒一带,河谷海拔为 1000~1200m,随着南来的水汽受阻,输送力减弱,年降水量减少至 700mm 左右,成为半干旱气候区。虽然年降水量减少,但降水集中在夏季,且多为暴雨形式降落,因此形成泥石流的水量仍很充足。再往上游,河谷海拔在 1200~3600m,则因山高谷深、地形闭塞,南来的水汽已难以到达,形成典型的干旱河谷。汶川县城威州镇一带年降水量不足 520mm,继续往上至茂县县城凤仪镇一带,年降水量不足 500mm(表 4-2),再往上到达茂县沙坝,它是干旱中心,多年年均降水量仅为 415mm,而水的蒸发却十分强烈。干旱和半干旱河谷区日温差大,冬干夏热,年降水总量虽少,但暴雨多,并且主要集中在夏季降落。如汶川 5~10 月的降水量占全年总降水量的 85%,又如茂县一日最大降水量达 104.2mm(1989 年 7 月 24 日,已超过大暴雨标准,并接近全年降水量的 1/4),这种降水条件完全满足泥石流的形成。因此,每年雨季岷江上游都有泥石流活动,尤其是在暴雨多发的 6~8 月。此外,干旱和半干旱河谷区由于蒸发强烈,每到伏旱期,气温高且降雨少,植被生长困难,特别是植被在受到破坏后,恢复更加困难。在干燥的气候条件下,岩石(土体)干裂,风化严重,风化物顺坡地泄溜,汇集于沟道中,为泥石流的发生创造松散固体物质条件。同时,干旱河谷区的坡面撒落现象也十分发育,主要原因是由于蒸发旺盛,土层岩层强烈失水,临空坡坡体内部结构面间失去粘结力,导致坡体物质在重力作用下形成撒落。堆积于坡麓的撒落物质,也成为泥石流的松散固体物质来源。据统计,干旱河谷面积占岷江上游流域面积的 5.6%,但泥石流占整个岷江上游地区的 50%，而岷江上游干旱河谷区泥石流数量占阿坝州干旱河谷泥石流数量的 93%。

表 4-2　岷江上游干流各市（县）年降水量及暴雨日数统计

气象站	多年平均降水量/mm	日最大降水量/mm	≥25mm 降雨日数/(次/年)
都江堰	1243.7	162.6	286/26
汶川	516.1	79.9	35/31
茂县	492.7	104.2	59/38
松潘	729.7	45.6	52/40

数据来源：四川省气象局，四川省地面气候资料累年值(1951~1980 年)。

4.2　泥石流发育特征

4.2.1　地形及沟道条件

岷江上游流域构造活动十分强烈，属深切中－高山地貌。受青藏高原垂直抬升及向东挤压作用的影响，岷江上游流域地貌发育处于幼年期晚期和中年期早期，且顺岷江干流流向右岸发生掀斜。

从平面上看，整个流域盆地地形较为狭长，岷江主干流河谷及各支沟多呈"V"字型(图 4-7)，主干流河道平均纵坡降为 7.5‰。在松潘县境内河谷深切，在茂县境内河谷开阔，自汶川县以下河谷再次变得狭窄，最后在映秀、都江堰河谷又逐渐开阔。岷江干流与主要支流两侧沟谷内侵蚀作用强烈，支沟为适应主河，同样强烈深切，以至于山坡也十分陡峻，基岩陡峭临空面极为发育。在这样的地貌条件下，山坡坡体物质多处于极限平衡状态，在外部荷载作用下，极易发生崩滑等不良地质现象。

图 4-7　岷江上游"V"字型泥石流沟谷

研究区内坡面泥石流相对较少，绝大部分为典型的沟谷型、支沟群发型泥石流，汶川地震诱发的崩滑地质灾害规模巨大，方量极大，于 2008 年 9 月 24 日、2010 年 8 月 13 日和 2013 年 7 月 9 日极端强降雨期间先后发生较大规模泥石流，造成了巨大损害。

岷江上游五县一市境内均有泥石流沟分布，本书研究团队经实地考察并进行了大量的野外记录，搜集、整理了 2007～2008 年多次对岷江上游山地灾害实地考察的相关资料，根据四川地质环境管理信息系统统计等资料，将泥石流灾害资料进行归整，从岷江上游 770 条泥石流沟中选择具有代表性的 244 条泥石流沟，利用 ArcGIS10.2 软件平台，重新矢量化出每一条泥石流沟的流域面积以及沟道淹没面，工作底图精度为 8.5m 的 DEM 数据，图件的坐标系采用最新的中国 2000 国家大地坐标系(CGCS2000)，统计数据见表 4-3 与图 4-8。

表 4-3　岷江上游典型泥石流灾害统计表

流域	泥石流沟流域面积/km²	泥石流沟条数/条
渔子溪流域	177.163	8
杂谷脑河流域	1825.722	48
岷江干流流域	1405.684	69
黑水河流域	1280.077	60
镇江关流域	1055.906	59

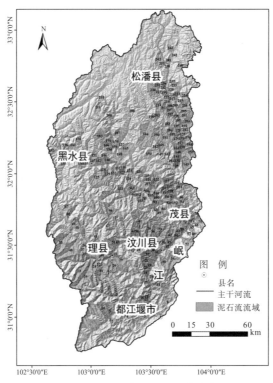

图 4-8　岷江上游泥石流流域分布图

注：每条泥石流沟为一个流域，244 条泥石流沟编号：1～244。

4.2.2　泥石流物源特征

汶川地震使山体稳定性被破坏，引发大量崩塌、滑坡灾害，产生了大量的松散固体物，这些破碎体大量分布于岷江干流、支流以及各泥石流沟道两侧或直接进入沟道，导致沟道内松散堆积物质剧增。岷江上游泥石流物源的分布具有一定的规律,从垂直分异角度分析,物源大多集中在沟道中、下游海拔 1200～3700m 区段。岷江上游地区泥石流物源类型有崩滑地质体、坡面侵蚀体、沟道堆积体三类,各类物源介绍如下。

(1)崩滑地质体参与泥石流活动。滞留于沟道两侧斜坡上的崩滑物质可分为稳定型、欠稳定型,稳定型斜坡堆积物已达到稳定休止角,其内部结构满足一定的稳定系数,该类堆积体分布于斜坡中下部,在沟底洪水冲刷作用下,稳定的部分堆积体也将被裹挟带走,从而参与泥石流活动。

欠稳定性斜坡堆积物则表现为坡体整体失稳,沟道堵塞体形成堵塞坝,直到被下一次泥石流冲溃,堵塞体物质卷入泥石流流体中,参与泥石流活动(图 4-9)。

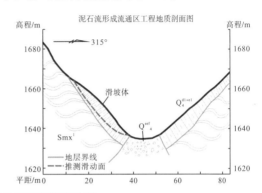

图 4-9　理县甘溪沟泥石流崩滑物源

(2)坡面侵蚀物参与泥石流活动。岷江上游泥石流沟道斜坡面多以面蚀、沟蚀为主,坡面侵蚀受降雨、坡度、斜坡结构、植被、地震等因素控制。泥石流沟内坡面侵蚀强烈区坡度均较大,地震对坡体表层破坏强烈,坡面植被破坏也较严重,坡面侵蚀深度为0.4～0.8m(图 4-10)。

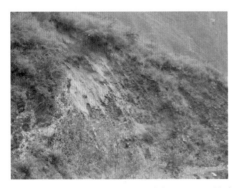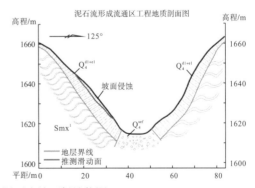

图 4-10　理县木成沟泥石流坡面侵蚀物源

(3)沟底堆积物参与泥石流活动。岷江上游清水汇流区植被茂盛,沟底冲刷作用弱,少有物源堆积;流通区受区域抬升作用影响,地表破碎带广布,沟内松散堆积物十分丰富;泥石流堆积扇区坡度平缓,松散物质异常丰富,且泥石流以淤积作用为主,冲刷作用微弱,参与泥石流活动的物质少(图 4-11)。

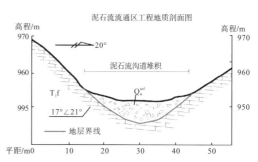

图 4-11　理县木成沟泥石流沟道堆积物源

4.2.3　泥石流活动特征与危害

岷江上游泥石流发育条件充分，危害范围广。城镇和村庄、水电站、公路、农业、旅游设施、风景名胜地及山地环境等，无不受到危害或威胁。

(1)危害城镇和村庄。岷江上游除少数宽谷段出现有限的小块平坦地以外，大多数地方河流深切，河谷窄深，平地极少，城镇和村庄选址十分困难。现有的城镇和村庄有不少都受到泥石流的危害或威胁。区内的茨里沟、龙洞沟和水巷子沟泥石流对汶川县、茂县县城产生严重威胁。松潘县城位于东门沟、西门沟、上窑沟等泥石流堆积扇上，也曾多次遭受泥石流的危害，而直接建在泥石流堆积扇上或受泥石流危害与威胁的村镇则更多，如映秀镇、银杏乡、雁门乡。

(2)危害交通和旅游。213国道、317国道和九(寨沟)环线公路沿途自然景观壮美，人文景观资源尤其是藏羌文化资源丰富，具有极大的旅游开发价值。这几条公路线是岷江上游及四川省阿坝藏族羌族自治州进行旅游资源开发的重要通道。但该区域雨季多发的泥石流灾害，常常造成道路交通中断，成为岷江上游旅游开发及游客进出九寨沟、黄龙、牟尼沟、萝卜寨、桃坪羌寨等旅游景点的主要障碍之一。

(3)危害水利水电工程。岷江水力资源丰富，水电建设蓬勃发展，不幸的是水电工程设施也屡遭泥石流的破坏。如1981年夏季岷江上游各县境内普遍降暴雨或大暴雨，使120多条支流发生了山洪泥石流，导致水电站普遍受灾。据统计，仅茂县全县的30座水电站中，就有23座受灾，受灾率达77%。

泥石流携带大量泥沙、石块进入主河，造成部分河床严重淤积，危害沿江水利水电设施的安全。同时，泥石流使主河的含沙量骤增，严重影响水电站的发电效益，也给沿江城镇和村庄的防洪、取水造成危害。

(4)危害农田。岷江上游山高谷深，适宜耕作的平坦土地稀少，仅有的少量耕地大多数位于泥石流堆积扇上或河谷低洼地带，极易受到泥石流的危害。因此，泥石流危害农田是岷江上游最常见的山地灾害现象，只要有泥石流发生，几乎都会危及农田。据统计，1981年理县境内泥石流冲毁耕地约227.73hm²，1982年泥石流淤埋农田231.65hm²，冲毁39.23hm²，1981年茂县11个乡受到山地灾害的危害，受灾耕地达228.93hm²，其中严重欠收和绝收的耕地为108.80hm²。

(5)危害山地环境，殃及成都平原。岷江是成都平原人民生活用水和工农业用水的源泉，泥石流等山地灾害破坏山地环境，也对岷江水源造成直接破坏，其恶果殃及成都平原。受 2008 年"5·12"汶川大地震的影响，2009 年 7 月 17 日，都江堰市虹口一带岷江支流白沙河多条支沟暴发泥石流，大量泥沙被泥石流带入岷江，导致岷江河水被严重污染。成都市的城市供水主水源来自岷江，因水源被严重污染，自来水厂无法正常生产，使成都市城区供水中断达 30 余小时，对城市的影响面之广，可以说波及到社会的各个方面。由此可见，岷江上游的泥石流灾害，不仅仅使泥石流发生地受灾，也波及到成都市城区及岷江中下游相关地区，造成的影响和危害很大。

综上所述，岷江上游地区受构造活动强烈影响，形成深谷高山地貌；汶川地震后大量松散固体物质提供丰富物源；流域内沟道在遭遇强降雨作用下，极易启动形成泥石流灾害。受以上泥石流形成条件的控制，岷江上游泥石流的分布主要沿大断裂分布，特别是各种软弱结构面发育，如泥石流高易发区的茂汶断裂带；沿地震活动频繁地带分布，其中龙门山地震带、松潘-较场地震带内的泥石流分布，占整个岷江上游泥石流总数的80%左右；高山峡谷区泥石流沟集中分布且活动的规模大，岷江上游南部地形切割深度大于北部，南部泥石流沟呈集中分布特点；千枚岩、板岩、变质砂岩等软弱岩石出露区及花岗岩、闪长岩等硬质岩石出露区是泥石流多发区；气候湿润区，干旱、半干旱河谷区都有泥石流分布。从以上岷江上游泥石流分布规律看，泥石流活动危害性巨大，简单的防灾机制已不能控制多变的灾害发生，对极易发生区域，典型泥石流的防灾机制研究越来越重要。

4.3 泥石流沟谷发育趋势分析

4.3.1 评价方法

泥石流形成的地貌条件与地貌信息熵紧密相关，依据信息熵值大小可以推断流域地貌侵蚀发育程度和地貌演化的阶段，从而判断泥石流易发性大小(王均等，2013)。将流域地貌特征作为评价因子带入泥石流沟谷发展趋势评价中，评价结果会更加准确。信息熵值计算是根据传统的地貌学原理对地貌进行系统的评价。20 世纪 80 年代，我国学者艾南山将反映地貌发展形态的 Strahler 面积-高程分析法与信息熵原理相结合，总结出了侵蚀地貌的信息熵理论及其计算方法(李雅辉等，2011)。其主要核心思想是选取能反映侵蚀地貌演化特征的流域面积和流域的相对高差为因子，构造一条 Strahler 面积-高程密度曲线，通过对曲线进行积分计算得出流域的 Strahler 积分值，再通过公式(4-1)导出指定流域系统地貌信息熵值。

$$H = S - \ln S - 1 = \int_0^1 f(x)dx - \ln\left[\int_0^1 f(x)dx\right] - 1 \tag{4-1}$$

式中：H—地貌信息摘值；S—Strahler 面积高程积分值；$f(x)$—拟合函数。

信息熵主要表示能量在空间分布的均匀程度情况，简言之就是有效能量不断减小的过程。沟谷的发育过程与信息熵增原理相同，即能量分布均匀程度与熵值往往呈现正相关的关系，熵值达到最大值也就意味着能量的完全均匀分布，相反，熵值最小意味着沟谷能量分布不均，蕴含极大的能量。同时地貌信息熵值的大小是第四纪隆升作用强烈程度的反映，熵值越小，表示现代构造活动性越强(李雅辉等，2011)。强烈的构造运动地区，有效能量很大，表现为强烈的流域侵蚀，泥石流活动性越强，流域往往处在强烈变动的不稳定幼年期；而熵值较大的地区，表现为稳定的构造运动区，有效能量很小，沟谷侵蚀趋于稳定，泥石流活动相对较稳定，流域处于平稳的老年期(刘丽娜，2015)。所以可以依据地貌信息熵原理对沟谷地貌侵蚀程度进行定量的计算，评价结果可以在一定程度上反映泥石流的发育阶段，最终对泥石流易发程度做出判断(卢涛，2004)。

4.3.2　数据处理与分析

以 ArcGIS10.2 为操作平台，结合无洼地 DEM 栅格数据，通过相关的数据提取获得泥石流沟谷流域相关参数，同时利用 Excel 中进行数据公式拟合，结合地貌信息熵原理即可得到每条泥石流沟谷流域的一系列(x，y)值；借助 MATLAB 工具对所得到的拟合函数进行 Strahler 积分值 S 和地貌信息熵值 H 计算，进而判断每条沟谷流域所处的发育演化阶段及泥石流的发展趋势；最后在模型改进中，在艾南山的熵值划分标准上，结合岷江上游流域的实际情况，建立该区域的地貌发展阶段划分标准。

4.3.2.1　沟谷流域地貌信息熵计算

以 4.2 节矢量化的 244 条典型泥石流沟范围为研究区，研究区无洼地流域高程变化范围为 876～5816m，为建立 Strahler 面积～高程曲线函数 $f(x)$ 需得到 244 个泥石流沟谷流域的一系列(x，y)值，以 ArcGIS10.2 为操作平台，具体实现过程为：首先，利用空间分析工具生成等高距为 100m 的等高线图层，并通过线转面功能将等高线图层经分类后所得结果转化为面；其次，采用属性分析功能对 244 个泥石流沟谷流域面进行提取，同时结合无洼地 DEM 栅格数据，采用掩膜分析功能对沟谷流域高程进行提取，分别获得泥石流沟谷流域最低点高程 h 以及流域最高点与最低点的高差 ΔH；再次，利用裁剪功能，将各个流域单元面文件同分类后的等高线图层分别裁剪，得到沟谷流域等高线图，然后将此结果与等高线分类后所转化的面文件 Intersect 叠加，所得结果则为沟谷流域等高线面所含等高线，其是不同流域单元等高线图层元素；最后，再次应用裁剪功能对 244 个沟谷流域面和等高线分类后所得的面进行处理，并与上个步骤所得结果空间融合后得到每条泥石流沟谷流域等高线、面图，将属性表中的面积与高程值导入到 Excel 中进行数据统计分析，再进行公式拟合，结合地貌信息熵原理即可得到每条泥石流沟谷流域的一系列(x，y)值。

采用 Excel 对所得到的沟谷流域(x，y)值进行面积～高程函数拟合，通过对数方程、n 次多项式(n 取为 2，3，4，5)对数方程等多种拟合方程进行比较，并参考前人研究所采用的拟合曲线模型(倪春迪等，2008；庞学勇等，2008)，结果显示：3 次多项式拟合效果最好，每条沟谷流域的拟合度 R 值均在 0.95 以上；然后借助 MATLAB 工具对所得到的拟合函数进行 Strahler 积分值 S 和地貌信息熵值 H 计算，进而判断每条沟谷流域所处的发育演化阶段及泥石流的发展趋势。

4.3.2.2　模型改进

研究区 244 条泥石流沟谷地貌信息熵值 H 变化较大，基于 0.0074~0.7058，沟谷地貌演化处于从幼年到老年阶段。如果仅根据艾南山所给 H 值划分标准不能充分表现出每条沟谷发育差异，同时上述划分标准具有一定的普遍性，但在实际条件下，各区域的地质环境和泥石流灾害的发生情况不同，所以应结合研究区的实际情况进行相应的调整。本书在艾南山的熵值划分标准上，结合岷江上游流域的实际情况，建立该区域的地貌发展阶段划分标准表将研究区划分为五个发育阶段（表 4-4）。

表 4-4　岷江上游泥石流沟谷发育阶段划分标准

H	地貌形态特征	沟谷发育阶段
>0.4	以平原、残丘为主，流域侵蚀微弱，河谷宽阔，沟槽稳定	老年期
0.3<H<0.4	侵蚀缓和，山坡从凸坡转为凹形坡，地表起伏变化较小，有利于松散物质堆积，形成区扩大	壮年偏老年期
0.2<H<0.3	侵蚀强度中等，地形坡度基本为凹形，松散碎屑物质开始积累	壮年期
0.111<H<0.2	侵蚀较强，水系处于扩张期，地形坡度开始向凸形转化	壮年偏幼年期
H<0.111	侵蚀强烈，地表起伏大，水系处于扩张和分支阶段，坡度变形迅速，以凸形坡为主，可为泥石流形成提供充足的动力条件	幼年期

1987 年艾南山提出反映不同流域发展阶段的地貌系统信息熵值 H 的三类划分标准（孔军等，2014）：当 $H>0.400$ 时，沟谷发育处于老年期；当 $0.111<H<0.400$ 时，沟谷发育处于壮年期；当 $H<0.111$ 时，沟谷发育处于幼年期。

4.3.3　结果分析

通过对沟谷发育面积-高程积分曲线分析，讨论沟谷坡降变化情况；在综合分析地貌信息熵值的基础上，得到研究区沟谷流域大部分处于地貌发育演化阶段的壮年偏幼年期。

4.3.3.1　沟谷发育面积-高程积分曲线分析

从地貌信息熵拟合的 244 条积分曲线可以看出（图 4-12），全部的积分曲线呈递减函数排列，随着流域面积的增大，相对高差相应的减小，与前文第 3 章中泥石流流域面积与纵比降呈负相关关系相一致，也验证了面积-高程积分曲线的合理性。随着地貌从幼年期~壮年偏幼年期~壮年期~壮年偏老年期~老年期过渡变化，这时的地貌信息熵值 H 呈现函数的变化趋势。

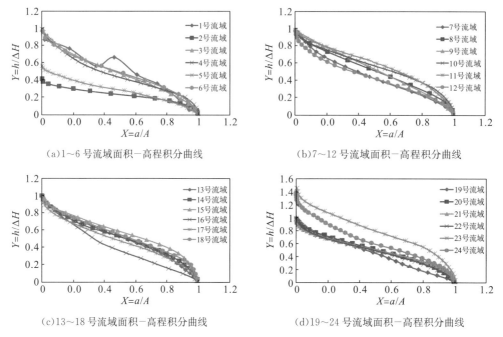

(a)1~6 号流域面积－高程积分曲线　　　(b)7~12 号流域面积－高程积分曲线

(c)13~18 号流域面积－高程积分曲线　　(d)19~24 号流域面积－高程积分曲线

图 4-12　部分流域的面积－高程积分曲线(1~24 号)

注：每条泥石流沟为一个流域，244 条泥石流沟编号：1~244。

在各阶段的面积～高程积分曲线中表现出不同的坡降幅度(图 4-13)。坡降幅度随幼年期～老年期在减少，特别是幼年期～幼年偏壮年期变化较大，地貌发育的初始阶段受强烈的构造运动影响，流域处于极不稳定状态，地形高低起伏差异明显，致使该阶段呈现较高的高程差状态；壮年期偏幼年期到壮年期变化较小，该阶段流域的地质活动相对稳定，但流域也具有较高的动态势能，该阶段是泥石流等灾害的高发期；随着流域的发育，壮年期逐渐向壮年偏老年期过渡，流域侵蚀逐渐趋于稳定，至老年期，面积—高程积分曲线变化明显平缓，且 Y 值已降到 0.4 左右，期间的坡降幅度很小，流域侵蚀已趋于稳定，流域内没有大的地形变化，该阶段泥石流多处于低频且低易发状态。

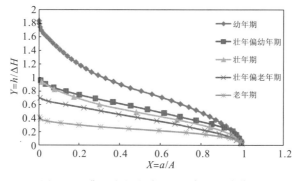

图 4-13　典型沟谷流域面积－高程积分曲线

综上所述，地貌从幼年期～壮年偏幼年期～壮年期～壮年偏老年期～老年期过渡变化，其坡降幅度逐渐减小，其中幼年～壮年阶段坡降幅度最大，至老年期坡降幅度已最小，流域侵蚀减弱，沟谷趋于稳定。该曲线的变化形式与熵理论一致，一般处在构造运动强烈抬升的山区，泥石流极为活跃；相反地表处于相对稳定的山区，泥石流活动也保持着相对稳定的状态，因此通过对泥石流沟谷的地貌侵蚀形态进行定量计算，可以很好的反映沟谷地貌发育特征。

4.3.3.2　沟谷发育阶段结果与分析

基于各小流域地貌信息熵计算得到岷江上游泥石流沟面积－高程积分与发育阶段结果（表 4-5），全部结果见附表岷江上游 244 条泥石流沟面积－高程积分与发育阶段汇总表。

根据计算得到的 244 条流域的信息熵值和本书所采用的沟谷发育划分标准，将五个发育级别，用不同的颜色表示，结果如图 4-14 所示，根据统计结果表明：研究区沟谷流域大部分处于地貌发育演化阶段的壮年偏幼年期，最大高差 3756m，天然的山高谷深的地貌优势极利于坡积物能量的释放，致使研究区沟谷流域泥石流极为发育。

研究区流域内处于幼年期的泥石流沟有 16 条，占总数的 6.6%，多分布于汶川至理县一带，该类泥石流沟流域面积相对较小，但下切强烈，地势崎岖，地貌条件复杂，为泥石流的发生提供丰富物质来源；同时也为泥石流的发生提供了充分的动力条件，泥石流被触发的可能性很大。

处于壮年偏幼年期的泥石流沟共有 153 条，占总数的 62.7%，属于岷江上游泥石流沟谷的最主要的发育阶段，在岷江上游广泛分布，处于沟谷发育的第二阶段，多呈"深V"状沟谷[图 4-15(a)]，沟谷侵蚀强烈，大量的坡积物源堆积，地表起伏大，为泥石流的形成提供充足的物源和动力条件。

表 4-5　研究区沟谷发育结果（部分）

沟谷编号	Strahler 面积－积分曲线函数 $X=[0, 1]$	S	H	发育阶段
1	$y = -1.0196x^3 + 1.0352x^2 - 0.9147x + 0.877$	0.5098	0.1835	壮年偏幼年期
2	$y = -0.93476x^3 + 1.3312x^2 - 0.754x + 0.3951$	0.228158	0.7058	老年期
3	$y = -1.3937x^3 + 2.1809x^2 - 1.7273x + 0.9656$	0.480667	0.2132	壮年期
4	$y = -1.8871x^3 + 3.1679x^2 - 2.1844x + 0.967$	0.45899	0.2377	壮年期
5	$y = -0.8167x^3 + 1.2052x^2 - 0.9107x + 0.5365$	0.27871	0.5663	老年期
6	$y = -1.7413x^3 + 2.6395x^2 - 1.7994x + 0.9439$	0.4344	0.26818	壮年期
7	$y = -1.3854x^3 + 2.3946x^2 - 1.9537x + 0.9679$	0.4429	0.2573	壮年期
8	$y = -1.0129x^3 + 1.4777x^2 - 1.3573x + 0.9494$	0.51009	0.18325	壮年偏幼年期
9	$y = -0.5313x^3 + 0.6987x^2 - 1.1144x + 0.9785$	0.52137	0.17266	壮年偏幼年期
10	$y = -1.7627x^3 + 2.3759x^2 - 1.498x + 0.9547$	0.55699	0.14219	壮年偏幼年期
11	$y = -1.5113x^3 + 1.866x^2 - 1.2774x + 0.9727$	0.57817	0.12605	壮年偏幼年期
12	$y = -1.7854x^3 + 2.908x^2 - 2.0149x + 0.9154$	0.43093	0.27274	壮年期
13	$y = -1.3844x^3 + 1.9424x^2 - 1.5118x + 0.9664$	0.51186	0.18156	壮年偏幼年期
14	$y = -1.825x^3 + 2.6737x^2 - 1.7693x + 0.9658$	0.51611	0.17755	壮年偏幼年期
15	$y = -0.8933x^3 + 1.878x^2 - 1.9333x + 0.9684$	0.40293	0.31193	壮年偏老年期
16	$y = -2.0416x^3 + 2.7048x^2 - 1.5668x + 0.9633$	0.5711	0.13129	壮年偏幼年期

续表

沟谷编号	Strahler 面积-积分曲线函数 $X=[0, 1]$	S	H	发育阶段
17	$y=-1.6306x^3+2.4858x^2-1.7496x+0.9299$	0.6739	0.0686	幼年期
18	$y=-1.4268x^3+2.02x^2-1.4663x+0.9572$	0.5407	0.1556	壮年偏幼年期
19	$y=-0.6209x^3+1.1121x^2-1.4498x+0.9577$	0.4483	0.25062	壮年期
20	$y=-1.4689x^3+2.0918x^2-1.5316x+0.9378$	0.5022	0.19099	壮年偏幼年期
21	$y=-1.8807x^3+2.7607x^2-1.7448x+0.9241$	0.5018	0.19140	壮年偏幼年期
22	$y=-1.7926x^3+2.6814x^2-1.8008x+0.9374$	0.4827	0.21110	壮年期
23	$y=-2.7264x^3+3.8530x^2-2.4233x+1.4037$	0.7948	0.02447	幼年期
24	$y=-2.3659x^3+3.8625x^2-2.7282x+1.2940$	0.6259	0.09445	幼年期
25	$y=-1.8070x^3+2.4906x^2-1.5393x+0.9288$	0.5376	0.15824	壮年偏幼年期

　　处于壮年期的泥石流沟有 63 条，占总数的 25.8%，以茂县、松潘县居多，该阶段侵蚀强度中等，松散碎屑物质开始积累，地形坡度相对较缓，但在强烈的地质运动和极端天气下，也易发生山地灾害。

　　处于壮年偏老年期泥石流沟有 9 条，占总数的 3.7%，该阶段的泥石流沟数量很少，主要分布在茂县和松潘县境内，沟谷受侵蚀缓和，地形起伏变小，区域物源堆积稳定，很少有新的物源产生，该类泥石流沟较为稳定，中低频发生。

　　处于老年期泥石流沟共有 3 条，占总数的 1.2%，此类泥石流沟极少，主要分布在渔子溪流域，沟谷基本被侵蚀成残丘或平原，河谷宽阔，多呈浅 "U" 状 [图 4-15(b)]地形起伏小，海拔相对较低，地貌侵蚀较缓和，泥石流沟槽稳定。

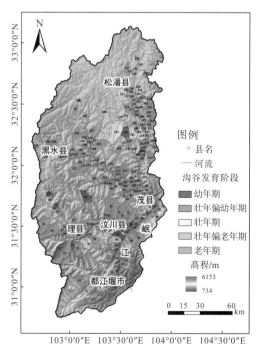

图 4-14　岷江上游泥石流沟谷发育阶段

注：每条泥石流沟为一个流域，244 条泥石流沟编号：1～244。

（a）"深 V"沟谷——理县板子沟　　　　（b）"浅 U"沟谷——汶川县桃关沟

图 4-15　部分泥石流沟谷断面示意图

参 考 文 献

孔军，周荣军，2014. 龙门山和成都地震构造区的划分[J]. 震灾防御技术，(01)：64—73.

李雅辉，杨武年，杨鑫，等，2011. 基于流域系统的地貌信息熵泥石流敏感性评价[J]. 中国水土保持，(01)：55—57.

刘丽娜，2015. 芦山地震区泥石流易发性评价[D]. 北京：中国地质大学.

卢涛，2004. 岷江上游植物物种多样性与生态系统多样性研究[D]. 西安：西北农林科技大学.

倪春迪，殷晓伟，罗传文，2008. 基于GIS的岷江上游植被特征研究[J]. 森林工程，(01)：1—4.

庞学勇，包维楷，吴宁，2008. 岷江上游干旱河谷气候特征及成因[J]. 长江流域资源与环境，(S1)：46—53.

王钧，欧国强，杨顺，等，2013. 地貌信息熵在地震后泥石流危险性评价中的应用[J]. 山地学报，(01)：83—91.

王昕，2000.岷江上游泥石流活动的分布特征研究[J].重庆师范学院学报(自然科学版)，17(4)：52—55.

第 5 章　泥石流堆积扇的发育规律

泥石流堆积扇是泥石流堆积作用的最终产物，泥石流运动到山外以后，大量固体物质便堆积下来，加之山外原始地面大多宽平，泥石流流路分散，经长期作用便形成一个由沟口向外扩散的扇形地，称为泥石流堆积扇。泥石流堆积扇的形成与当地的气候和环境条件密切相关，受到地形地貌、构造、气候等多因素的共同影响，形成了泥石流堆积扇形态发育和沉积特征的演化波动，由此可为恢复环境演变历史和预测未来环境发展演化趋势提供依据。

本章在泥石流堆积扇的相关知识背景下，通过对遥感影像的解译，结合野外实地考察，选择岷江上游具有典型泥石流堆积扇的灾害及隐患点共 319 处来分析泥石流堆积扇的发育演变规律(Ding et al.，2014)。

5.1　研究概述

泥石流堆积扇是泥石流活动的最终产物，同时它作为人类活动最集中的场所，对人类社会的生产生活有着重要影响。泥石流的堆积形态和范围是泥石流动力作用的直接体现，也是进行泥石流危险性区划的主要研究内容，世界上许多国家的地学工作者都开展了对泥石流堆积扇的研究。

日本是世界上对泥石流堆积扇进行较早研究的国家之一，池谷浩等(1996)初步开展了泥石流危险范围预测的研究；水山高久等(1980)开展了对泥石流堆积地貌的研究，同时高桥堡(1987)和水山高久等对泥石流堆积过程和堆积范围进行模型试验，并从水力学角度探讨泥石流的危险范围，运用连续流基础方程首次建立了泥石流危险范围预测的数学模型；随着研究的逐步深入，石川芳治等(1991)用模型实验模拟堆积区具有沟槽和隆起等微地貌时，泥石流堆积范围应如何修正等；山下佑一等(1991)提出了用泥石流面积和堆积区坡度双因子预测泥石流危险范围的方法，随后又有很多日本学者在泥石流堆积扇方面做出很多成绩。在欧美等国家，对泥石流堆积扇的研究也很早就受到学者们的重视。Bull(1964)研究了流域面积与堆积扇面积之间的指数关系；Marino 等(1998)对堆积扇的类型和形态与环境条件的关联程度做了研究；同时 Olivier(1998)提出了采用类似于交通信号中红、黄、绿三色的特定含义来进行泥石流危险范围的预测工作，对泥石流危险范围进行分区；Franzi 等(2001)学者研究了泥石流沟流域面积与堆积量之间的关系。

随着国外学者对泥石流堆积扇研究的开展，国内的学者们也逐渐进驻这一领域。曾思伟等(1985)探讨了黏性泥石流堆积扇平面形态和纵剖面形态的数学表达方程；唐川(1988)在分析泥石流堆积扇纵横剖面特征的基础上，总结并提出了典型泥石流扇形地模式，并在 1991 年以云南小江流域泥石流堆积扇为例，对其堆积扇形态进行调查和测量，分析总结并阐述了该区域的泥石流的堆积过程和扇形地的形成模式，泥石流扇群的横向和平面组合类型及其变形方式；同年田连权(1991)以云南东川蒋家沟为例，论述了黏性泥石流形成堆积地貌；刘希林(1990)以云南东川小江流域为例，泥石流堆积扇扩展与小江河床平面形态的关系；刘希林(1995)在对泥石流堆积扇平面形态进行统计分析的基础上，提出了堆积扇的平面形态模型。进入 21 世纪，中国学者对于泥石流堆积扇的研究进一步深入研究。其中，关于岷江上游泥石流的研究主要有：汤加法等(1999)在 GIS 技术支持下以岷江上游为例进行了泥石流危险度区划的研究；常晓军等(2007)对岷江上游地质灾害发育分布规律进行初探；汪西林等(2008)对岷江上游汶川县的泥石流多发区生态安全进行评价；付丹等(2012)对岷江上游松潘县的地坪沟泥石流进行了危险性分析等。

5.2　泥石流堆积扇的特征

5.2.1　堆积扇的范围规模

泥石流堆积扇的范围规模主要由堆积扇的面积、最大堆积长度、最大堆积宽度及堆积厚度来体现。其中对于堆积扇的厚度数据的采集相对较少，因而本书重点分析堆积扇的面积、最大堆积长度和最大堆积宽度的特征。

整个岷江上游流域的泥石流堆积扇的规模大小不等，所表现出来的扇体面积、最大堆积长度和最大堆积宽度也是千差万别的。泥石流堆积扇的规模主要取决于泥石流的流量、泥沙的总输移量、出山口到主河间的宽度以及主河的冲刷作用等。通常若泥石流流量越大，总输移量就越多，加之出山口到主河间的宽度适宜且无主河冲刷作用影响，那么堆积扇的规模将越大；但是如果出山口到主河间的宽度并不是很理想，那么出山的泥石流将可能会直接进入河流，而堆积下来的泥沙规模将非常小，同时这种情况将会明显地受到主河的扰动，在主河的多次冲刷下，残留的堆积体将渐渐地越来越小甚至消亡。

5.2.2　堆积扇的平面形态

泥石流堆积扇是在出山口处，泥石流裹携的大量松散物质在空间三维尺度上停滞，同时在后续时间维度上其形态不断地被改造。由于对泥石流堆积扇垂直方向上的变化——泥石流堆积扇的厚度和粒径资料获取得较少，本节对于岷江上游泥石流堆积扇形态的变化着重从平面形态上分析。

(1)岷江上游泥石流堆积扇的平面形态。泥石流堆积扇的形态主要由泥石流自身条件和出山口处的环境这两个因素决定，其中泥石流的自身条件包括物质组成、结构以及泥石流流域纵坡降等，而出山口的环境则包括出山口处的地形地貌、河流流经的情况和冲蚀作用以及人类活动等。将上述因素综合后，可见在泥石流沟口将会形成多种扇形地的平面形态。以下为岷江上游常见的泥石流堆积扇的平面形态(图 5-1)。

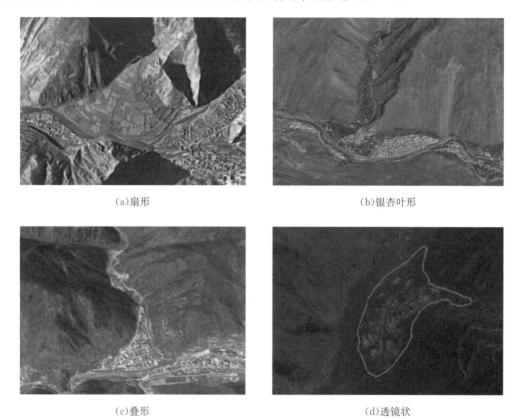

(a)扇形   (b)银杏叶形

(c)叠形   (d)透镜状

图 5-1 岷江上游泥石流堆积扇主要的平面形态类型

(2)泥石流堆积扇平面形态比。面对流域内成百上千条的泥石流沟,我们不能细致地将每一个堆积扇的平面形态进行归类划定,一种定量的讨论泥石流堆积扇平面形态的方式是我们急需的。结合对泥石流堆积扇危险范围规模的分析,利用泥石流堆积平面形态比,来展示泥石流在某一时刻的堆积状况,同时也可以更便捷地体现一种动态的变化。公式如下:

$$DSPS = L/W$$

式中,DSPS——泥石流堆积平面形态比;L——最大堆积长度;W——最大堆积宽度。

5.3 泥石流堆积扇的演化

5.3.1 堆积扇危险范围的演化

通过对岷江上游 1994 年、2004 年、2014 年三期的遥感影像进行解译和矢量化,获得泥石流堆积扇的面数据,初步统计岷江上游泥石流堆积扇的面积、周长等特征(表 5-1)。

表 5-1　1994 年、2004 年、2014 年泥石流堆积扇数量统计表

年份	1994	新增	2004	新增	2014
泥石流沟数	225	21	246	73	319
泥石流堆积扇面积/km²	32.1774	9.7591	41.9365	18.8888	60.8253
泥石流堆积扇周长/km	504.6219	107.7739	612.3958	221.0281	833.4239

根据统计数据的分析，可知岷江上游 1994～2014 年 20 年间活动的泥石流灾害整体呈增加趋势，1994～2004 年这 10 年间活动的泥石流沟增加了 9.33%，2004～2014 年这十年，由于"5·12"汶川地震的触发导致震后山地灾害频发，活动的泥石流灾害增加了 29.67%，相当于 1994～2004 年这 10 年泥石流灾害增长率的 3.18 倍(表 5-1)。

依据岷江上游泥石流堆积扇的特征分析，整体上泥石流堆积扇的面积和周长呈增大趋势。1994～2004 年泥石流堆积扇面积增加 9.7591km²，周长增加 107.7739km；2004～2014 年泥石流堆积扇面积增加 18.8888km²，周长增加 221.0281km。相比较可知，2004～2014 年泥石流堆积扇面积增幅是 1994～2004 年的 1.9355 倍，周长增幅是 1994～2004 年的 2.0508 倍(表 5-1)。

同时，根据对岷江上游泥石流的扇体面积、最大堆积长度和最大堆积宽度的范围的对比，发现 1994～2014 年堆积扇的扇体面积和最大堆积宽度在泥石流灾害数量增多的情况下呈现出先压缩后扩大，而泥石流最大堆积长度则呈现为前十年间(1994～2004 年)的小幅度波动、后十年大幅度(2004～2014 年)增长的状态(表 5-2，图 5-2)。这表明在 1994～2004 年未出现较大规模的泥石流灾害活动，原始泥石流形成的规模有被自然作用或人类活动明显改造的痕迹，而 2004～2014 年堆积扇的扇体面积随泥石流灾害数量增多其范围空间扩展较大，表明这 10 年间泥石流灾害的活动不仅频率增加，而且规模上也相对在 1994～2014 年出现最大。

表 5-2　1994 年、2004 年、2014 年泥石流堆积扇范围规模统计表

流域内堆积扇规模	1994 年	2004 年	2014 年
扇体面积/km²	0.0061～1.1688	0.0123～0.9374	0.0113～1.9009
最大堆积长度/m	228.2774～1693.9579	309.4998～1860.7726	508.0517～3268.1237
最大堆积宽度/m	34.0892～578.9201	60.2164～443.5409	55.6672～493.5186

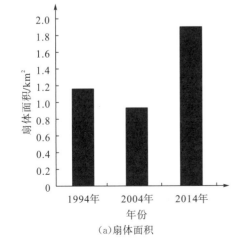

(a)扇体面积

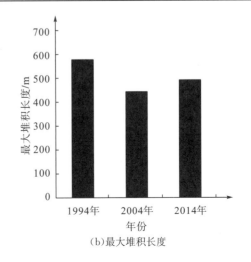

(b)最大堆积长度

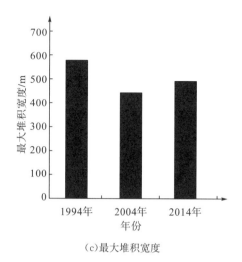

(c)最大堆积宽度

图 5-2　1994 年、2004 年、2014 年泥石流堆积扇范围规模统计图

5.3.2　堆积扇平面形态的演化

结合对岷江上游泥石流堆积扇的各平面形态定性的分析，以扇形体为参照，整体采用定量的平面形态比(利用 $DSPS=\dfrac{L}{W}$ 计算)探究泥石流灾害过程中泥石流堆积扇的形状演变。根据得到数据的范围，将数据分为 $DSPS\leqslant1.5$、$1.5<DSPS\leqslant3$、$DSPS>3$ 三个等级，然后统计不同平面形态比区间的堆积扇数量和不同堆积扇平面形态比区间所占比例(表 5-3)。

表 5-3　1994 年、2004 年、2014 年堆积扇平面形态比

年份	不同平面形态比区间的堆积扇数量			不同堆积扇平面形态比区间所占比例/%		
	$DSPS\leqslant1.5$	$1.5<DSPS\leqslant3$	$DSPS>3$	$DSPS\leqslant1.5$	$1.5<DSPS\leqslant3$	$DSPS>3$
1994	105	99	21	46.67%	44%	9.33%
2004	117 (0)	83 (15)	25 (6)	52% (47.56%)	36.89% (39.84%)	11.11% (12.60%)
2014	84 (0) (0)	92 (17) (25)	49 (4) (27)	37.33% (34.15%) (26.33%)	40.89% (44.31%) (48.59%)	21.78% (21.54%) (25.08%)

根据统计数据的分析，岷江上游 1994~2014 年泥石流堆积扇形态整体由 $L<W$ 向 $L>W$ 演变，也可以说是堆积扇的形态由横向扩展转向了纵向扩展(图 5-3)。堆积扇前期形成的堆积形态被自然与人类活动改造，而后续的时间段内泥石流加剧，出现新的堆积。本书将三个时期(1994 年、2004 年、2014 年)的堆积扇形态数据分三个层次进行对比。

(1)以 1994 年所提取的 225 处泥石流堆积扇数据为基础，对比三个时段的泥石流堆积扇平面形态的变化，发现 1994 年和 2004 年堆积扇的形态以 $DSPS\leqslant1.5$ 的形态为主导，且两个时间内不同平面形态比区间的堆积扇数量和所占比例的分布趋势相同，而 2014 年堆积扇的形态以 $1.5<DSPS\leqslant3$ 形态为主导，不同平面形态比区间的堆积扇数量和所占比

例的分布趋势与 1994 年和 2004 年不同(表 5-3,图 5-4)。

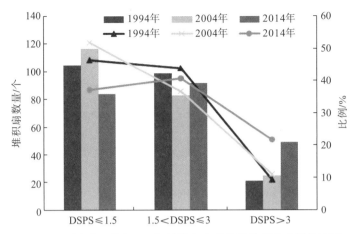

图 5-3　不同平面形态比区间的堆积扇数量及其所占比例统计图

对比每一平面形态比区间的堆积扇数量和所占比例发现(表 5-3,图 5-4):在 DSPS≤
1.5 时,平面形态所占比例由 1994 年的 46.67% 先增长到 2004 年的 52% 后减小至 2014
年的 37.33%;在 1.5<DSPS≤3 时,由 1994 年的 44% 先减小到 2004 年的 36.89% 后增
长至 2014 年的 40.89%;而 DSPS>3 时,则从 1994 年的 9.33% 一直增加到 2014 年的
21.78%。综合发现 1994～2004 年泥石流活动增加,但活动规模相对较小,甚至泥石流
的原有形态缩小,因此在 DSPS≤1.5 上增加且在 1.5<DSPS≤3 上减小;而 2004～2014
年,由于多次地震的影响,使得该区域震后泥石流活动明显,因此在 DSPS>3 时持续
增加。

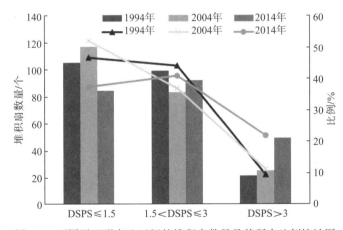

图 5-4　不同平面形态比区间的堆积扇数量及其所占比例统计图
注:以 1994 年所提取的 225 处泥石流堆积扇为基础

(2)以 2004 年所提取的 246 处泥石流堆积扇数据为基础,对比 2004 年和 2014 年两
个时段的泥石流堆积扇平面形态的变化,发现 2004 年堆积扇的形态仍以 DSPS≤1.5 的形
态为主导,而 2014 年堆积扇的形态也以 1.5<DSPS≤3 形态为主导,同时两时段的不同
平面形态比区间的堆积扇数量和所占比例的分布趋势不同(表 5-3,图 5-5)。

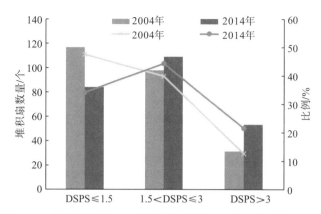

图 5-5　不同平面形态比区间的堆积扇数量及其所占比例统计图

注：以 2004 年所提取的 246 处泥石流堆积扇为基础

对比每一平面形态比区间的堆积扇数量和所占比例发现（表 5-3，图 5-4），以 2004 年所提取的 246 处泥石流堆积扇数据为基础的堆积扇分布与以 1994 年所提取的 225 处泥石流堆积扇数据为基础的分布趋势无明显变化，只是在细微处略有变动。2004 年，DSPS≤1.5 与 1.5<DSPS≤3 的平面形态所占比例差相较（1）中略有缩小，1.5<DSPS≤3 与 DSPS>3 的平面形态所占比例差相较（1）中略有增大；2014 年，DSPS≤1.5 与 1.5<DSPS≤3 和 1.5<DSPS≤3 与 DSPS>3 的平面形态所占比例差相较（1）中略有增大，综合说明 2004～2014 年间泥石流活动明显增加，且规模可观。

（3）以 2014 年所提取的 319 处泥石流堆积扇数据为基础，分析 2014 年的泥石流堆积扇平面形态的变化情况，发现 2004 年堆积扇的形态以 DSPS≤1.5 的形态为主导（表 5-3，图 5-6）。对比每一平面形态比区间的堆积扇数量和所占比例发现（表 5-3，图 5-6），DSPS≤1.5 的堆积扇数量和比例由（1）中的 37.33% 一直减小到 2014 年 26.33%，而 1.5<DSPS≤3 和 DSPS>3 时则呈现出持续增长的趋势。综上，岷江上游原始的和新增的泥石流堆积扇均向着泥石流活动性增强的状态发展。

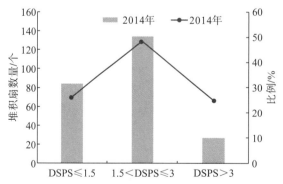

图 5-6　不同平面形态比区间的堆积扇数量及其所占比例统计图

注：以 2014 年所提取的 319 处泥石流堆积扇为基础。

5.3.3　泥石流堆积扇分布的演化

根据岷江上游 1994 年、2004 年、2014 年三期的遥感影像，进行矢量化获得泥石流堆积扇的面数据，然后在 ArcGIS10.2 的 Toolbox 工具栏中执行 Feature To Point 操作，将矢量面转化为矢量点(几何中心点)数据，然后将 1994 年、2004 年、2014 年三期泥石流堆积扇中心点的数据叠加到高程、坡度、坡向图层上，统计岷江上游不同年份泥石流堆积扇中心点在不同高程、坡度、坡向上的分布演化情况。

(1)泥石流堆积扇在高程上分布演化。根据岷江上游数字高程模型(digital elevation model，DEM)数据，在 ArcGIS10.2 的 Toolbox 工具栏中执行 Reclassify 操作，将 DEM 数据重分类，然后将 1994 年、2004 年、2014 年的泥石流堆积扇中心点数据叠加到所分类完成的高程图层上，统计岷江上游不同年份泥石流堆积扇中心点在不同高程上的分布演化情况(表 5-4)。

表 5-4　1994 年、2004 年、2014 年泥石流堆积扇几何中心点的高程分布

类型	堆积扇几何中心点数量/个			堆积扇几何中心点百分比/%		
	1994 年	2004 年	2014 年	1994 年	2004 年	2014 年
低山	5	4	7	2.22	1.63	2.19
中山	219	241	310	97.33	97.97	97.18
高山	1	1	2	0.45	0.40	0.63
极高山	0	0	0	0	0	0

通过分析岷江上游 1994 年、2004 年、2014 年三期泥石流堆积扇几何中心点在高程上的分布数量和占比(表 5-4)，发现 1994~2014 年的泥石流堆积扇有所增加，但整体上泥石流堆积扇 20 年间的分布格局保持相同，均为在低山区和高山区分布极少(<3%)，在 1000~3500m 的中山区集中分布(>97%)。然而将 1994 年、2004 年和 2014 年三期的泥石流堆积扇几何中心点占比在各高程上的对比发现，岷江上游泥石流堆积扇几何点的分布模式却不同，在 800~1000m 的低山区和 3500~5000 的高山区，泥石流堆积扇几何点占比随时间先减小后增大；1000~3500m 的中山区，泥石流堆积扇几何点占比随时间先增大后减小，说明 1994~2004 年泥石流灾害发生次数向中山区转移，而 2004~2014 年泥石流灾害发生次数向低山区和高山区有所转移。

(2)泥石流堆积扇在坡度上分布演化。根据岷江上游 DEM 数据，对其进行 Spatial Analysis→Surface Analysis→Slope 操作，将 DEM 转为坡度数据，然后将所得数据重分类(Spatial Analysis→Reclassify)，最后将 1994 年、2004 年、2014 年的泥石流堆积扇中心点数据叠加到所分类完成的坡度图层上，统计岷江上游不同年份泥石流堆积扇中心点在不同坡度上的分布演化情况(表 5-5)。

表 5-5　1994 年、2004 年、2014 年泥石流堆积扇几何中心点的坡度分布

坡度	堆积扇几何中心点数量/个			堆积扇几何中心点增长百分比/%		
	1994 年	2004 年	2014 年	1994 年	2004 年	2014 年
平坦坡	68	75	98	30.22	30.49	30.72
缓坡	35	44	71	15.56	17.89	22.26
中坡	58	59	69	25.78	23.98	21.63
陡坡	40	43	54	17.78	17.48	16.93
急陡坡	24	25	27	10.66	10.16	8.46

通过分析岷江上游 1994 年、2004 年、2014 年三期泥石流堆积扇几何中心点在坡度上的分布数量和占比(表 5-5),发现泥石流堆积扇 1994～2004 年 10 年间的分布格局相同,2004～2014 年由于受地震和次生山地灾害的影响泥石流堆积扇几何中心点的分布格局发生变化,由 1994～2004 年的随坡度增加泥石流堆积扇几何中心点呈波动下降分布变为 2004～2014 年的随坡度增加泥石流堆积扇几何中心点呈线性下降分布。整体上泥石流堆积扇的几何中心点主要集中在 35°以下地区。同时通过对岷江上游泥石流堆积扇几何中心点在山地坡度逐级的对比发现,在数量上泥石流堆积扇在各级坡度上呈增加趋势,但是依据各坡度级上的泥石流堆积扇占总数的百分比看,岷江上游整体坡度分级呈两种状态,<25°的坡度区内随时间的增长,泥石流堆积扇的几何中心点占比呈增加的趋势,>25°的坡度区内泥石流堆积扇的几何中心点占比呈减少的趋势,而且 1994～2004 年间泥石流堆积扇的几何中心点占比增幅或降幅相对较小,平均变幅为 1.04%,2004～2014 年泥石流堆积扇的几何中心点占比增幅或降幅则相对较大,平均变幅 1.84%,说明岷江上游泥石流堆积扇 1994～2004 年泥石流活动较弱,对泥石流堆积扇的扰动较轻,2004～2014 年泥石流活动频繁,对泥石流堆积扇的扰动明显,但整体上泥石流堆积扇几何中心点是在向低坡度区转移。

(3)泥石流堆积扇在坡向上分布演化。根据岷江上游 DEM 数据,然后在 ArcGIS10.2 的 Toolbox 工具栏中执行→Aspect 操作,将 DEM 转为坡向数据,然后将所得数据重分类 (Spatial Analysis→Reclassify),分为 9 类,再将 1994 年、2004 年、2014 年的泥石流堆积扇中心点数据叠加到所分类完成的坡向图层上,统计岷江上游不同年份泥石流堆积扇中心点在不同坡向上的分布演化情况(表 5-6)。

通过分析岷江上游 1994 年、2004 年、2014 年三期泥石流堆积扇几何中心点坡向上的分布数量和占比(表 5-6),发现岷江上游 1994 年和 2004 年泥石流堆积扇几何中心点分布在平地和北西两个方向上。1994～2014 年这 20 年的泥石流堆积扇几何中心点整体上呈增加趋势,但其空间分布格局无明显变化。同时对岷江上游山地坡向逐级在时间上的对比发现,岷江上游泥石流堆积扇几何中心点的迁移演化模式呈现四种状态:①在平地,泥石流堆积扇几何中心点占比随时间增长呈明显的增加趋势;②在北、南东、南、西方向上,泥石流堆积扇几何中心点占比随时间增长先减小后增加;③在东、南西方向上,泥石流堆积扇几何中心点占比随时间增长先增加后减小趋势;④在北西、北东方向上,泥石流堆积扇几何中心点占总数的百分比随时间增长呈明显的减小趋势,说明 1994～

2004 年泥石流堆积扇几何中心点主要在平地、东、南西等几个方向上迁移，2004～2014 年泥石流堆积扇几何中心点呈轴对称向北、西等几个方向迁移。

表 5-6　1994 年、2004 年、2014 年泥石流堆积扇几何中心点的坡向分布

坡向	堆积扇几何中心点数量/个			堆积扇几何中心点增长百分比/%		
	1994 年	2004 年	2014 年	1994 年	2004 年	2014 年
平地	41	47	67	18.22	19.10	21.00
北	41	40	54	18.22	16.26	16.93
北东	31	33	40	13.79	13.41	12.54
东	6	12	13	2.67	4.88	4.08
南东	3	3	7	1.33	1.22	2.19
南	5	4	9	2.22	1.63	2.82
南西	12	18	19	5.33	7.32	5.96
西	29	27	38	12.89	10.98	11.91
北西	57	62	72	25.33	25.20	22.57

参 考 文 献

常晓军，丁俊，魏伦武，等，2007. 岷江上游地质灾害发育分布规律初探[J]. 沉积与特提斯地质，27(1)：103－108.

池谷浩，王丽，1996. 云仙水无川泥砂流失量的推算方法[J]. 水土保持科技情报，(4)：30－34.

付丹，丁明涛，代兴怀，等，2012. 松潘县地坪沟泥石流危险性分析[J]. 农业灾害研究，2(01)：79－82.

高桥堡，中川一，山路昭彦，1987. 土石流泛滥危险范围の指定法に关する研究[J]. 京都大学防灾研究所，30(B-2)：611－625.

李智毅，杨裕云，1994. 工程地质学概论[M]. 武汉：中国地质大学出版社.

刘希林，1990. 论泥石流堆积扇危险范围的确定方法[C]. 中国减轻自然灾害研究. 全国减轻自然灾害研讨会论文集，中国科学技术出版社：588－591.

刘希林，1995. 泥石流平面形态的统计分析[J]. 海洋地质与第四纪地质，15(3)：93－104.

山下佑一，石川芳治，1991. 土石流の直击を受けゐ范围の设定[J]. 新砂防，44(2)：22－25.

石川芳治，水山高久，井户清尾，1991. 堆积扇上泥石流堆积泛滥机理[C]. 泥石流及洪水灾害防御国际学术讨论会论文集：27－31.

水山高久，渡边正幸，上原信司，1980. 土石流の堆积形状[J]. 自然灾害科学总合ツソボッテム，17：169－172.

汤加法，谢洪，1999. GIS 技术支持下的泥石流危险度区划研究——以岷江上游为例[J]. 四川测绘，22 (3)：120－122.

唐川，1988. 泥石流堆积特征与扇形地危险范围预测[D]. 中国科学院成都山地灾害与环境研究所.

田连权. 滇东北蒋家沟黏性泥石流堆积地貌[J]. 山地研究，1991，9(3)：185－192.

汪西林，谢宝元，关文彬，2008. 泥石流多发区生态安全评价——以汶川县为例[J]. 生态学杂志，27(11)：1990－1996.

曾思伟，张又安，1985. 黏性泥石流舌状沉积形态及其剖面特征[C]//中国第四纪冰川冰缘学术讨论会文集. 北京：科学出版社.

Bull W B, 1964. Geomorphology of segmented alluvial fans in western Fresno County [J]. California It. USGS Prof Rep, Pos52-E：89－128.

C. M. 弗莱施曼，1986. 泥石流[M]. 北京：科学出版社.

Ding MT，Cheng Z L，Wang Q，2014. Coupling mechanism of rural settlements and mountain disasters in the upper reaches of Min River[J]. Journal of Mountain Science，11(1)：66—72.

Franzi L，Bianco G，2001. A statistical method to predict debris flow deposited volumes on a debris fan[J]. Phys Chem Earth(C)，26(9)：683—688.

Marino S V，Loredana A，Emilialp，1998. Controls on modern fan morphology in Caldaria，Southern Italy[J]. Geomorphology，24：169—187.

Olivier L，Bonnard C，1998. Example of Hazard Assessment and Land-use Planning in Switzerland for Snow Avalanches，Floods and Landslides[M]. Bern：Swiss National Hydrological and Geological Survey.

第6章 山区聚落研究

6.1 研 究 概 述

山区聚落是山区人口的居住空间和活动场所，是一个以人类活动为主导的社会－经济－自然复合系统，是人类生产和生活与外部环境关系最密切的时空单元(沈茂英，2006)。山区聚落包括河谷聚落、半山(二半山)聚落、高半山聚落和高山聚落，其中将选址在河谷阶地或冲洪积扇上的山区聚落称为河谷聚落(吕保利，2011)。我国是世界山地大国，国土面积的 2/3 以上为山地，总人口半数以上(54.2%)分布在山地(含丘陵)(Schuster，1978；吕保利，2011)，其中河谷聚落是山区人们最主要的聚集形态。随着时间的变化，在山区地质环境和人类活动的影响下，河谷聚落的发展趋势发生着复杂而深刻的变化。关于河谷聚落时空特征的研究，将有助于对河谷聚落发展演化过程的了解，同时对今后河谷聚落的发展规划等都将有着积极的指导意义。

早在 1841 年，德国地理学家 Johann Georg Kohl 就已开始关注人类交通、居住地与地形的关系(Susan，2001)。19 世纪末期，Jean Brunches 和 Albert Demangeon 等对聚落空间分布与类型划分进行研究，开始指导人们研究乡村住宅，使聚居成为人类的重要组成部分(Robert et al.，2001)。20 世纪初，Jones、Sauer 借鉴德国人文景观的概念指出把历史、地理与人文景观及其区别作为地理学研究的重要课题。随后，相关学科领域之间的相互渗透，聚落研究的深度和广度的拓展，如聚落地理学、景观生态学等交叉学科的引入，使传统聚落的研究从聚落的空间结构与形态拓展到多视野、多角度、多层面的研究领域(Michelle，2008；Annina，2010)。

我国对聚落的记载始于《史记·五帝本纪》，书中道"一年而所居成聚，二年成邑，三年成都"，注释中称"聚，谓村落也"。但国内对于聚落的研究，相对于国外来说起步较晚，1949 年以前的聚落研究涉及内容广泛，多为人地关系方面的探讨，从而使得聚落成为区域地理研究的一个组成部分，其内容上偏重于解释聚落与环境之间的因果关系(Stewart，2006；韦仕川等，2014)。1949 年~20 世纪 70 年代中期，我国聚落研究处于相对低潮的阶段，期间主要开展了居民点规划及布局的研究(Lim，2011)。20 世纪 70 年代后期，随着人文地理学的全面复兴，聚落的研究主要集中于对基础性理论的讨论，省级范围的聚落布局、聚落类型及分布、聚落与环境及各种对聚落的调研(Kanungo et al.，2009)。20 世纪 90 年代对聚落的研究主要集中在聚落形态、聚落演化规律及聚落与文化、旅游等方面(Van Westen et al.，2003；Thiery et al.，2007)。进入 21 世纪，国内学者一方面试图从对传统聚落的研究中发现利用价值，另一方面，随着相关交叉学科的引入，传统聚落的研究上升到新的高度，对聚落景观、少数民族聚落的研究增多，对聚落的区域性、聚落变迁、聚落形态及聚落相关的人地关系研究成为热点(Lee et al.，2004；Ayalew et al.，2005)。

6.2　山区聚落演化分析

山区人们的家园和住所被称为山区聚落。由于在岷江上游地区，当地居民通常将山体分为河谷、半山(二半山)、高半山和高山等四部分，因此将岷江上游山区聚落分为河谷聚落、半山(二半山)聚落、高半山聚落和高山聚落(Schuster，1978；吕保利，2011)。

基于本书对岷江上游的实地调研考察，统计发现岷江上游山区聚落共有 1667 处，其中高山聚落相对较少，仅有 9 处，占总数的 0.54%；高半山聚落 500 处，占总数的29.99%；半山聚落 541 处，占总数的 32.46%；河谷聚落 617 处，占总数的 37.01%，聚落数量在区内分布相对均匀，见表 6-1。通过数据的对比可知，河谷聚落是该区域内最主要的聚落形态。

表 6-1　岷江上游山区聚落组成

类型	河谷聚落	半山聚落	高半山聚落	高山聚落
聚落数量/个	617	541	500	9
聚落所占百分比/%	37.01	32.46	29.99	0.54

河谷聚落是区域内主要的聚落形态，作为长期以来人类利用自然资源和适应自然环境的产物，通过借助地理空间技术，将多时期河谷聚落对比研究，对河谷聚落的演化过程进行分析，为区域聚落的发展和规划，人口迁移与再分布等提供一定的指导。

6.2.1　河谷聚落概念

本书将选址在河谷阶地或冲洪积扇上的山区聚落称为河谷聚落。岷江上游河谷地带位于山体底部，距河流较近，相当一部分耕地分布于河谷阶地上，加之公路均沿河谷修建，交通方便，很大一部分聚落分布于河谷地带，故由此定义"河谷聚落"。

6.2.2　河谷聚落类型

在上述定义的基础上，利用获取的泥石流堆积扇面状数据与河谷聚落中心点图层叠加，发现位于泥石流堆积扇上的河谷聚落有 169 处，占河谷聚落总数的 27.39%，而占河谷聚落总数的 72.61% 为河流阶地聚落，见表 6-2。

表 6-2　岷江上游河谷聚落分类

类型	堆积扇聚落	河流阶地聚落
河谷聚落数量/处	169	448
河谷聚落占总数百分比/%	27.39	72.61

6.2.3　河谷聚落的平面形态

1. 河谷聚落平面形态

由于岷江上游沟谷狭长曲折，水流冲蚀严重，位于干流和重要支流的河道两侧很难形成大范围利于承载聚落发展的土地，因此岷江上游河谷聚落整体在岷江干流以及较大的支流(黑水河、杂谷脑河等)两侧成条带状。但在岷江上游局部的节点地区(例如支流与干流的交汇处)，江河水流相对平缓，携带的大量物质沉积，形成具有一定规模且有利于人类生产生活的土地载体，在此基础上相应的河谷聚落发展迅速并在该处迅速聚集，形成平面上不规则的团块状。同时从另一角度看，岷江上游独特的地理环境造就其在地理形态上沟壑纵横，江河穿流其中，使得整个流域的河谷聚落呈松散状，而在局部地势平缓的地带，河谷聚落的分布相对呈集聚状。

2. 河谷聚落斑块指数

为了能够定量地讨论河谷聚落平面形态，引入河谷聚落斑块形状指数 LSI。河谷聚落的斑块形状指数(LSI)是通过计算河谷聚落斑块形状与相同面积的圆或正方形(本书选择正方形)之间的偏离程度来测量其形状的复杂程度。LSI 越大，说明河谷聚落形状越不规则，反之，LSI 越小，河谷聚落形状越规则。其公式如下：

$$\text{LSI} = \frac{0.25P}{\sqrt{A}} \tag{6-1}$$

式中：LSI——河谷聚落斑块形状指数；P——河谷聚落斑块周长；A——河谷聚落斑块面积。

6.2.4　河谷聚落的演化

1. 河谷聚落密度的演化

以岷江上游河谷聚落矢量数据(面)为基础，将其进行 Data Management Tool→Features→Feature to Point 操作，将河谷聚落矢量面数据转换为矢量点数据，然后执行 Spatial Analysis Tool→Density→Kernel Density 操作，将矢量点数据进行核密度估计，根据多次试验，选择带宽为5000m，最终得到 1994 年、2004 年、2014 年的河谷聚落斑块的核密度，如图 6-1 所示。

通过对比 1994 年、2004 年、2014 年三期的岷江上游河谷聚落的核密度图发现，区域内河谷聚落密度变化明显。①从河谷聚落的总面积看，河谷聚落整体范围是扩大的，1994～2004 年的 10 年间，聚落面积增加了 12.37km²，年均增加 1.237km²，而 2004～2014 年，汶川地震及震后的次生山地灾害的影响致使岷江上游区域内需要对已有的聚落环境等进行重新构建，因而区域出现大量的新建、重建及维护的聚落，使得这 10 年间河谷聚落面积陡增 109.03km²，年均增加 10.903km²，是 1994～2004 年 10 年间河谷聚落增长面积的 8.8 倍。②从河谷聚落密度的最大值对比看，1994 年的河谷聚落密度最大值是 2.4779，随着区域社会经济的发展，岷江上游河谷聚落呈现集聚的趋势，密度逐渐增大，

2004 年河谷聚落密度最大值达到 3.2733，由于 2008 年汶川地震的影响，岷江上游受地震波及严重，并在震后次生灾害频发，致使河谷聚落局部范围内的集聚出现衰退迹象，至 2014 年河谷聚落密度最大值回落到 3.1064。

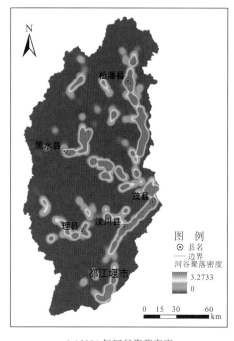

(a)1994 年河谷聚落密度

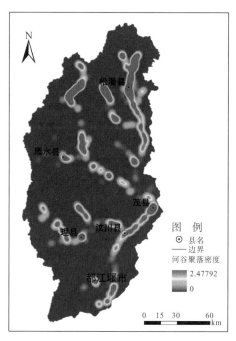

(b)2004 年河谷聚落密度

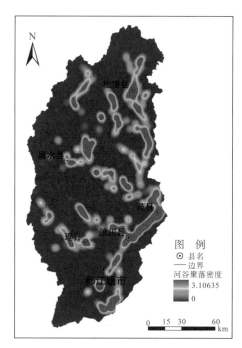

(c)2014 年河谷聚落密度

图 6-1　岷江上游不同时期的河谷聚落密度

2. 河谷聚落形态的演化

通过河谷聚落的斑块形状指数分析聚落发展过程中聚落的形状变化，以正方形为参照几何形状，采用 $LSI = \dfrac{0.25P}{\sqrt{A}}$ 计算。根据得到数据的范围，将数据分为 $LSI \leqslant 1$、$1 < LSI \leqslant 3$、$LSI > 3$ 三个等级，然后统计斑块不规则程度所占面积比例（表 6-3）。

表 6-3 1994 年、2004 年、2014 年河谷聚落斑块形状指数　　　　　（符号：%）

年份	斑块不规则程度占比		
	$LSI \leqslant 1$	$1 < LSI \leqslant 3$	$LSI > 3$
1994	12.46	82.52	5.02
2004	8.12	79.40	12.48
2014	0.28	73.09	26.63

根据统计数据的分析，岷江上游 1994~2014 年河谷聚落形态整体由规则形态向不规则变化。通过数据对比，河谷聚落 $LSI \leqslant 1$ 段聚落形态从 1994 年的 12.46% 减少到 2004 年的 8.12%，然后突减到 2014 年的 0.28%；$1 < LSI \leqslant 3$ 段的聚落形态整体波动变化较小，从 1994 年的 82.52%，减小到 2004 年的 79.40%，再降为 2014 年的 73.09%；$LSI > 3$ 段河谷聚落从 1994 年 5.02% 增加到 2004 年 12.48%，再突增到 2014 年的 26.63%。1994~2004 年，由于岷江上游基础条件较差，随着区域发展，聚落在扩展，特别是河谷聚落，面积增大、形态呈现多样化，形状越来越不规则；2004~2014 年这 10 年间，由于 2008 年汶川地震的影响，导致该区域受灾严重，加之灾后次生灾害频发，使该区域聚落变化呈现相反的态势，河谷聚落灾后的不规则程度明显地增强。

3. 河谷聚落分布的演化

(1) 河谷聚落在高程上分布演化。根据岷江上游 DEM 数据，对其进行 Spatial Analysis→Reclassify 操作，将 DEM 数据重分类，然后将 1994 年、2004 年、2014 年的河谷聚落斑块数据叠加到所分类完成的高程图层上，统计岷江上游不同年份河谷聚落在不同高程上的分布演化情况（表 6-4）。

表 6-4 各高程斑块数和斑块密度

高程	斑块数/个			斑块密度/(个/km²)		
	1994 年	2004 年	2014 年	1994 年	2004 年	2014 年
低山	651	679	641	8.5590	8.9272	8.4276
中山	2549	4116	15970	0.2345	0.3787	1.4694
高山	2779	2421	1508	0.2438	0.2124	0.1323

通过分析岷江上游 1994 年、2004 年、2014 年三期河谷聚落斑块高程上的分布数量和密度，发现河谷聚落主要集中分布在低于 3500m 的中低山区，在低山区呈现高密度的集中，在中山区呈现数量上的集聚。但 1994 年、2004 年和 2014 年三期的河谷聚落具体的分布模式却不同，1994 年，河谷聚落斑块数量及密度随高程的上升而增加；而 2004 年

和 2014 年河谷聚落斑块数量及密度随高程的上升先增加后减小，说明河谷聚落逐渐向低海拔迁移。然后再对岷江上游高程进行在时间上的逐级对比发现，岷江上游河谷聚落在高程上的演化呈现不同的模式：①在 800～1000m 的低山区，河谷聚落斑块数量和密度随时间先增大后减小，但整体变幅较小，维持在±0.04～0.06 倍；②在 1000～3500m 的中山区，河谷聚落斑块数量和密度随时间持续增大，在 1994～2004 年增幅为 1994 年的 0.61 倍，2004～2014 年出现突增，增幅为 2004 年的 2.88 倍；③在 3500～5000m 的高山区，河谷聚落斑块数量和密度随时间持续减小，1994～2014 年整体变幅较小，为-0.13～-0.38；④在高于 5000m 的极高山区，无河谷聚落分布。

（2）河谷聚落在坡度上分布演化。根据岷江上游 DEM 数据，对其进行 Spatial Analysis→Surface Analysis→Slope 操作，将 DEM 转为坡度数据，然后将所得数据重分类（Spatial Analysis→Reclassify），最后将 1994 年、2004 年、2014 年的河谷聚落斑块数据叠加到所分类完成的坡度图层上，统计岷江上游不同年份河谷聚落在不同坡度上的分布演化情况（表 6-5）。

表 6-5　1994 年、2004 年、2014 年河谷聚落斑块在坡度上分布情况

坡度	斑块数/个			斑块密度/(个/km²)		
	1994 年	2004 年	2014 年	1994 年	2004 年	2014 年
平坦坡	871	1100	789	0.6412	0.8098	0.5808
缓坡	2869	3290	10304	1.0333	1.1850	3.7113
中坡	870	1223	4459	0.1355	0.1905	0.6947
陡坡	711	936	1876	0.0922	0.1214	0.2434
急陡坡	658	667	691	0.1580	0.1601	0.1659

通过分析岷江上游 1994 年、2004 年、2014 年三期河谷聚落斑块坡度上的分布数量，发现岷江上游 20 年间河谷聚落在坡度上的分布模式相同，均是随着坡度的增加，河谷聚落斑块先增加后减少，在 5°～15°地带河谷聚落斑块的数量达最大；依据 1994 年、2004 年、2014 年三期河谷聚落斑块坡度上的分布密度看，发现 1994～2014 年 20 年间河谷聚落斑块在小于 15°的坡度区内集中分布，1994～2004 年 10 年间河谷聚落斑块密度随坡度增加先增大，在 5°～15°区内达最大，过后突减至 25°～35°区内的最小，在大于 35°区内稍有回升；2004～2014 年 10 年间河谷聚落斑块密度随坡度增加先增大，在 5°～15°区内达最大，过后一直降低至最小。

但是通过对岷江上游山地坡度逐级在时间上的对比发现，岷江上游河谷聚落的演化模式出现明显的改变。1994～2004 年，岷江上游河谷聚落在研究区的五级坡度区内，聚落斑块数均呈现明显的增长，而且大于 35°区内的河谷聚落斑块增速相对其他坡度区较为缓慢，说明河谷聚落逐渐向低坡度区转移；2004～2014 年由于受地震影响及震后次生山地灾害的影响，小于 5°（平坦坡）河谷聚落斑块数量减少到 1994 年以前的水平，而其他坡度区内，聚落斑块均增加，5°～35°坡度区河谷聚落斑块增速迅猛，大于 35°区内的河谷聚落斑块增速缓慢，说明岷江上游小于 5°（平坦坡）的河谷聚落和大于 35°的聚落逐渐向 5°～35°的坡度区迁移。

(3)河谷聚落在坡向上分布演化。根据岷江上游 DEM 数据，对其进行 Spatial Analysis→Surface Analysis→Aspect 操作，将 DEM 转为坡向数据，然后将所得数据重分类(Spatial Analysis→Reclassify)，再将 1994 年、2004 年、2014 年的河谷聚落斑块数据叠加到所分类完成的坡向图层上，统计岷江上游不同年份河谷聚落在不同坡向上的分布演化情况(表 6-6)。

表 6-6 　1994 年、2004 年、2014 年河谷聚落斑块在坡向上分布情况

坡向	斑块数/个			斑块密度/(个/km²)		
	1994 年	2004 年	2014 年	1994 年	2004 年	2014 年
平地	527	990	2223	0.9161	1.7210	3.8644
北	841	866	517	0.3611	0.3718	0.2220
北东	510	556	854	0.1950	0.2126	0.3265
东	785	812	899	0.2560	0.2646	0.2929
南东	186	304	1522	0.0612	0.1000	0.5007
南	82	103	2599	0.0332	0.0417	1.0520
南西	406	650	3053	0.1527	0.2444	1.1479
西	1083	1339	5753	0.3805	0.4704	2.0212
北西	1559	1596	739	0.5523	0.5654	0.2618

通过分析岷江上游 1994 年、2004 年、2014 年三期河谷聚落斑块坡向上的分布数量和密度，发现岷江上游 1994 年和 2004 年河谷聚落集中分布在平地和北西两个方向上，2014 年河谷聚落集中在平地和西两个坡向上，这 20 年间河谷聚落斑块分布由 1994～2004 年间的北、东、西、西北向基本上呈轴对称的 2004～2014 年间的东南、南、西南、西迁移。同时通过对岷江上游山地坡向逐级在时间上的对比发现，岷江上游河谷聚落的演化模式呈现三种状态：①在平地、南东、南、南西、西方向上，河谷聚落在 1994～2004 年间斑块数量和密度逐渐增大，增幅在 0.24～0.87 倍，2004～2014 年块数量和密度突增，增幅为 1.25～24.23 倍；②在北东、东方向上河谷聚落在 1994～2014 年斑块数量和密度逐渐增大，20 年间增幅为 0.15～0.67 倍，其中 1994～2004 年增幅为 0.03～0.09 倍，2004～2014 年增幅为 0.11～0.54 倍；③为北西、北方向上河谷聚落在 1994～2004 年斑块数量和密度小幅增大，增幅在 0.02～0.03 倍，2004～2014 年斑块数量和密度降低，降幅在 0.40～0.54 倍。

6.3 　土 地 利 用

6.3.1 　土地利用类型

土地是人类维持生存的基本要素，也是民生之根本，发展之基石。在城乡一体化大发展的环境下(吕保利，2011)，土地利用的优劣程度不仅代表着农业生产水平，更代表

着我国城市化进程的核心。从古至今，人类在寸亩之地上通过勤奋的劳作养育着自己，故形成了兼经济、社会属性为一体的土地利用行为，然而，在土地利用方式的选择过程中，人类往往忽视了土地利用方式与大自然之间的平衡关系，特别是在地质环境条件十分复杂的山区，不合理的土地利用方式制约着经济发展。

本书参考全国土地分类标准，在 ENVI4.8 软件支持下，使用多波段合成标准假彩色图，肉眼识别土地类型的分布特征，对每一类土地圈定一定数量、均匀分布的感兴趣区域，再结合标准化处理的训练样本，使用最大似然法执行监督分类，将岷江上游划分为耕地、林(草)地、裸地、城乡建设用地、水域、冰川 6 个类型，其中，受遥感影像精度的限制，岷江上游地区的林地与草地难以区分，故划分为一类，利用 ENVI4.8 软件提供的"Compute ROI Separability"工具分析结果数据，再微调、修正部分不合理的感兴趣区，最后得到的土地利用类型总体分类精度为 97.05%，kappa 系数为 0.9644，分类结果评价良好(表 6-7，图 6-2)。

表 6-7　岷江上游各土地利用类型面积　　　　　　　　　（单位：$\times 10^3 \, km^2$）

2005 年						2009 年						2013 年					
耕地	林(草)地	裸地	城乡建设用地	水域	冰川	耕地	林(草)地	裸地	城乡建设用地	水域	冰川	耕地	林(草)地	裸地	城乡建设用地	水域	冰川
0.3	12.7	7	0.4	0.5	1	0.4	8.6	11	0.2	0.3	1.4	0.3	10.3	9.4	0.3	0.2	1.4

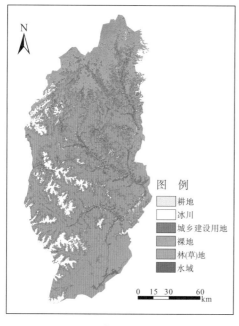

（a）2005 年土地利用类型

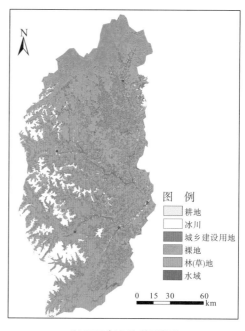

（b）2009 年土地利用类型

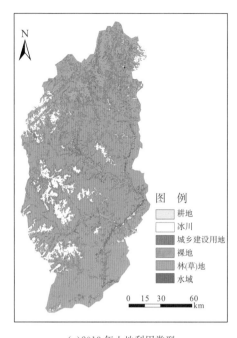

(c)2013 年土地利用类型

图 6-2　不同年份岷江上游土地利用类型图

6.3.2　立地类型

  岷江上游地区为山地复杂环境系统，土地利用受各种自然因素限制，而立地分类是识地用地的科学，在研究各种环境因素对植被生长影响及其分异规律等方面，立地分类是土地利用合理布局的应用技术基础(藤维超等，2009)。立地分类需按照一些规定，若两个研究区在地貌、气候、土壤等方面类似，则划为同一类型，但同一种立地类型中的两个区域又并不完全一致。我国地域广阔，自然环境差异大，地质构造以及地形地貌的控制作用突出，泥石流灾害可能集中分布于同一立地中的某个子区域，而不是平均分布，这就体现了立地类型划分的相似性和差异性。

  立地分类的因子选择是一个关键性的问题，主导因子即应该反映立地条件在空间上的变化规律，也是各类因子中最容易识别，便于提取、分析的因子。本书研究参考森林生态学科的成果(陈泓等，2007)，选取能够影响山地水热分配的因子，即海拔与坡向作为岷江上游立地分类的立地因子。利用海拔可以将岷江上游划分为高海拔($H>4000$m)、中海拔(2000m$<H\leq4000$m)、低海拔($H\leq2000$m)立地类型组，考虑到北半球山南侧为阳坡，山北侧为阴坡，将研究区的 W、SW、S、SE 向划为阳坡，E、NE、N、NW 向划为阴坡。这类划分方法反映了斜坡表面在光照、水分、温差方面的差异。岷江上游立地类型划分如图 6-3 所示。

图 6-3　岷江上游立地类型组图

在 ArcGIS10.1 软件支持下，利用栅格计算器中的加法运算，将 2005 年、2009 年、2013 年共三个年份的土地利用类型图与立地类型组图进行叠加，得到不同立地类型组上土地利用类型的分布现状，再将获取的栅格个数数据导入 Excel2003 软件中，计算出各立地类型组上不同土地利用类型的面积，计算结果如表 6-8 所示。

土地利用现状反映了大自然与人类生产活动之间的相互协调关系，岷江上游流域复杂的地理条件和社会经济的客观限制，决定了区内土地利用的空间分布及各延展向分异的特征。

结合 2005 年、2009 年、2013 年岷江上游土地利用类型数据、立地类型组数据以及学者们对岷江上游生态建设的理论研究(陈国阶等，2006)可知，具有山地复杂环境系统的岷江上游地区，其土地利用结构具有以林、牧为主的特点，根据本书的遥感解译数据，2005 年岷江上游地区林(草)地面积为 $12.7 \times 10^3 \, \text{km}^2$，占整个流域面积的 58.2%，2009 年岷江上游地区林(草)地面积为 $8.6 \times 10^3 \, \text{km}^2$，占整个流域面积的 39.4%，2013 年岷江上游地区林(草)地面积为 $10.3 \times 10^3 \, \text{km}^2$，占整个流域面积的 47.2%。再由各立地类型组上不同土地利用类型的面积分布情况可得，岷江上游地区林、草地主要分布在中海拔阳坡之上，该分布区段一般位于泥石流沟道的形成流通区。林、草地区域意味着较为丰富的植被，繁茂的植被既是固定泥石流物源的天然防护手段，也可以转化为水土流失、板结土块成片滑塌的"祸因"，因此，对于区内林、草地的合理规划、生态保护具有积极的意义。

表 6-8　岷江上游不同土地利用类型在各立地类型上的分布面积

（单位：km²）

年份	土地利用类型	低海拔平缓地	低海拔阴坡	低海拔阳坡	中海拔平缓地	中海拔阴坡	中海拔阳坡	高海拔平缓地	高海拔阴坡	高海拔阳坡
2005 年	耕地	8.5	42.2	36.6	9.4	57.5	124.3	—	—	—
	林（草）地	67.3	351.9	413.7	1159.0	5259.6	6070.4	98.8	487.1	697.9
	裸地	31.8	129.7	185.0	207.4	1197.0	1770.7	124.1	599.7	657.3
	城乡建设用地	46.5	25.6	35.1	30.5	9.6	8.5	23.1	0.3	—
	水域	4.7	—	—	4.6	—	—	0.3	—	—
	冰川	0.4	1.7	2.1	21.6	107.1	157.5	174.6	806.0	948.7
	合计	159.2	551.1	672.5	1432.5	6630.8	8131.4	420.9	1893.1	2303.9
2009 年	耕地	5.4	28.2	24.6	8.3	56.1	105.5	—	—	—
	林（草）地	58.6	309.7	353.9	817.3	3497.8	3028.7	15.5	63.9	16.3
	裸地	38.4	172.7	226.0	542.4	2943.1	4815.3	152.7	820.9	1109.4
	城乡建设用地	84.9	41.6	49.1	107.2	82.3	27.3	10.9	4.6	—
	水域	3.5	9.6	—	3.9	—	—	2.4	—	—
	冰川	—	—	—	11.8	45.1	59.7	219.6	942.0	1082.0
	合计	190.8	561.8	653.6	1490.9	6624.4	8036.5	401.1	1831.4	2207.7
2013 年	耕地	—	—	—	7.8	34.0	33.7	7.1	38.4	77.9
	林（草）地	70.4	361.4	429.7	1053.7	4756.8	5178.4	29.3	116.5	138.0
	裸地	11.2	45.0	101.5	309.7	1692.3	2569.6	182.3	912.3	1102.9
	城乡建设用地	68.2	77.3	52.5	252.6	107.8	18.1	63.1	—	—
	水域	16.7	—	—	10.9	—	—	18.9	—	—
	冰川	—	—	—	2.0	16.5	35.7	170.2	784.7	921.5
	合计	166.5	483.7	583.7	1636.7	6607.4	7835.5	470.9	1851.9	2240.3

注："—"表示无该类型土地分布。

　　本章选取了"5·12"汶川地震之前的影像图(2005 年 TM 影像)，以及震后的影像图(2009 年 TM 影像，2013 年 OLI 影像)。长时序对比分析可知，岷江上游土地利用结构变化以地震作用为主要驱动力，地震之前(2005 年)的裸地面积为 $7.0\times10^3\ km^2$，地震之后(2009 年)的裸地面积为 $11.0\times10^3\ km^2$，增加幅度约为 57.1%，裸地面积的激增可归纳为震后灾害体发育剧烈、干旱河谷范围扩大、资源开发加剧变化的影响(杨斌等，2015)。再由各立地类型组上不同土地利用类型的面积分布情况可得，岷江上游地区裸地主要分布在中海拔阳坡之上，该分布规律与林(草)地的分布规律一致，特别是 2009 年裸地在中海拔阳坡之上的分布面积达 4815.38km²，泥石流沟道的形成流通区由茂盛的植被退化为表层基本无植被覆盖的裸地，这将显著增大斜坡上的松散物源量，极有利于泥石流的形成。

参 考 文 献

陈国阶，涂建军，樊宏，2006. 岷江上游生态建设的理论与实践[M]. 重庆：西南师范大学出版社.

陈泓，黎燕，郑绍伟，2007. 岷江上游干旱河谷灌丛生物量与坡向及海拔梯度相关性研究[J]. 成都大学学报，26(1)：14-18.

沈茂英，2006. 山区聚落发展理论与实践研究[M]. 成都：巴蜀书社.

藤维超，万文生，王凌晖，2009. 森林立地分类与质量评价研究进展[J]. 广西农业科学，40(8)：1110-1114.

韦仕川，栾乔林，黄朝明，等，2014. 地质灾害防治的土地利用规划软措施研究综述及展望[J]. 自然灾害学报，23(3)：159-165.

杨斌，李茂娇，王世举，等，2015. 基于 IRS-P6 的岷江上游裸地变化特征研究[J]. 航天返回与遥感，36(1)：64-72.

Annina S，Harald B，Michelle B，et al.，2010. Debris-flow activity along a torrent in the Swiss Alps：Minimum frequency of events and implications for forest dynamics[J]. Dendrochronologia，28(4)：215-223.

Ayalew L，Yamagishi H，2005. The application of GIS-based logistic regression for Landslide susceptibility mapping in the Kakuda-Yahiko Mountains，Central Japan [J]. Geomorphology，65(1)：15-31.

Kanungo D P，Arora M K，Sarkar S，et al.，2009. Landslide susceptibility zonation (LSZ) mapping-a review[J]. Journal ofSouth Asia Disaster Studies，2(1)：81-105.

Lee S，Ryu J H，Won J S，et al.，2004. Determination and application of the weights for landslide susceptibility mapping using an artificial neural network[J]. Engineering Geology，71(3)：289-302.

Lim K W，Lea T T，Kevin，2011. Landslide Hazard Mapping of Penang Island using Probabilistic Methods and Logistic Regression[C]//In：Imaging Systems and Techniques(IST)IEEE International Conference on. Penang：273-278.

Michelle B，Markus S，Dominique M，2008. Schneuwly. Dynamics in debris—flow activity on a forested cone—a case study using different dendroecological approaches[J]. ScienceDirect，72(1)：67-78.

Robert J P，Thomas A S，2001. Ten years of vegetation succession on a debrisflow deposit in Oregon[J]. Amercican Water Resources Association，12，37(6)：1693-1708.

Schuster R L，1978. Introduction to，landslides：analysis and control [J]. Transportation Research Board Special Report.

Stewart B R，2006. Unusual disturbance：forest change following a catastrophic debris flow in the Canadian Rocky Mountains[J]. Canadian Journal of Forest Research，36(36)：2204-2215.

Susan H C，2001. Debris-flow generation from rencently burned watersheds [J]. Environmental & Engineering Geoscience，2001，7(4)：321-341.

Thiery Y，Malet J P，Sterlacchini S，et al.，2007. Landslide susceptibility assessment by bivariate methods at large scales：application to a complex mountainous environment[J]. Elsevier，92(1)：38—59.

Van Westen C J，Rengers N，Soeters R，2003. Use of geomorphological information in indirect landslide susceptibility assessment[J]. Natural Hazards，30(3)：399—419.

第7章 河谷聚落对泥石流堆积扇演化的响应

泥石流堆积扇是泥石流堆积作用的最终产物，常常出现于地形突变的山河两侧以及有丰富冰碛物或活火山碎屑物供给的山区，具有生长快、变幅大等特点(C. M. 弗莱施曼，1986)。由于泥石流堆积扇的地形开阔，并且水热条件较好，从而具有很高的生物生产力，是我国山区生活生产用地开发利用的主要对象。因而对于泥石流堆积扇的研究不仅是探查泥石流灾害的一个很好的出发点，而且是研究泥石流与人类活动相互关系的重要突破口。

岷江上游区域内自然环境特殊，地质构造复杂，人类活动对山地生态环境的干扰频繁，使其成为长江上游典型的生态环境脆弱区和山地灾害多发区(汤加法等，1999；柴架军等，2002；吴宁等，2003；常晓军等，2007；汪西林等，2008；付丹等，2012；陈国阶等，2006)。

河谷聚落为岷江上游地区主要的聚落形态，泥石流堆积扇又是河谷聚落主要的聚集场所，而且在时间跨度上，两者均随时间变化而变化，因而关于河谷聚落对泥石流堆积扇演化的响应研究就具有重要的科学意义和实践价值，主要表现在以下两个方面。

(1)由于山区河谷聚落是区域内主要的聚落形态，作为长期以来人类利用自然资源和适应自然环境的产物，通过借助地理空间技术，将多时期河谷聚落对比研究，得到对河谷聚落演化过程的认识，为区域聚落的发展和规划，人口迁移与再分布等提供一定的指导。

(2)由于山区水土流失严重，人地关系比较敏感。泥石流堆积扇作为人类新聚落的场所和生产生活用地，加之该流域自然环境脆弱，地质活动频繁，使得泥石流堆积扇成为泥石流堆积泛滥成灾的主要区域，造成大量高危险性的灾害发生于此，进而使得位于堆积扇上的人类聚落及其生产生活场地受到严重威胁。研究泥石流堆积扇的演化特征，将会为泥石流灾害的防治和河谷聚落减灾提供重要的依据。

7.1 研究概述

泥石流堆积扇是泥石流活动的最终产物，同时它作为人类活动最集中的场所，使其对人类社会的生产生活有着严重的威胁(C. M. 弗莱施曼，1986；李智毅等，1994)。泥石流的堆积形态和范围是泥石流动力作用的直接体现，也是进行泥石流危险性区划的主要研究内容，世界上许多国家的地学工作者都开展了对泥石流堆积扇的研究(C. M. 弗莱施曼，1986；李智毅等，1994)。

　　泥石流堆积扇和聚落的研究在各个方面上都在快速的发展，泥石流堆积扇和聚落研究现状参见本书 4.1 节和 7.1 节。围绕泥石流灾害对聚落发展两者关系方面的相关研究有：陈国阶等(2016)认为山区是灾害集中区域，泥石流等灾害频发，对山区聚落的发展造成限制和危害。Ekaterina 等(2017)认为自然灾害评价可以为聚落规划提供相关指导。方一平(2017)提出许多山区聚落因自然灾害致贫，移民搬迁是山区扶贫最重要的方式，而科学评估山区聚落山地灾害风险水平可以为山区避灾、移民搬迁等工作提供科学依据。刘彦随等(2017)建议在自然条件恶劣、自然灾害多发地区的村庄聚落必须搬迁以振兴经济，从而实现精准扶贫。

　　综上所述，聚落和泥石流堆积扇的研究在各个方面上都在快速的发展，但岷江上游河谷聚落对泥石流堆积扇的响应研究还较少，需要长久且持续的展开。本章从岷江上游的遥感影像和统计资料入手，结合野外调查，从定性和定量上分析研究岷江上游河谷聚落和泥石流堆积扇的在空间和时间上的特征变化等，并探讨两者的之间的演化特征与响应关系。这样通过研究得到的结论将为我国西部泥石流多发区的聚落合理规划、防灾减灾管理、人口合理分布与再调整提供重要的科学依据。

7.2　河谷聚落和泥石流灾害的分布状态特征

　　基于 2014 年遥感影像对比 Google Earth 解译提取的河谷聚落和泥石流灾害点，对比分析岷江上游河谷聚落和泥石流灾害的分布规律(根据河谷聚落和泥石流堆积扇的概念和自身的属性特征，主要考量其在地貌上的分布特性)。

7.2.1　河谷聚落和泥石流灾害在高程上的分布

　　参照国家标准《水土保持综合治理规划通则》(GB/T/15772-2008)"中国山地类型划分"中的绝对高度，将岷江上游高程分为 4 类：800～1000m(低山)、1000～3500m(中山)、3500～5000m(高山)、>5000m(极高山)，岷江上游区域内地形主要为中高山区，其中中山地形面积占 48.46%，高山地形面积占 50.83%，而其他地形(低山区和高山区)仅占 0.71%(图 7-1，图 7-2，表 7-1)。

　　根据研究区河谷聚落和泥石流灾害的数量分析，河谷聚落和泥石流灾害主要集中分布在中山区(1000～3500m)，在其他地形区分布较少或几乎无分布；但根据研究区河谷聚落和泥石流灾害密度分析，河谷聚落和泥石流灾害密度在低山地形区最高，说明河谷聚落和泥石流灾害在此区域较集中，而处于海拔 1000～3500m 的中山地形区域，河谷聚落的密度仅是低山区河谷聚落分布密度的 1/6，同时泥石流灾害的密度是低山区泥石流灾害分布密度的 1/4，因此说明聚落和泥石流灾害的分布相对较为松散。

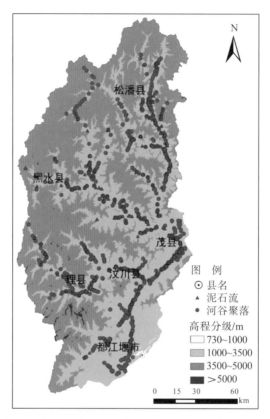

图 7-1 岷江上游河谷聚落和泥石流灾害的高程分布图

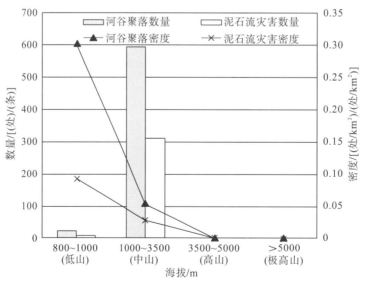

图 7-2 岷江上游河谷聚落和泥石流灾害在高程上的分布统计图

表 7-1　岷江上游河谷聚落和泥石流灾害的高程分布

高程/m	低山	中山	高山	极高山
面积/km²	76.06	10868.58	11400.24	82.63
河谷聚落数量/个	23	593	1	0
河谷聚落密度/(个/km²)	0.302393	0.054561	8.771745×10^{-5}	0
泥石流灾害数量/处	7	310	2	0
泥石流灾害密度/(处/km²)	0.092033	0.028523	0.000175	0

7.2.2　河谷聚落和泥石流灾害在坡度上的分布

根据国家标准《水土保持综合治理规划通则》(GB/T15772—2008)中关于坡面情况调查中坡度组成的分级,将岷江上游地区坡度分为 5 级:<5°、5°~15°、15°~25°、25°~35°、>35°,同时结合山地地貌特征及其对山地微观地貌的调查认识,根据坡度将坡地作如下分类:将<5°为平坦坡、5°~15°为缓坡、15°~25°为中坡、25°~35°为陡坡、>35°为急陡坡。岷江上游区域内地形坡度主要为 15°~35°,其面积占总数的 62.99%,且区域坡度面积随着坡度的增加逐渐增大,在 25°~35°(中坡)达到最大,然后随坡度增加,地形坡度所占面积逐渐减小(图 7-3,图 7-4,表 7-2)。

表 7-2　岷江上游河谷聚落和泥石流灾害的坡度分布

坡度	平坦坡	缓坡	中坡	陡坡	急陡坡
面积/km²	1358.37	2776.42	6418.8	7708.2	4165.72
河谷聚落数量/个	186	133	139	106	53
河谷聚落密度/(个/km²)	0.136929	0.047903	0.021655	0.013752	0.012722
泥石流灾害数量/条	101	66	68	52	32
泥石流灾害密度/(处/km²)	0.074354	0.023772	0.010594	0.006746	0.007682

根据研究区河谷聚落的数量分析,河谷聚落和泥石流灾害主要集中分布在坡度为 35°以下的区域内。其中,在小于 5°的平坦坡区域,河谷聚落和泥石流灾害分布数量最多,河谷聚落伴随坡度的增加,分布数量逐渐减少,直至降为坡度大于 35°区域的 53 处;而泥石流灾害随坡度的增加分布数量逐渐减少,直至降为大于 35°区域的 32 处;同时依据研究区河谷聚落和泥石流灾害密度分析,河谷聚落和泥石流灾害的密度在坡度小于 5°的平坦坡区域最大,加之该区域面积最小,因而分布在该区域的聚落和泥石流灾害相对集中,其中河谷聚落伴随坡度的增大密度依次减小,直至在坡度大于 35°区域降为最低,但由于坡度为 15°~35°区域面积占总面积的 62.99%,因此其河谷聚落在该区域分布相对稀疏,而泥石流灾害随坡度的增大及河谷密度减小,在坡度为 25°~35°区域降到最低,在坡度大于 35°区域略有回升。

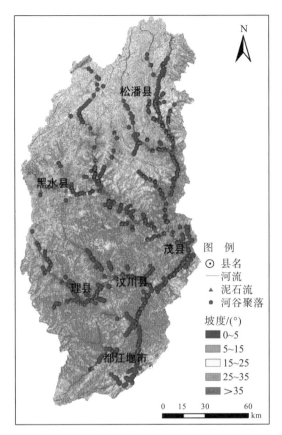

图 7-3　岷江上游河谷聚落和泥石流灾害的坡度分布图

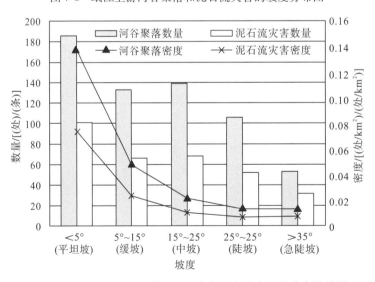

图 7-4　岷江上游河谷聚落和泥石流灾害在坡度上的分布统计图

7.2.3　河谷聚落和泥石流灾害在坡向上的分布

将岷江上游区域坡向分为 9 类：平地、北（$0°\sim22.5°$，$337.5°\sim360°$）、北东（$22.5°\sim$

67.5°)、东(67.5°~112.5°)、南东(112.5°~157.5°)、南(157.5°~202.5°)、南西(202.5°~247.5°)、西(247.5°~292.5°)、北西(292.5°~337.5°)，分析得到该区域内地形坡向主要以东和东南两方向为主，其面积占总数的 27.23%，区域坡向面积从大到小依次为东>南东>西>北西>南西>北东>南>北>平地(图 7-5，图 7-6，表 7-3)。

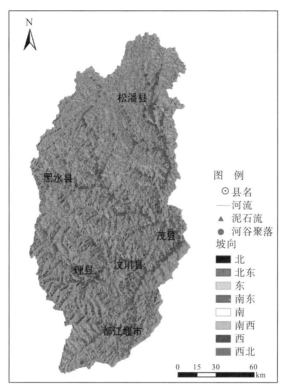

图 7-5　岷江上游河谷聚落和泥石流灾害的坡向分布图

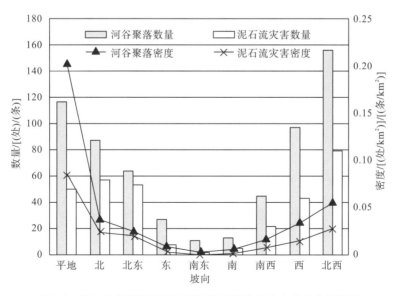

图 7-6　岷江上游河谷聚落和泥石流灾害在坡向上的分布统计图

　　根据岷江上游河谷聚落和泥石流灾害在坡向上分布的数量分析，河谷聚落的分布是北西>平地>西>北>北东>南西>东>南>南东，泥石流灾害的分布是北西>北>北东>平地>西>南西>东>南>南东，说明岷江上游河谷聚落主要集中在北西和平地两个方位上，而泥石流灾害主要集中在北西方位上。但依据岷江上游河谷聚落在坡向上分布的密度分析，河谷聚落的分布为平地>北西>北>西>北东>南西>东>南>南东，而泥石流灾害的分布为平地>北西>北>北东>西>南西>东>南>南东，说明岷江上游河谷聚落和泥石流灾害主要集中在北西和平地两个方位上。将分布数量和密度两者综合分析，河谷聚落和泥石流灾害密度在平地区最大，加之该区域面积最小，因而分布在该区域的河谷聚落和泥石流灾害相对集中，而其他方位区域面积较大，河谷聚落和和泥石流灾害的分布数量相对较少，因此河谷聚落和泥石流灾害在其他区域分布相对稀疏。

表 7-3　岷江上游河谷聚落和泥石流灾害的坡向分布

坡向	面积/km²	河谷聚落数量/个	河谷聚落密度/(个/km²)	泥石流灾害数量/处	泥石流灾害密度/(处/km²)
平地	575.25	117	0.203390	50	0.086919
北	2328.97	87	0.037356	57	0.024474
北东	2615.39	64	0.024471	53	0.020265
东	3068.88	27	0.008798	8	0.002607
南东	3039.74	11	0.003619	2	0.000658
南	2470.56	13	0.005262	5	0.002024
南西	2659.67	45	0.016919	22	0.008272
西	2846.36	97	0.034079	43	0.015107
北西	2822.69	156	0.055266	79	0.027987

7.2.4　河谷聚落与泥石流灾害的关系

　　通过统计分析岷江上游河谷聚落和泥石流灾害在高程、坡度以及坡向上的分布特征发现，在高程上，河谷聚落和泥石流灾害数量主要集中分布在中山区(1000~3500m)，在低山区(<1000m)分布较为密集，在其他地形区分布较少或几乎无分布；在坡度上，河谷聚落和泥石流灾害主要集中分布在 35° 以下的区域内，在 <5° 的平坦坡区域分布密度最大，数量和密度随坡度增加逐渐减小；在坡向上，河谷聚落和泥石流灾害在数量和密度上主要分布于平地和北西两个方向区上。因此，得到河谷聚落和泥石流灾害在分布上呈现高度的一致性和趋同性，它们彼此之间存在响应。

7.3　河谷聚落对泥石流堆积扇的响应

　　岷江上游是研究山区聚落和山地灾害的典型区域，该区域内河谷聚落为主要的聚落形态，泥石流是主要的山地灾害之一。由于岷江上游泥石流堆积扇的地形开阔，水热条件较好，泥石流堆积扇是河谷聚落的主要集中场所，而堆积扇上的河谷聚落对泥石流堆积扇又有着一定的改造作用，因此两者之间有着复杂的适应与影响关系。

前文中介绍了岷江上游河谷聚落是由堆积扇聚落和河流阶地聚落组成，虽然泥石流灾害对堆积扇聚落和河流阶地聚落均有明显的影响，但是在本节为了更加充分地反映河谷聚落对泥石流堆积扇演化的响应，将重点关注岷江上游堆积扇聚落对泥石流堆积扇演化的响应。通过泥石流堆积扇面状数据与河谷聚落中心点图层叠加发现（表 7-4），1994～2014 年堆积扇聚落伴随泥石流活动的增加而增加，同时，堆积扇聚落与泥石流堆积扇并不是一一对应的关系，有些堆积扇上分布的聚落并不止一个，而是有多个，为了更加方便分析，将某一堆积扇上的该类聚落的属性合并，进行综合分析。

表 7-4　岷江上游堆积扇聚落统计表　　　　　　（单位：个）

类别	1994 年	2004 年	2014 年
堆积扇聚落个数	109	134	169
有聚落的堆积扇数	74	108	145

7.3.1　河谷聚落面积对泥石流堆积扇面积变化的响应

在对岷江上游河谷聚落和泥石流堆积扇特征与演化的研究基础上，本节首先对河谷聚落和泥石流堆积扇的范围规模，进行响应分析。泥石流堆积扇是多种因素综合作用的结果，它在一定程度上决定了聚落的发展规模与前景，同时聚落的发展又对它的承载体有着不可忽视的改造作用，因而两者之间有着复杂的联系。本节根据对 1994 年、2004 年、2014 年三个时间的堆积扇聚落面积和对应的泥石流堆积扇面积的统计，利用回归分析，探究两者之间的响应关系。

利用软件制作堆积扇聚落面积与泥石流堆积扇面积的散点图，并根据散点图确定相应的模型类型，由于所获得散点图无法判定具体是哪一类型的模型，选定四类常规模型进行河谷聚落对泥石流堆积扇面积变化的响应关系的分析。通过对统计回归建模后测定系数 R^2 的比较（表 7-5），1994 年、2004 年、2014 年三个时间段聚落面积与堆积扇面积响应关系的线性模型的测定系数 R^2 最大，说明聚落面积与堆积扇面积两者之间更加符合线性变化。

表 7-5　不同模型的测定系数（R^2）对比表

模型类型	系数（R^2）		
	1994 年	2004 年	2014 年
指数	0.3458	0.2914	0.4293
对数	0.5346	0.4659	0.4778
乘幂	0.3685	0.2609	0.4850
线性	0.7328	0.6329	0.8198

经过回归分析后，分别得到 1994 年、2004 年、2014 年河谷聚落与泥石流堆积扇面积的响应关系式：

$$S_s = 0.0742D_s - 9 \times 10^{-5} \; (1994)$$
$$S_s = 0.2133D_s - 0.0045 \; (2004) \tag{7-1}$$
$$S_s = 0.74D_s - 0.0701 \; (2014)$$

式中：S_s——河谷聚落面积（km^2）；D_s——堆积扇面积（km^2）。

根据 1994 年、2004 年、2014 年的关系式和关系图（图 7-7），表明研究区的河谷聚落面积与泥石流堆积扇面积之间的响应关系明显，河谷聚落的面积随着泥石流堆积扇面积的增加而增加，同时对比三者发现，河谷聚落面积的增长速度是随时间的增大而增大（斜率 k：$k_{2014} > k_{2004} > k_{1994}$），说明河谷聚落的变化与泥石流活动之间的关系密切。

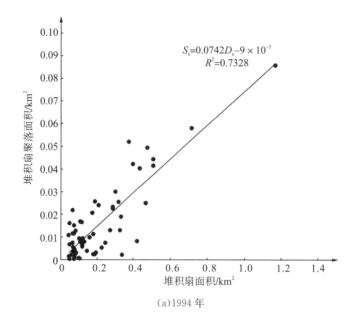

(a) 1994 年

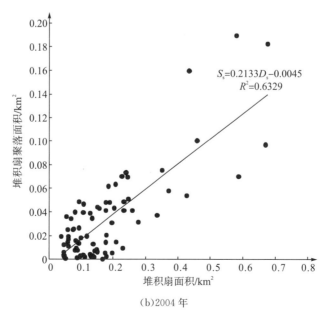

(b) 2004 年

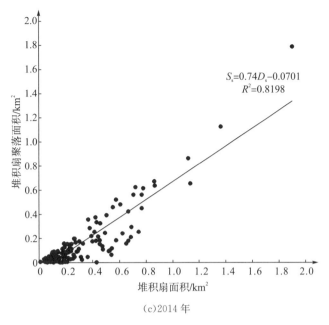

图 7-7　不同年份河谷聚落面积对泥石流堆积扇面积的响应关系

7.3.2　河谷聚落 LSI 对泥石流堆积扇 DSPS 变化的响应

　　岷江上游河谷聚落与泥石流堆积扇的平面形态时刻发生着变化，这种变化是由自身因素和外界环境等多种因素综合作用的结果，例如堆积扇上聚落社会经济的发展引起的区域扩张，既改变着聚落的形态，又改造了泥石流堆积扇体的形态；又例如泥石流灾害的发生，产生新的堆积体，改变了原有泥石流堆积扇的形态，同时可能对泥石流扇体上的聚落造成毁坏，影响其新的发展与规划布局。那么如何体现两者之间相互响应的关系，简单的定性解释不能够完全的体现这一点，在前文定量的阐释河谷聚落和泥石流堆积扇形态变化的基础上，本节通过对每个河谷聚落斑块形状指数（landscape shape index，LSI）和对应的泥石流堆积扇形态比（debris-flow stacking plane shape，DSPS）随时间变化趋势的概率统计分析后，确定整个流域用河谷聚落斑块形状指数的平均值和泥石流堆积扇形态比平均值来耦合两者之间的关系，以反映岷江上游河谷聚落形态对泥石流堆积扇形态演化的响应。

　　通过分析岷江上游每一个泥石流堆积扇和河谷聚落的演化过程发现，河谷聚落斑块形状指数随着泥石流堆积扇形态比的响应状态是有着明显差异的，具体可以分为以下几种。

　　（1）LSI 随 DSPS 的增大而减小。该种变化如同岷江上游整体两者的响应情况，而且此情形在整个流域中占绝大多数，河谷聚落斑块形状指数随着泥石流堆积扇形态比的增大而减小，即泥石流活动性的增强使得河谷聚落逐渐向规则的形状发展。

　　（2）LSI 随 DSPS 的增大而增大。泥石流活动性的增强使得河谷聚落逐渐向不规则的形状发展，此状态主要是因为区域内没有得到相应政策的扶持和对应的发展规划，使得该区域面对灾害自由发展。

（3）随 DSPS 的增大，LSI 先增大后减小。泥石流活动性的增强，但河谷聚落发展的政策却不是平衡的，某堆积扇上的聚落在面对灾害时，展现了向无序的发展；在灾难性的事件出现后，相关帮扶的出现，使得河谷聚落的形态产生较大变化，聚落的形态向规则形状转变。

（4）随 DSPS 的增大，LSI 先减小后增大。泥石流活动性增强，但规模不影响河谷聚落的发展，使得河谷聚落向有序的规则扩展，但面对规模巨大的泥石流灾害活动时，聚落的发展已无法短时间控制，此刻区域内聚落将会展现突变的不规则形态。

综上，通过概率统计发现，岷江上游河谷聚落斑块形状指数(LSI)随着泥石流堆积扇形态比(DSPS)的变化以第一种情况为主，因此整体上也可以说明岷江上游河谷聚落形态随着泥石流堆积扇形态的变化而变化。

结合上述对每个河谷聚落斑块形状指数(LSI)和对应的泥石流堆积扇形态比(DSPS)随时间变化趋势的概率统计结果，进行整个流域的曲线拟合，可知岷江上游河谷聚落斑块形状指数(LSI)平均值和泥石流堆积扇形态比(DSPS)平均值较为符合指数型的变化，所得表达式为 $\overline{\text{LSI}} = 2.8236^{-0.0825\overline{\text{DSPS}}}$。对所获表达式和拟合曲线分析(图 7-8)，随着泥石流堆积扇形态比(DSPS)的递增，河谷聚落斑块形状指数(LSI)是呈指数型递减的，也就是说泥石流活动性的增强使得河谷聚落逐渐向规则的形状发展，这一点根据岷江上游的区域发展和历史灾害事件发现是符合实际情况的。多次泥石流灾害事件的出现，对地区聚落的规划提出了新的要求，也使得地区防灾减灾意识增强。

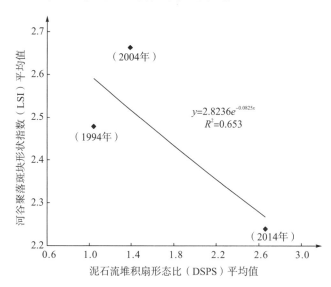

图 7-8 岷江上游河谷聚落 LSI 平均值对泥石流堆积扇 DSPS 平均值的响应关系

注：图中 y 为 LSI 的平均值，x 为 DSPS 的平均值

7.3.3 河谷聚落的分布对泥石流堆积扇分布变化的响应

根据对岷江上游河谷聚落和泥石流堆积扇分别在高程、坡度、坡向上的分布特征以及三个时期的对比演化的研究发现，河谷聚落的分布伴随着泥石流堆积扇分布的改变而

变化，两者之间遵循着一定的数学关系。通过软件的应用，对统计数据进行散点图的制作，并根据散点图进行模型的拟合，证实两者之间存在着一定的响应关系。

（1）河谷聚落对泥石流堆积扇高程分布的响应。前文中将岷江上游流域内的高程分为低山、中山、高山和极高山四类，并获取了对应类型内的面积、河谷聚落点数及泥石流堆积扇的几何中心点数等，为了较好地展现两者之间的耦合关系，文中对数据进行运算，讨论河谷聚落点的高程分布密度对泥石流堆积扇几何中心点的高程分布密度演化的响应。

岷江上游河谷聚落和泥石流堆积扇的分布与海拔之间均有着一定的关系，两者在共同的因变量高程的变化下而变化，但由于两者之间的统计分布情况相似，说明两者之间存在相互的响应，将两者耦合发现彼此在高程上存在着线性的关系，而且在垂直方向上河谷聚落的分布密度随着泥石流堆积扇几何中心点的分布密度的增加而增加。通过三个时期各自拟合关系的对比发现，河谷聚落和泥石流堆积扇在垂直方向上的耦合关系是随时间变化的，1994～2014 年河谷聚落随泥石流堆积扇分布的变化速率是先增大后减小（图 7-9）。

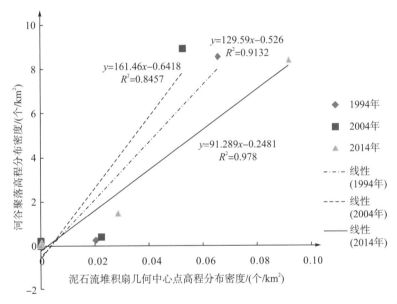

图 7-9　岷江上游河谷聚落斑块密度对泥石流堆积扇几何中心点密度在高程上的响应关系

（2）河谷聚落对泥石流堆积扇坡度分布的响应。岷江上游流域内坡度分为小于 5°坡地（平坦坡）、5°～15°（缓坡）、15°～25°（中坡）、25°～35°（陡坡）和大于 35°（急陡坡）五类，经统计分析获得每一类型内的河谷聚落斑块数和泥石流堆积扇的几何中心点数，然后运算得到每一类型的斑块密度和堆积扇集合中心点的分布密度，进而将其展布在散点图上，并拟合得到相应的耦合关系式（图 7-10）。

通过回归分析得到，在坡度分布上河谷聚落斑块密度和泥石流堆积扇几何中心点的密度符合二次多项式函数模型，即河谷聚落斑块密度随着泥石流堆积扇几何中心点密度的增加是先增大后减小，同时在 1994～2014 年坡度上的河谷聚落和泥石流堆积扇耦合曲线的顶点（最大值）随时间的增加而增大，而且曲线的对称轴在逐渐地向堆积扇密度增大的方向移动，说明河谷聚落和泥石流堆积扇的耦合关系差异越来越大，也从侧面表明河谷聚落和泥石流堆积扇在坡向上的分布在向某一坡度区移动。

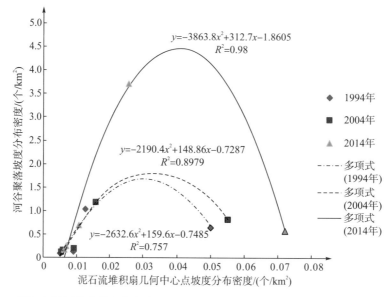

图 7-10　岷江上游河谷聚落斑块密度对泥石流堆积扇几何中心点密度在坡度上的响应关系

（3）河谷聚落对泥石流堆积扇坡向分布的响应。统计岷江上游流域平地、北、北东、东、南东、南、南西、西和北西九个方位上分布的聚落斑密度和泥石流堆积扇的几何中心点密度，制作散点图并拟合关系式进行分析（图 7-11）。

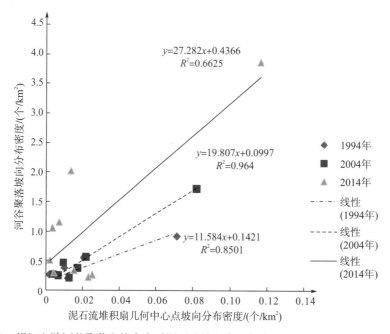

图 7-11　岷江上游河谷聚落斑块密度对泥石流堆积扇几何中心点密度在坡向上的响应关系

　　将分布于岷江上游各个方向的河谷聚落斑块密度和泥石流堆积扇几何中心点密度之间的关系进行拟合，发现两者之间符合线性模型的演化关系，即随着泥石流堆积扇的几何中心点密度的增加，河谷聚落斑块密度也相应地增加（耦合的数学表达式均为线性的增函数）。同时对比三个时间的耦合关系曲线和数学表达式可知，随时间的增加耦合关系的直线斜率也呈增大的趋势（$k_{2014} > k_{2004} > k_{1994}$），即河谷聚落斑块密度随泥石流堆积扇几何中心点密度的变化速率随时间增加而增加，表明长时间范围内河谷聚落在坡向上的变化受泥石流堆积扇的影响将越来越显著。

参 考 文 献

柴架军，刘汉超，2002. 岷江上游多级期崩滑堵江事件初步研究[J]. 山地学报，20(5)：616−620.

常晓军，丁俊，魏伦武，等，2007. 岷江上游地质灾害发育分布规律初探[J]. 沉积与特提斯地质，27(1)：103−108.

陈国阶，涂建军，樊宏，等，2006. 岷江上游生态建设的理论与实践[M]. 重庆：西南师范大学出版社.

陈国阶，2016. 山地科学发展三论——为纪念丁锡祉先生诞辰一百周年而作[J]. 山地学报，34(6)：675−678.

方一平，2017. 我国山区精准扶贫应关注的重要问题及其对策建议[J]. 决策咨询，1：15−18.

付丹，丁明涛，代兴怀，等，2012. 松潘县地坪沟泥石流危险性分析[J]. 农业灾害研究，2(1)：79−82.

黄润秋，王士天，张倬元，等，2001. 中国西南地壳浅表层动力学过程及其工程环境效应研究[M]. 成都：四川大学出版社.

李智毅，杨裕云，1994. 工程地质学概论[M]. 武汉：中国地质大学出版社.

刘希林，1990. 论泥石流堆积扇危险范围的确定方法[C]. 中国减轻自然灾害研究. 全国减轻自然灾害研讨会论文集. 北京：中国科学技术出版社：588−591.

汤加法，谢洪，1999. GIS技术支持下的泥石流危险度区划研究——以岷江上游为例[J]. 四川测绘，22(3)：120−122.

汪西林，谢宝元，关文彬，2008. 泥石流多发区生态安全评价——以汶川县为例[J]. 生态学杂志，27(11)：158−164.

吴宁，晏兆丽，罗鹏，等，2003. "涵化"与岷江上游民族文化多样性[J]. 山地学报，21(1)：16−23.

GB/T15772—2008，水土保持综合治理规划通则[S].

Kazakova E，Lobkina V，Gensiorovskiy Y，et al.，2017. Large-scale assessment of avalanche and debris flow hazards in the Sakhalin region, Russian Federation[J]. Natural Hazards，88(1)：1−15.

Liu Y，Li Y，2017. Revitalize the world's countryside[J]. Nature，548(7667)：275−277.

第8章 土地利用对泥石流灾害的响应

8.1 研 究 概 述

对泥石流灾害与土地利用方式之间相互关系的研究，即主要研究人类经济活动与泥石流形成、发生之间的关系。在欧洲，法国于1860年最早颁布了森林保护法，政府部门旨在通过法律约束对泥石流进行生物措施方面的防治。奥地利于1872年也颁布了相关法规，建立泥石流防治管理部门。Cheng等(2005)认为，不合理的陡坡耕作、置地裸露，以及公路工程建设等行为常常对泥石流产生"积极"的贡献，但是，在极端强降雨条件之下，泥石流灾害的发生与地表的土地利用类型并无关系，泥石流总会暴发。Susan(2001)认为，在新墨西哥、南加利福利亚等地，火灾之后的泥石流流域容易发生泥石流，植被损毁，斜坡侵蚀溜滑进沟道的松散物质作为泥石流的主要物质来源，相比而言，地形地貌、地层岩性更能影响泥石流的发育趋势。Robert等(2001)以美国俄勒冈州的泥石流为研究对象，从泥石流沉积物中，分析植被的演替特点，认为植被的演替模式受到底物变异、繁殖的来源及分布、竞争能力、耐荫性等因素的影响。Sorg等(2010)使用数木年轮重建法，分析了瑞士阿尔卑斯山泥石流沟内数木年轮的生长规律，研究表明年轮法结合地图可以确定地表破坏性事件的最近时期，也可确定过去泥石流活动的时空影响规律。Bollschweiler等(2008)采用生态学的知识，通过观测泥石流沟道两侧冷杉树的特征点，如树干伤疤、暴露的根系系统以及倾斜的树干等，分析历史泥石流事件对这些植物的影响，研究表明，生态地貌法相比树干年轮法更适合确定历史泥石流事件对植物的影响。Rood(2006)选取了加拿大落基山脉 Vimy peak 中的一条泥石流沟作为研究对象，研究表明，外界的扰动对于泥石流沟中的植被是很难适应的，最终以一种突然转变作为对外界的回应。

在我国，有关泥石流灾害与土地利用方式的研究工作开始于20世纪50年代，主要以生物工程措施研究为主。1951年原首都林学院(今北京林业大学)应用生物措施对田寺村东沟泥石流进行治理，1979年成都山地灾害与环境研究所开展了大量泥石流综合治理研究工作。自中国加入世界贸易组织后，一些学者根据国家可持续发展的政策方针，提出了"保护整治地质环境，合理开发利用土地资源"的建议。2003年，北京召开了"地质环境与土地利用"相关会议，会议的召开标志着这两门学科的界限逐渐被打破，地质灾害与土地利用的相关性开始受到国内外学者的重视，防灾措施的优化及地质环境信息库的搭建成为研究重点。

8.2　土地利用与泥石流的互馈关系

8.2.1　土地利用对泥石流的影响

(1)林地、草地等植被在泥石流防治中的两面性。自 1998 年起，岷江上游实施"退耕还林"，全面禁止森林砍伐，退耕还林、天然林保护工程在区内开展，直到 2010 年底，国家一直将岷江上游地区设为生态工程实施重点区、国家级水土流失重点预防保护区，国家宏观层面的政策规定对于缓解岷江上游地区生态退化速率，减少泥石流等地质灾害具有重要的意义。

在实际探索研究中，学者们发现流域中的植被在泥石流灾害的防治过程中，其抑制泥石流的作用有限。一方面，植被生长对泥石流灾害的防治作用是积极的，茂密的植被覆盖可减少沟道两侧斜坡上岩土体对沟道的直接补给，特别对于岷江上游多数泥石流沟而言，植被多集中在泥石流形成流通区。不同植被的根系长度不同，经大量的实验测定，草本植被的根系最短，其深入土体最浅，一般为 2～10cm，灌木植被的根系较长，深入土体较深，一般为 0.5～4.0m，而乔木等高大植被的根系深入土体最深，一般为 3～8m (图 8-1)，嵌入土体的植被根系就相当于岩土锚固的锚杆、土钉等锚具，显著的效果是增强了土体的整体性，提高了土体自身强度，如同锚杆一样，随着土钉数量的增加，土体抗剪强度也随之增加，使其在地表径流的侵蚀作用下，依然能够保持自身的稳定性，维持土体的内部结构。当大规模的土体受到植被根系的约束，松散物质被地表水带入沟道内的方量减少，泥石流的活动就会受到一定的抑制。20 世纪 80 年代末期，东川泥石流观测站下方的植被覆盖率极低，中等规模的降雨条件下，沟道内就会发生坡面泥石流，20 世纪 80 年代之后，当地政府在国家保护生态政策的大力号召下开始植树造林，大量种植桉树、新银合欢，直到 2000 年前后，东川观测站下方的植被覆盖率达到 80%，坡面泥石流大幅减少，生态环境良好。

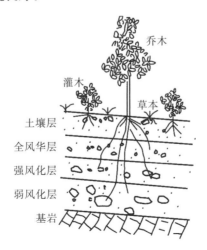

图 8-1　植被根系图(据崔鹏等，2005)

　　另一方面，植被的生长促进泥石流的发生。首先，植被的根系长短不一，且能够到达深入至底下基岩的根系很少，植被根系的固土作用深度有限，若超过根系最大值则不能产生锚固的效果。其次，植被根系嵌入至土体中，根系与周围的土壤胶结程度较好，当植被根系大多集中于土体浅部时，表层的土体就形成了类似于一块"盖板"的整体性板结土，在极端强降雨作用下，土体内部水分饱和，自身的强度大幅降低，难以自稳，土体最终产生下滑。在整个失稳过程中，土体本可以一级一级地往下滑动，自滑动前缘逐渐扩展至后缘，但由于根系对土体的板结、连带作用，前缘的表层土直接牵引着斜坡面的所有表层土一起下滑，加剧了滑坡的演化过程，从而增大了泥石流沟道内松散土体物质的方量。再加上树木自身的荷载，以及大风对高大树木的水平推力，这些都会间接增加土体变形破坏的程度，造成斜坡上更大规模的坡体破坏。值得注意的是，岷江上游泥石流沟道多呈"V"字型，沟底宽度大多比较狭窄，宽约3.0~12.0m(图8-2)，当大量枯木、树干进入沟道，在沟道狭窄或者拐弯处很容易产生堵塞现象，形成临时性的泥石流"拦挡坝"，如若不及时清理，库容量达到极值，溃决而造成的更大规模泥石流，将会对当地造成巨大破坏。

图 8-2　理县哈尔木沟道图片

　　总体而言，岷江上游地区植被的存在具有更多的积极意义，根据学者们的研究，一般情况下，高大的乔木、中等高度的灌木以及低矮的草本植物形成高低搭配、多层结构的地表保护层，森林的覆盖像撑起了一把"保护伞"，而树冠起到了截留作用，雨水剩余部分则从森林内蒸发掉。植被具有水源涵养林、保持水土等作用，岷江上游镇江关至松潘一带的海拔高，属于高寒地带，农业生产力不及汶川县、茂县等地，当地居民为了弥补农业的匮乏，在1987~1997年过度伐木，森林系统遭到严重的破坏甚至毁灭，导致的泥石流灾害也相应增加。

　　(2)陡坡耕作，毁林开荒有利于泥石流灾害。改革开放以来，岷江上游地区农耕业集中在干旱河谷区，旱坡地占耕地面积的70%以上，主要以豆类、花椒、玉米、马铃薯作为经营品种，也是当地居民的主要经济来源。由于长期采用传统的耕作方式，进入秋、冬季后，土地大多处于搁置、裸露状态，即使夏季到来，农户使用传统方式进行耕作，不仅加速水土流失，还削弱了耕地的生产力。耕作过程中灌溉水分入渗作用间接地影响着泥石流，对于泥石流沟道两侧斜坡上的浅层滑坡而言，岩土体内部的摩擦力在地表水长期下渗的影响下将减小，岩土体内部容易形成张性裂隙，此时的斜坡受到外部条件的变化则会发生滑动，下滑之后的碎屑物堆积于沟道内，这些沟道堆积物作为泥石流物源，随沟道水流参与泥石流活动。

（3）裸露地表演变为水土流失，促进泥石流形成。岷江上游水土流失严重，在国家行业标准《土壤侵蚀分类分级标准》（SL 190—2007）中，岷江上游地表受到的各类侵蚀均为一级类型，自然因素与人为因素共同叠加作用在岷江上游干旱河谷区以及各支流两岸。"5·12"汶川地震强烈扰动了研究区地表的原始状态，由地震力引起的斜坡坡面侵蚀，造成了大面积的植被毁坏，使得崩塌滑坡致灾后所形成的基岩裸露面呈现出光亮、平滑的特点，斜坡平均坡度一般为 45°，坡度较大，地表水流所受阻力小，几乎丧失对地表水的入渗调节作用，这在短时间内改变了地表径流的入渗、产流和汇集条件，从而有利于激发泥石流灾害，在松潘县等地存在极少数在晴天发生的滑坡和部分高陡边坡"干垮"现象，在一定程度上也与风力、地震等内外营力有关。而人类活动则通过长期的经济索取，大范围地砍伐树木、破坏地表植被，加剧了岷江上游水土流失的趋势（图 8-3）。

图 8-3　岷江上游水土流失严重

（4）城乡建设活动影响生态环境。在稳健、较快实现经济发展的大背景之下，近几年来，岷江上游各县在经济投入上有"量"的扩张，但对于"质"的提高则相对欠缺。根据汶川县、茂县、松潘县、理县、黑水县的国民经济和社会发展第十一个五年规划纲要，各县将在大力改造现有水利设施的基础上，新建各种水利配套设施。以理县为例，修建提灌站干渠 340km，及其配套的水管和蓄水池，在 13 个乡镇 81 个村兴建抗旱水源点蓄水池工程，并安装引水塑料管道。实施高半山灌溉水渠 90km、管道 367km、水池 1239 口工程。其中，在杂谷脑镇以下高半山建蓄水池 800 个，容量为 13000m³，建"三面光"水沟 53 条，50km。将进一步加快乡村道路建设，全面实现"村村通"工程，通村公路路面硬化 86km，完成日京、二古溪、班达、东山、南沟、四门六个未通村公路建设 72km，完成 20 个组 136km 的乡村机耕道建设，改造乡村公路 29 条，共计 220km。进一步加快水电开发，"十一五"规划期间，建成米亚罗、一颗印、梭罗沟一级、打色尔沟一级等 10 个电站。并加快梭罗沟二级、老君沟、老鸦寨、木尼、芦杆桥、十八拐、蒲溪等 7 个电站的前期工作，力争建成投产，新增装机容量 75 万 kW 以上，到"十二五"规划初期，全县总装机容量争达到 100×10^4 kW 以上。

如今的岷江上游各县，到处可见工地，到处是轰鸣的机器和忙碌的人群，经济建设正取得长足发展。但经济建设以破坏生态环境为代价，不合理的工程活动普遍存在，这将遗留不少的地质灾害隐患。

与之类似的是云南省东川铜矿矿区开发的情况，蒋家沟等泥石流流域的地表植被亦遭受大面积破坏，早在100多年以前，进步人士便考虑人工造林，试图恢复生态环境，均未见效。例如，1867年云贵总督率兵进驻东川，炼铜伐木过度，拨银200两，交绅士购买松子，令民植树。1908年春，铜矿又拨银400两到宜威购买松树种子，播种于大乔地、水井湾等地。1949年后，几乎年年都植树造林，尤其1965年后东川铜矿矿务局植树造林和修建源地谷坊工程的拨款累计上百万元，然而，林地面积虽有扩大，但是成林面积却在不断缩小，其中最主要的原因是，人为毁林的速度大于林木生长的速度，人为素质和社会生产水平低下，独生、优生计划难以实现，物质生产增长速度又不可能大幅度加快，人地矛盾突出。

8.2.2 泥石流对土地利用的影响

泥石流的暴发导致沟口房屋、耕地、公路等严重受损，造成直接经济损失和间接经济损失，对土地的破坏模式可分为：淤埋、冲毁、堵河，其中淤埋危害常由上游运动而下的泥沙造成，堆积泥沙挤占周边耕地，淤埋农田，破坏居民生活、生产设施。

岷江上游地区以沟谷型泥石流为主，这类泥石流沟流域面积一般大于$0.5km^2$，大多在数平方千米至数十平方千米之间，一次泥石流的泥沙输移量一般为数千立方米至数十万立方米，甚至上百万立方米。由于泥沙输移量大，山洪频发，沟床粗化、砂化现象严重，滩地上的土壤母质以原生矿物千枚岩、砂板岩、灰岩为主骨架，富含有机质的土壤成分含量较少，并且土壤中微团聚体数量较少，这就使得土壤中水分的保持能力较差。当地居民在泥石流滩地上常年进行农作物的耕种活动，这迫使耕作品种必须适应这样的贫瘠土，或者人为改良泥石流滩地上的土壤成分，因此，泥石流从土壤剖面结构、土壤物理结构上影响着土地利用的变化。

8.3 土地利用方式对泥石流的影响

从泥石流形成机理的角度而言，土地利用方式对于泥石流的影响，主要表现为人类的土地利用行为为泥石流沟道的形成提供了丰富的固体物质，各类成因的松散物在地表径流冲刷、携带作用下，形成泥石流。在实际调查中，估算泥石流的物源体积是一项误差较大的工作，因此，一般采用泥石流物源面积来替代泥石流物源体积，物源面积越大，其能够为泥石流沟道提供的物质就越多；从研究尺度的角度而言，岷江上游范围大，多达$21899km^2$，研究工作只能归于小比例尺范畴，要对每一条泥石流沟进行具体分析，工作量巨大，也不具有现实意义。因此，要从大比例尺范畴来研究这两者的关系，进行泥石流灾害发育特征的具体分析，这就需选取具有代表性的泥石流沟道，细化分析工作，对一条泥石流沟进行完整地剖析；本章在调查工作及已有资料基础上，选取理县哈尔木沟、黑水县色尔古沟和汶川县七盘沟作为研究对象，具体分析土地利用对泥石流灾害的影响。

8.3.1　理县哈尔木沟泥石流沟

1. 泥石流沟概况

哈尔木沟位于岷江上游理县甘堡乡，为杂谷脑河左岸的支沟，于甘堡乡木堆组汇入杂谷脑河，沟口向西南距离理县县城 11km，国道 G317 从沟口杂谷脑河右岸通过，另有乡村公路进入位于哈尔木沟中游山坡上的哈尔木村，进入沟道内只能绕山进入，交通不便，其地理位置如图 8-4 所示。

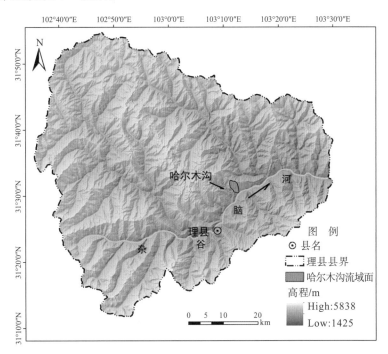

图 8-4　哈尔木沟地理位置图

哈尔木沟流域地貌分区上属于侵蚀深切河谷区，为切割强烈的高山峡谷地貌，流域内地形复杂，垂直分异特征显著。雨水及高山雪水为沟道主要水源。沟内主要为变质岩，岩性以千枚岩、砂板岩、结晶灰岩为主，有 S 形、弧形褶皱，断裂构造。哈尔木沟土地利用类型图、高程图、坡度图如图 8-5～图 8-7 所示。

哈尔木沟内当地居民的土地利用活动主要集中在沟口堆积扇和沟道上、中游区段。沟口堆积扇上主要是工程建设及耕地挤占原有扇体上的沟槽地，尤其最近在沟道入河口附近修建的施工道路及桥梁，减小了沟道原有的过流断面，降低了泥石流沟的排泄能力，一旦暴发泥石流，很可能导致泥石流外溢，淤埋附近耕地及建筑物。

哈尔木沟上、中游分布有哈尔木村居民组，村民在上、中游未经治理的斜坡后缘平缓地带开荒耕种，松动土层，有利于降雨渗水，加剧下方的斜坡变形破坏。在调查中发现，有多处斜坡已经发生了变形，后缘形成了新的拉张裂隙，在陡坡耕作等一系列土地利用活动条件下，不稳定斜坡发生破坏位移的可能性较大。

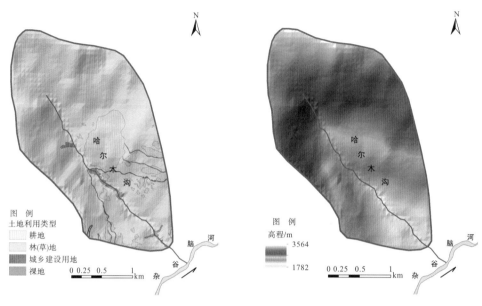

图 8-5 哈尔木沟土地利用类型图　　　　图 8-6 哈尔木沟高程图

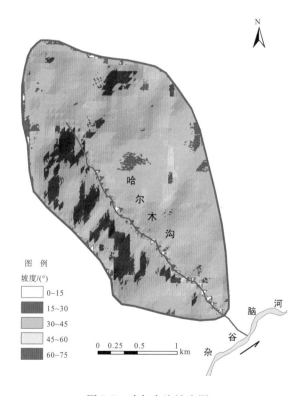

图 8-7 哈尔木沟坡度图

2. 不同坡度条件下泥石流物源分布特征

　　岷江上游地势起伏大，沟谷型泥石流为一个封闭流域系统所组成，其固体物质大多来自于两侧斜坡的松散岩土体，因此，坡度因素对于斜坡物质的重力侵蚀起到了十分关键的作用。本书利用 2005 年 9 月、2009 年 6 月、2013 年 8 月三期遥感影像图作为基础数据，分析 2005 年、2009 年、2013 年泥石流物源在沟谷斜坡坡度上的分布情况，影像数据来源为当前各类影像下载器，如 91 卫图、BIGEMAP 地图下载器、GogoMap 等，各期次影像如图 8-8～图 8-10 所示。

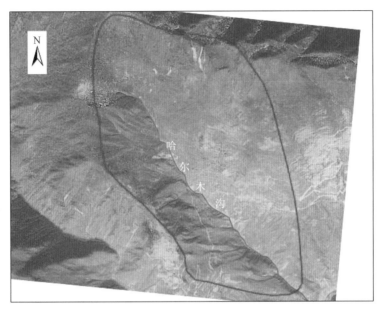

图 8-8　哈尔木沟 2005 年影像

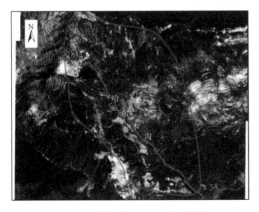

图 8-9　哈尔木沟 2009 年影像

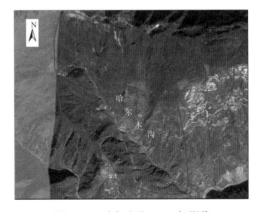

图 8-10　哈尔木沟 2013 年影像

　　哈尔木沟泥石流的物质来源为沟道两侧斜坡内、外动力地质作用的产物，地表土地利用方式的选择对于斜坡坡面的侵蚀力度有不同程度的影响，根据前面章节对岷江上游土地利用类型分类，沟道两侧、后侧斜坡表面可以分为：耕地、林(草)地、城乡建设用地、裸地四类；在 ArcGIS10.2 软件中，利用地理配准好的影像图进行泥石流物源面的圈定，采用目视解译的方法，解译分辨率为 1.5～3.0m，获取不同年份泥石流物源面的遥感解译图（图 8-11～图 8-13）。

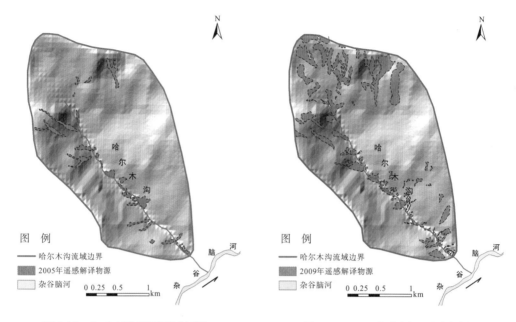

图 8-11 2005 年物源面遥感解译　　　　图 8-12 2009 年物源面遥感解译

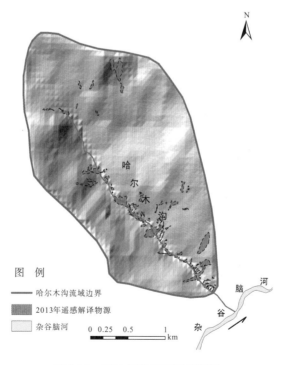

图 8-13 2013 年物源面遥感解译

综合分析不同坡度条件下各类土地利用方式的分布情况，使用 ArcGIS10.2 中的栅格计算器，将坡度分类、土地利用类型、圈定的物源面 3 个图层进行加法运算，在相加操作之前，设置千位、百位、十位、个位的图层数值，例如："1228"的千位数"1"表示有泥石流物源面，百位"2"表示林(草)地，十位、个位"28"表示坡度 28°，这样处理后的图层相加才能识别所表示的含义。得到不同年份，不同坡度，各土地利用类型的分布情况(表 8-1，图 8-14～图 8-16)。

表 8-1　不同因子条件下的泥石流物源面积　　　　　　　　　(单位：m²)

坡度	2005 年				2009 年				2013 年			
	耕地	林(草)地	城乡建设用地	裸地	耕地	林(草)地	城乡建设用地	裸地	耕地	林(草)地	城乡建设用地	裸地
0°~10°	0	2022	0	1185	0	2859	0	1604	0	1952	0	1813
10°~20°	0	8436	0	3904	0	25378	139	8785	0	7809	70	8715
20°~30°	209	20150	627	7878	70	195216	976	19940	139	34163	1046	18685
30°~40°	4044	58146	1116	6135	4671	310897	2370	19173	4323	73694	1325	18406
>40°	0	33406	0	349	0	62216	0	1952	0	25587	0	2301

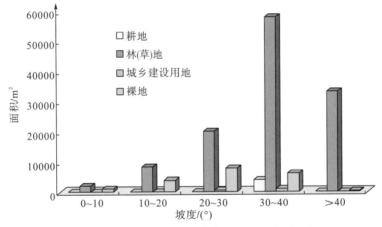

图 8-14　2005 年不同因子条件下泥石流物源面积

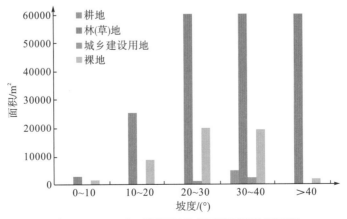

图 8-15　2009 年不同因子条件下泥石流物源面积

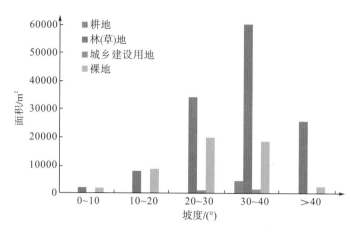

图 8-16   2013 年不同因子条件下泥石流物源面积

由表 8-1、图 8-14～图 8-16 可知，哈尔木沟斜坡松散物质总体分布于坡度区间 20°～40°，林(草)地是主要的物源供应土地类型。从时序变化上看，2005 年分布物源总面积 221221.5m²，2009 年分布物源总面积 794250.2m²，2013 年分布物源总面积 200026.6m²，2009 年物源量大。"5·12"汶川地震后，哈尔木沟暴发了 4 次泥石流，冲出方量中等，泥石流将泥沙块石堆积在沟口堆积扇上，结合本书分析数据，哈尔木沟内原本植被覆盖良好，地震对地表植被、岩土体均造成彻底的损毁，位于坡度 30°～40°的树木多为高大乔木，根系嵌入土体较深，与四周的土体形成整体，加之陡坡上的物体自重大，下滑分力大，土壤及碎块石直接滑塌至沟床，直接补给泥石流。另外，大于 40°坡度的高海拔地区，地表植被多为低矮的灌木，该类植被受地震加速度的影响相较于高大乔木较小，产生的地表植被、土体解体程度较轻。这也表明，在强震作用下，一定坡度上的地表茂密植被对泥石流的防治作用有限。

由于林(草)地的土地利用类型为裸地，泥石流物源面分布于裸地上的面积也较大，在不同坡度条件下，分布面积差异不大，这表明，只要是裸露的土体、基岩，对泥石流的物质补给都较为迅速、直接。

耕地类型在坡度 30°～40°上分布有一定量的物源，这表明，陡坡耕作、施肥浇水等人类活动加速了地表侵蚀的过程，有利于泥石流的形成；城乡建筑类型土地整体上对泥石流的物质贡献不多，这是由于沟道内相应的工程活动不活跃，仅有一条村道的修建，造成的泥石流物质补给也相应较少。

3. 不同高程条件下泥石流物源分布特征

哈尔木沟两侧斜坡高差为 400～600m，土地利用类型呈现条带状分异特点，具体为靠近沟底两侧的裸露基岩带、斜坡中部的植被覆盖带、斜坡中上部的居民－坡耕地扰动带、斜坡上部的低矮灌木冻土带。在垂直方向上，土地利用类型的空间分布结构发生着变化，层次性很强，这种分布特征容易使得不同土地利用方式自上而下地相互影响、相互作用，从而产生土地利用类型之间的直接物源补给，促进泥石流灾害的形成。

在各期次遥感影像图、哈尔木沟 DEM、泥石流物源面等数据的基础上，利用 ArcGIS10.2 软件平台，首先将泥石流物源 shapefile 面数据转为矢量点，各点为泥石流物源面的形心，将物源点投影至高程立面图上（图 8-17 中的黑色方块点），再将各类型土地利用类型面数据转为矢量点，操作与泥石流物源面一致，其中，林（草）地分布面积很大，并不是小碎斑，面积过大的矢量面数据转为矢量点数据误差大，因此，在立面图上将其展示为一根从低处至高处连续分布的曲线（图 8-17 中的绿色曲线）。由此可得哈尔木沟不同年份、不同土地利用类型的高程分布图（图 8-17~图 8-19）。

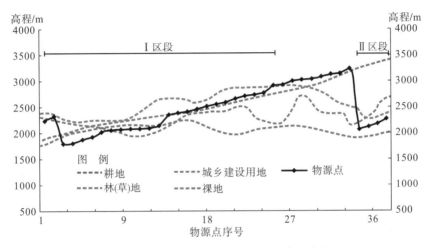

图 8-17　2005 年不同土地利用类型的高程分布图

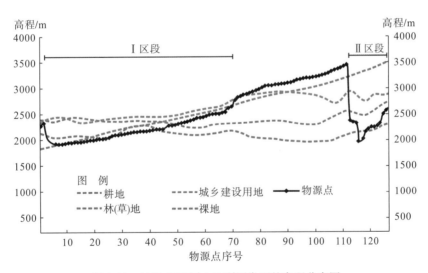

图 8-18　2009 年不同土地利用类型的高程分布图

由图 8-17~图 8-19 可知，哈尔木沟近几年土地利用方式的变化并不大，四类土地利用的高程分布趋势较为一致，值得关注的是，图中Ⅰ区段、Ⅱ区段范围内耕地（蓝色曲线）的海拔分布均高于物源点（黑色曲线），并且Ⅰ、Ⅱ区段的范围占整个沟道的绝大部分，结合本次统计数据与遥感影像分析可得，哈尔木沟内的物源多分布在海拔 2500m 左右，而耕地的分布海拔略微高于物源点，这一现象的出现有两方面的因素，一方面，居住在岷江上游斜坡地貌类型上的村民会选择性地居住在斜坡中上部位，因为，中上部至上部可能有山顶平地可利用，这些平地多被利用改造为村落，另一方面，正是由于土地利用方式在垂直高度上具有相互作用的特点，使得位于高处的土地利用活动会对低处的土地产生一定的影响。一般情况下，农户在进行耕地农作时，会周期性地浇水、灌溉，铲除后的杂草也会向坡下随意弃放，再加上松土、翻土等频繁的劳作活动，这些都给斜坡下方的土地造成了影响，而处于下方的土地类型多为坡度更陡的林地，坡顶浇水、灌溉，土体孔隙中的水自上而下浸润了大部分斜坡体，导致滑坡灾害多发，增加了泥石流沟道内的物质。

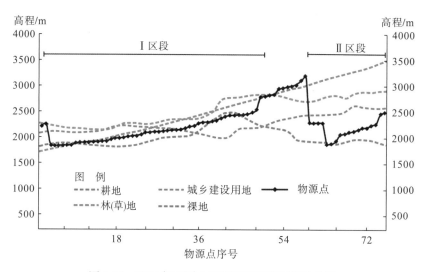

图 8-19 2013 年不同土地利用类型的高程分布图

8.3.2 黑水县色尔古沟泥石流沟

1. 泥石流沟概况

色尔古沟位于黑水县色尔古乡，距县城约 57km，色尔古沟沟口为黑水——茂县公路，交通较为便利，泥石流沟与黑水河左岸垂直交汇。从泥石流堆积扇至泥石流流域中、上部有五里村通村公路相连，车辆可以驶入，流域上部局部地区只有山间小道，交通条件较困难。

色尔古沟地处岷山与邛崃山脉交汇处的黑水县，沟内主要地层岩性为马尔康地层的炭质千枚岩、石英岩、结晶灰岩等，构造强烈，岩体破碎、节理发育。受地壳抬升作用，新构造运动活跃，2008 年汶川地震波及色尔古沟，从而诱发泥石流(图 8-20)。

色尔古沟流域内以农牧业为主，经济交通落后。根据调查，流域内修建有一条通往五里村的通村公路，该公路总长约 18 公里，开挖坡脚削坡宽约 4.5m，路面宽 4m，由于筑路过程中施工人员大量任意弃渣，这些堆放在坡底的松散渣土成为泥石流的物源。

　　黑水县是半农半牧县，农业耕作是当地群众主要生活来源，土地主要位于沟谷及山坡。通过访问，近年来，该流域中部生活的五里村居民部分已经搬迁至黑水河两岸，原有的大部分耕地现在已经退耕还林，农耕对泥石流的影响在逐步减少，从调查看，流域左侧植被覆盖率较高，物源分布较少，右侧植被覆盖率较低。

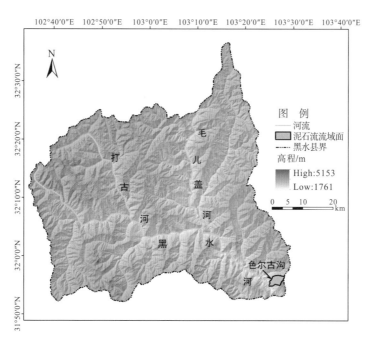

图 8-20　色尔古沟地理位置图

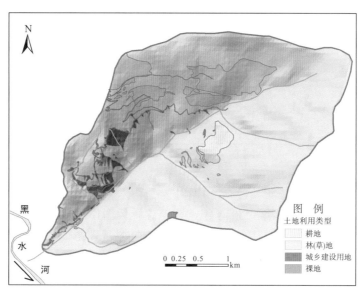

图 8-21　色尔古沟土地利用类型图

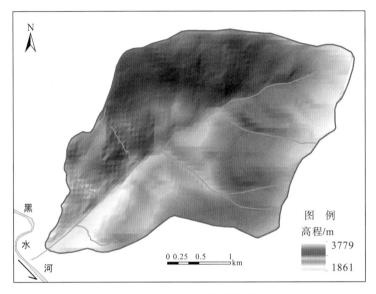

图 8-22　色尔古沟高程图

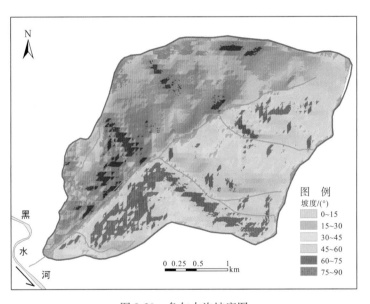

图 8-23　色尔古沟坡度图

2. 不同坡度条件下泥石流物源分布特征

本书利用 2005 年、2009 年、2013 年三期遥感影像图作为基础数据，分析 2005 年、2009 年、2013 年泥石流物源在沟谷斜坡坡度上的分布情况，影像数据来源为当前各类影像下载器，如 91 卫图、BIGEMAP 地图下载器、GogoMap 等，各期次影像如图 8-24～图 8-26 所示。

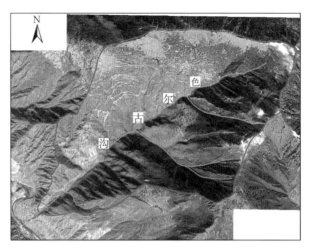

图 8-24 色尔古沟 2005 年影像

图 8-25 色尔古沟 2009 年影像

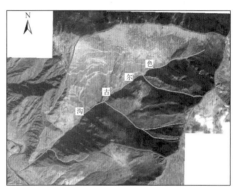

图 8-26 色尔古沟 2013 年影像

色尔古沟泥石流的物质来源主要为沟道右侧斜坡内、外动力地质作用的产物，受地表土地利用方式的影响，沟内斜坡坡面的侵蚀力度有不同程度的影响，且影响严重的地区集中在沟道右侧海拔 2100～2600m 区域，根据前面章节对岷江上游土地利用类型分类，沟道两侧、后侧斜坡表面可以分为：耕地、林（草）地、城乡建设用地、裸地四类；在 ArcGIS10.2 软件中，利用地理配准好的影像图进行泥石流物源面的圈定，采用目视解译的方法，解译分辨率为 1.5～3.0m，获取不同年份泥石流物源面的遥感解译图（图 8-27～图 8-29）。

综合分析不同坡度条件下各类土地利用方式的分布情况，使用 ArcGIS10.2 中的栅格计算器，将坡度分类、土地利用类型、圈定的物源面 3 个图层进行加法运算，在相加操作之前，设置千位、百位、十位、个位的图层数值，得到不同年份，不同坡度，各土地利用类型的分布情况（表 8-2，图 8-30～图 8-32）。

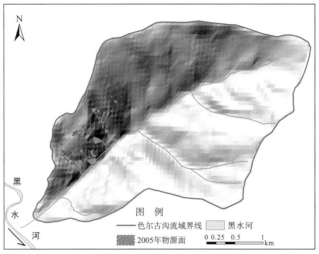

图 8-27　2005 年物源面遥感解译

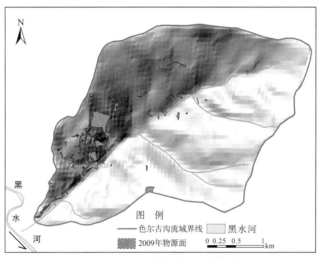

图 8-28　2009 年物源面遥感解译

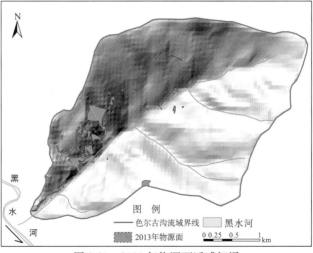

图 8-29　2013 年物源面遥感解译

表 8-2 不同坡度条件下的泥石流物源面积 （单位：m²）

坡度	2005 年				2009 年				2013 年			
	耕地	林（草）地	城乡建设用地	裸地	耕地	林（草）地	城乡建设用地	裸地	耕地	林（草）地	城乡建设用地	裸地
0°~10°	0	0	0	1046	0	70	209	2719	0	70	209	2719
10°~20°	0	0	0	3068	0	1952	558	18964	0	558	558	18964
20°~30°	0	8436	0	17360	70	5926	1882	51314	70	2092	1882	51314
30°~40°	0	14293	5299	54800	209	12759	3695	124590	209	3486	3556	118852
>40°	0	2370	1952	24332	0	1185	837	52848	0	627	837	52848

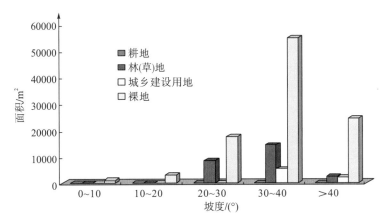

图 8-30 2005 年不同坡度条件下泥石流物源面积

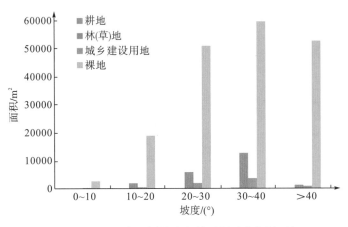

图 8-31 2009 年不同坡度条件下泥石流物源面积

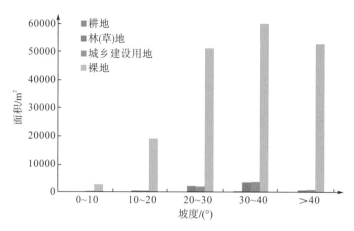

图 8-32　2013 年不同因子条件下泥石流物源面积

由表 8-2、图 8-30～图 8-32 可知，色尔古沟斜坡松散物质总体分布于坡度区间 30°～40°，裸地是主要的物源供应土地类型。从时序变化上看，2005 年分布物源总面积为 54800m²，2009 年、2013 年分布物源总面积分别为 124590m²、118852m²，其间的 2008 年为物源激增转折点。这一年沟内动工开建了盘山村道，又受"5·12"汶川地震的强烈影响，基岩边坡的岩石直接裸露在外，碎裂状的岩体大量沿村道展布，30°～40° 的地表坡度以及边坡结构类型多为顺向坡，这些极大地促进了基岩滑坡的发育、地表岩体侵蚀破碎程度加剧等不良地质现象。

其余土地利用类型中，物源分布均较少，仅 2005 年 20°～40° 坡度上的林（草）地中分布有约 22290m² 物源，这些物源的形成大多由于斜坡受到地表雨水、重力侵蚀的共同作用，经历时效变形，最终失稳破坏，形成滑坡。

3. 不同高程条件下泥石流物源分布特征

色尔古沟两侧斜坡高差为 700～1000m，垂向上土地利用类型呈现条带状分异特点，沟底两侧为裸露基岩带，斜坡中部为植被覆盖带，斜坡中上部为聚落扰动带，斜坡上部为低矮灌木裸露带。在垂向上的土地利用类型差异性，容易使得不同土地利用方式自上而下地相互影响、相互作用，导致坡面碎屑流自上而下地进行补给，最终在坡脚处逐渐积累物质来源，促使泥石流形成。

本书在各期次遥感影像图、色尔古沟 DEM、泥石流物源面等数据的基础上，利用 ArcGIS10.2 软件平台，首先将泥石流物源 shapefile 面数据转为矢量点，各点为泥石流物源面的形心，将物源点投影至高程立面图上（图 8-33 中的黑色方块点），再将各类型土地利用类型面数据转为矢量点，操作与泥石流物源面一致，其中，林、草地分布面积很大，并不是小碎斑，面积过大的矢量面数据转为矢量点数据误差大，因此，在立面图上将其展示为一条从低处至高处连续分布的曲线（图 8-33 中的绿色曲线），耕地、裸地、城乡建设用地面转为点之后，与物源点在立面图横轴上保持顺序一致性。由此可得色尔古沟不同年份、不同土地利用类型的高程分布图（图 8-33～图 8-35）。

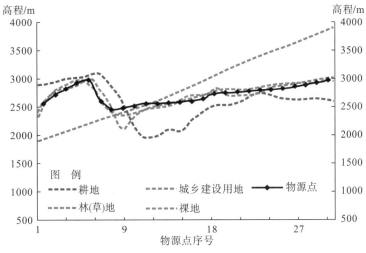

图 8-33　2005 年不同土地利用类型的高程分布图

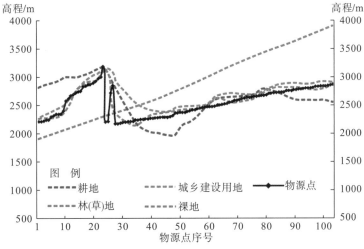

图 8-34　2009 年不同土地利用类型的高程分布图

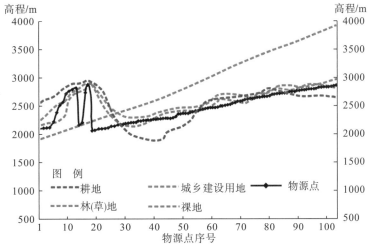

图 8-35　2013 年不同土地利用类型的高程分布图

由图 8-33～图 8-35 可知，色尔古沟近些年不同土地利用的高程分布趋势较为一致，各年份土地利用方式的变化并不大。从各类型土地利用方式与物源点的高程分布对比来看，裸地(橙黄色曲线)与城乡建设用地(蓝色曲线)类型的高程分布趋势与物源点的高程分布趋势相近，根据对色尔古沟实地考察可知，2008 年修建了通村公路，公路切坡、粗放式弃渣等活动使得色尔古沟右侧斜坡坡面上植被大面积遭受破坏，碎裂状的基岩裸露，水土流失加剧，松散土体、块(碎)石顺坡而下，为泥石流增加了大量物源。

8.3.3　汶川县七盘沟泥石流

1.　泥石流沟概况

如图 8-36 所示，七盘沟位于汶川县七盘沟村，岷江左岸，沟口附近交通便利，有都汶高速公路和 G213 线通过，其中 G213 线于 2013 年 7 月 11 日被泥石流损毁，都汶高速及沟内原有公路也基本损毁，现沟口堆积区临时便道旁均为碎块石堆积体。七盘沟土地利用类型图、高程图、坡度图如图 8-37～图 8-39 所示。

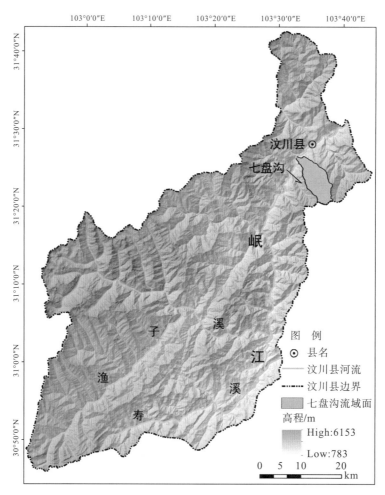

图 8-36　七盘沟地理位置图

图 8-37　七盘沟土地利用类型图

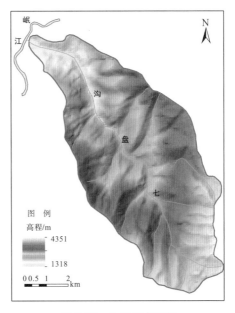

图 8-38　七盘沟高程图

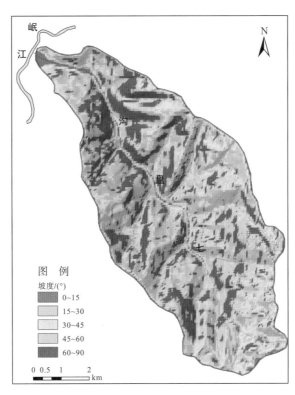

图 8-39　七盘沟坡度图

　　七盘沟地貌以中、高山山地为主，斜坡陡峭，沟床下切，沟内基岩裸露，极为破碎。沟内出露地层岩性为千枚岩、结晶灰岩、白云岩、花岗岩、闪长岩。由于靠近茂汶断裂，区域小断层密集排列，沟内地质构造极其复杂。

　　七盘沟属汶川城区范围，人类工程活动活跃，主要有：①城镇建房，道路开挖切坡；②堆积扇上建房挤压河道影响排洪；③水电站建设对自然斜坡进行扰动；④城区周边陡坡开荒种地造成表土松动及水土流失；⑤矿山开发利用诱发崩滑地质灾害。

　　2. 不同坡度条件下泥石流物源分布特征

　　本书利用 2005 年、2009 年、2013 年三期遥感影像图作为基础数据，分析 2005 年、2009 年、2013 年泥石流物源在沟谷斜坡坡度上的分布情况，影像数据来源为当前各类影像下载器，如 91 卫图、BIGEMAP 地图下载器、GogoMap 等，各期次影像如图 8-40～图 8-42 所示。

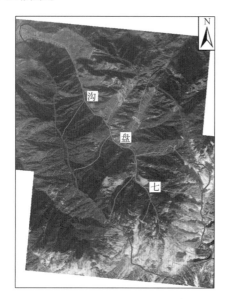

图 8-40　七盘沟 2005 年影像

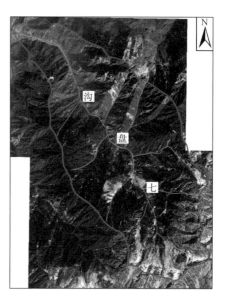

图 8-41　七盘沟 2009 年影像

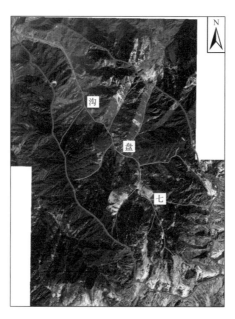

图 8-42　七盘沟 2013 年影像

　　七盘沟内大量存积的松散物质与区域地质构造、人类工程活动密切相关。受地表土地利用方式的影响，沟内斜坡坡面的侵蚀力度有不同程度的影响，且影响严重的地区集中在沟道右侧海拔 1500～1600m 区域。根据前面章节对岷江上游土地利用类型分类，沟道两侧、后侧斜坡表面可以分为：耕地、林（草）地、城乡建设用地、裸地、冰川五类；在 ArcGIS10.2 软件中，利用地理配准好的影像图进行泥石流物源面的圈定，采用目视解译的方法，解译分辨率为 1.5～3.0m，获取不同年份泥石流物源面的遥感解译图（图 8-43～图 8-45）。

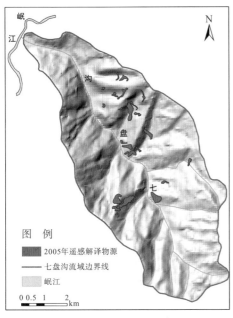

图 8-43　2005 年物源面遥感解译图

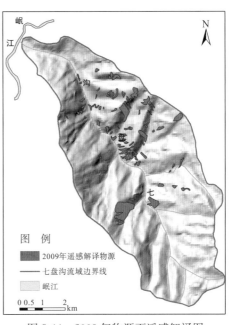

图 8-44　2009 年物源面遥感解译图

图 8-45　2013 年物源面遥感解译图

综合分析不同坡度条件下各类土地利用方式的分布情况，使用 ArcGIS10.2 中的栅格计算器，将坡度分类、土地利用类型、圈定的物源面 3 个图层进行加法运算，在相加操作之前，设置千位、百位、十位、个位的图层数值，得到不同年份，不同坡度，各土地利用类型的分布情况（表 8-3，图 8-46～图 8-48）。

表 8-3　不同坡度条件下的泥石流物源面积　　　　　　（单位：m²）

坡度	2005 年					2009 年					2013 年				
	耕地	林(草)地	城乡建设用地	裸地	冰川	耕地	林(草)地	城乡建设用地	裸地	冰川	耕地	林(草)地	城乡建设用地	裸地	冰川
0°～10°	0	3137	0	418	2231	0	9761	0	7181	1185	0	9133	0	7530	1882
10°～20°	0	41414	0	6414	13944	0	54591	0	32211	17430	0	44133	0	27958	17500
20°～30°	0	131841	0	15617	21474	0	151920	0	146342	59541	0	110227	0	114132	58216
30°～40°	0	302236	0	39531	187756	0	404794	70	217387	348809	0	298332	70	189987	349437
>40°	0	155964	0	26982	58356	0	358709	558	181481	150735	0	262705	488	152059	152059

由表 8-3，图 8-46～图 8-48 可知，七盘沟斜坡松散物质大多分布于坡度区间 30°～40°，这与岷江上游地形地貌特点相关，由于七盘沟处于幼—壮年期，沟道内斜坡陡立，较平缓地仅分布于沟道两侧坡脚及沟顶冰川地区，并且，在小于 40°坡度范围内，松散物质随着坡度增大而增加，在约 40°坡度上松散物质达到最大值，随着坡度继续增加，松散物质的分布面积随即减小，过大的休止角不利于松散物的滞留；从时序变化上看，2009 年、2013 年松散物质分布于裸地、冰川地区的面积明显增大，强震作用加上沟谷深度下切，使得沟道两侧谷坡中后源高数十米的陡壁上，原本保存的崩坡积物难以保留，部分沟谷在冻融作用下形成的崩塌体或连续崩滑群，在强震作用下，成为泥石流物源。

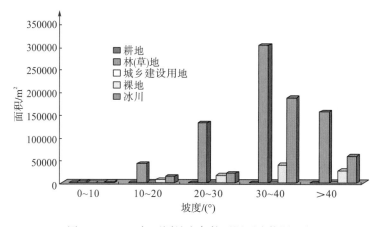

图 8-46　2005 年不同坡度条件下泥石流物源面积

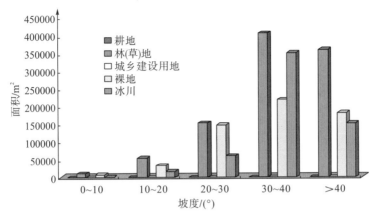

图 8-47　2009 年不同因子条件下泥石流物源面积

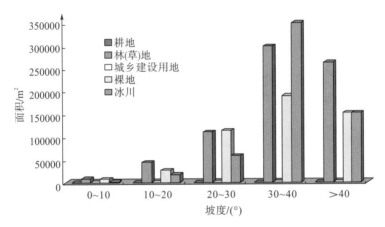

图 8-48　2013 年不同因子条件下泥石流物源面积

其余土地利用类型中，耕地、城乡建设用地范围内物源分布相对较少，受七盘沟沟道地貌的影响，沟道出山口（炸药库）以上区段为狭窄的沟床区，可供建设用的土地资源紧缺，加上县城规模大，大量基础设施的建设需开阔的场地，而七盘沟泥石流堆积扇恰好满足这样的需要。沟道出山口（炸药库）以上区段也不适合农业耕作，缓地匮乏，基岩裸露，土壤贫瘠，水土流失等限制了沟道内耕地的建设。因此，耕地、城乡建设用地的利用对泥石流松散物质的贡献有限。

3. 不同高程条件下泥石流物源分布特征

七盘沟泥石流是沟谷型泥石流，两侧斜坡高差为 1100~1600m，垂向上土地利用类型呈现条带分异特点，沟道斜坡下部基岩裸露，斜坡中部为植被覆盖区，斜坡上部为常年冰川冻融区。七盘沟地处岷江干流左岸，距离汶川县城较近，经济活跃区集中于泥石流堆积扇附件，而少有进入沟道内部，因此，即使七盘沟在垂向上具有土地利用类型差异性，但自上而下地相互影响、相互作用所导致的坡面碎屑物补给情况不明显。

本书在各期次遥感影像图、七盘沟 DEM、泥石流物源面等数据的基础上，利用 ArcGIS10.2 软件平台，首先将泥石流物源 shapefile 面数据转为矢量点，各点为泥石流物源面的形心，将物源点投影至高程立面图上（图 8-49 中的黑色方块点），再将各类型土地利用类型面数据转为矢量点，操作与泥石流物源面一致，其中，林(草)地分布面积很大，并不是小碎斑，面积过大的矢量面数据转为矢量点数据误差大，因此，在立面图上将其展示为一条从低处至高处连续分布的曲线(图 8-49 中的绿色曲线)，耕地、裸地、城乡建设用地、冰川等土地利用类型面转为点之后，与物源点在立面图横轴上保持顺序一致性。由此可得七盘沟不同年份、不同土地利用类型的高程分布图(图 8-49~图 8-51)。

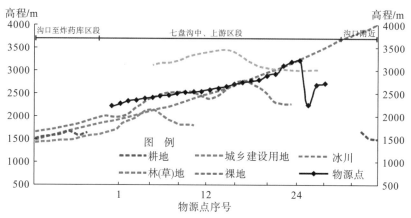

图 8-49　2005 年不同土地利用类型的高程分布图

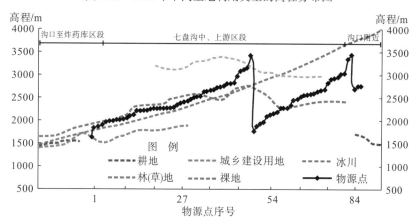

图 8-50　2009 年不同土地利用类型的高程分布图

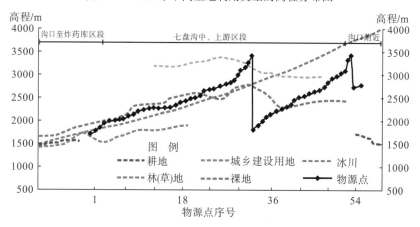

图 8-51　2013 年不同土地利用类型的高程分布图

由图 8-49~图 8-51 可知，七盘沟近些年土地利用类型从高程分布上变化并不大，受"5·12"汶川地震的强烈影响，沟道以内的经济活动相较于早些年而言，变得轻微了许多，大部分的经济建设、生活生产活动主要集中在沟口堆积扇上。

从各类型土地利用方式与物源点的高程分布对比来看，耕地（粉红色曲线）的分布区间有限，主要分布在七盘沟沟口附近的两侧斜坡之上，两侧斜坡平均坡度约为 24°，在缓地匮乏的地区，这类陡坡可作为耕地所用，由竖向对比可知，耕地的上（下）区域没有泥石流物源的分布，耕地对于七盘沟泥石流物源而言几乎没有贡献；城乡建设用地（蓝色曲线）的分布区间也比较有限，仅比耕地往沟道内延伸了一定的距离，由竖向对比可知，城乡建设用地与泥石流物源的分布高差大，位于下方的城乡建设用地对于上方的泥石流各类物源影响有限，两者的相互关系不甚明显；冰川（淡紫色曲线）主要分布于沟道顶部及中上部，平均海拔 3200m 以上地区，冰川地区距离茂汶断裂带相对距离较远，且下覆为花岗岩，地表破碎程度较轻，所提供的泥石流物源量少；裸地（橙黄色曲线）的高程分布与泥石流物源分布相关性大，受地震及地形坡度的影响，斜坡表层的植被、耕植土等松散物直接补给泥石流沟道，裸露的岩体在地表水、地下水的作用下，逐渐变得破碎，加之，区内构造复杂，断裂附近挤压破碎强烈，裸地提供的泥石流物源（特别以崩塌形式）为主要固体物源补给；林、草地在整个七盘沟内占据大范围面积，其为泥石流提供的固体物质也较多，这是因为，在强震作用下，一定坡度上的地表茂密植被对泥石流的防治作用有限，高大乔木在自身重力作用下反而加剧了斜坡表面的水土流失。

综上，七盘沟泥石流物源的分布有自身的特征，耕地、城乡建设用地对泥石流物源的贡献小，这与理县的哈尔木沟、黑水县的色尔古沟有所不同。由于靠近茂汶断裂带，地震能量巨大，七盘沟沟道内两侧斜坡表面的破坏程度已经不受地表土地利用方式差异的影响，只要利于崩滑地质灾害发育，在一定的坡度之上，下滑力大于抗滑力的区段，任何土地利用类型均可为泥石流提供物质来源。

对于岷江上游的泥石流沟而言，距离茂汶断裂带相对较远，受地震影响相对较小的地区，耕地、城乡建设用地在各类土地利用类型中，对泥石流物源的贡献最大，这是由于沟谷型泥石流沟道两侧斜坡具有垂向上条带分异性，上部的地表破坏活动可以间接影响下部的土体稳定性，最终导致了松散物质直接滑入沟床。然而，距离茂汶断裂带相对较近，受地震影响相对较大的地区，耕地、城乡建设用地对泥石流物源的贡献有限，即使有一定的影响，也限于浅表层，不足以抗衡大规模深部地质构造所引起的破坏，活动性断裂所引发的地震占主导作用，各土地利用方式对泥石流灾害的影响相对较小。

8.3.4　小结

本节选取具有代表性的理县哈尔木沟、黑水县色尔古沟、汶川县七盘沟作为岷江上游典型泥石流研究对象，通过不同年份影像图的识别，圈定出沟道内的松散物源面。将获取的物源面转为栅格图层，利用 Raster Calculator 工具实现物源面与坡度因子的叠加分析，得到不同年份、不同坡度条件下的泥石流物源面分布情况，再将物源面、各土地利用类型面转为矢量点，将各个点与高程图层叠加，作出高程立面图，从而得到不同年份、不同高程条件下的泥石流物源与各土地利用类型的相互关系。

8.4　泥石流对土地利用方式响应的定量分析

8.4.1　泥石流对土地利用的敏感性

　　敏感性分析模型主要分为三大类，即概率统计模型、人工神经网络模型、逻辑回归模型，这三大类模型已经广泛运用于滑坡、泥石流灾害敏感性分析，国外学者在这方面做了大量研究。Van Westen 等(2003)利用信息量模型计算了 Pagoclone 盆地、Bass Rene Te 盆地中滑坡对于不同影响因子的敏感性值；Ayalew 等(2005)以日本中北部的大型滑坡为研究对象，使用逻辑回归模型，分析了滑坡的敏感性值；Lee 等(2004)采用改进的人工神经网络模型，以 Campania 地区泥石流易发区为研究区，计算了泥石流灾害的敏感性值，并做了相关评价。通过总结国外学者的研究成果可知，信息量模型是一种使用频次极高的敏感性计算模型，该模型由 Yin 等(1988)首先提出，在 1999 年前后广泛应用于滑坡灾害敏感性评价，随后也应用于泥石流敏感性评价。

　　我国学者在地质灾害敏感性方面也做了大量研究。贾克敬等(2004)通过搜集资料、查阅文献后认为，我国的地质环境情况与土地利用情况存在着十分紧密的关联。沈怡等(2004)在自然灾害及土地资源利用相互耦合作用的背景条件下，以重庆市为研究区，根据目前研究区内土地资源利用情况与地质灾害的相互关系，提出了保护土地资源，实现资源可持续利用对策。何易平等(2004)以云南省东川区为例，应用敏感性计算模型分析山地灾害与土地利用方式的相关性，发现区内工矿地、城乡建设用地对于山地灾害的敏感性值最高。陈和平等(2002)研究了水土灾害与土地利用类型之间的相互作用，认为林业用地在引发水土灾害方面所占比例最大。

8.4.2　改进的敏感性计算模型

　　目前，国内外学者多以敏感性值(sensitivity coefficient，SC)定量表达地质灾害对土地利用方式的敏感性，一般而言，敏感性值的计算方法有两类：一是将地质灾害作为面状要素进行考虑，二是将地质灾害作为点状要素进行考虑。进行泥石流敏感性分析时，由于泥石流具有流域面状特征，因此将其考虑为面状要素更为恰当。

　　现有的信息量模型是用相似频率比作为基础的概率统计模型，如式(8-1)所示：

$$SC_i = \ln \frac{N_i/A_i}{N/A} \tag{8-1}$$

式中：SC_i——第 i 类土地利用类型中泥石流灾害的敏感性值；N_i——泥石流在第 i 类土地利用类型中所占据的面积；N——研究区内所有泥石流流域总面积；A_i——第 i 类土地总面积；A——研究区总面积。

　　信息量模型最早由 Yin 等于 1988 年提出，该模型一经问世就广泛应用于滑坡灾害敏感性分析评价工作,随后被引入泥石流敏感性分析领域。在实际应用过程中,考虑到泥石流具有流域面状特性,将其作为面状要素参与计算,式(8-1)中各参数均为面状要素的面积。

在实际应用中发现,式(8-1)存在一定的不足:泥石流具有流域面状特征,在进行泥石流相关工作时,平面图纸上的泥石流常常呈现杏叶状、葫芦状,而泥石流堆积扇相较于沟道其面积更大,在进行敏感性分析计算时,泥石流堆积扇面积将占据大部分比例,而不是泥石流的形成、流通区沟道面积,这样会导致与泥石流形成机理并无太大关联的泥石流堆积扇被视作敏感区域。

综上分析,为提高敏感性计算的精度,本书在前人研究基础上提出了改进的敏感性计算模型,如式(8-2)所示。

$$SC_i = \ln \frac{(N_i - a_i)/A_i}{(N - a)/A} \tag{8-2}$$

式中:SC_i——第 i 类土地利用类型中泥石流灾害的敏感性值;N_i——泥石流流域面状要素在第 i 类土地中所占据的面积;N——研究区内所有泥石流流域面状要素的面积;A_i——第 i 类土地总面积;A——研究区总面积;a_i——第 i 类土地中泥石流堆积扇面积;a——全部泥石流堆积扇面积。

8.4.3 敏感性分析实例

针对式(8-1)的不足,应用式(8-2)计算岷江上游泥石流灾害对土地利用类型的敏感性值。

8.4.3.1 不同坡度条件下的敏感性计算

在 ArcGIS10.2 软件中,对岷江上游地区 DEM 数据进行坡度分级,利用泥石流平面形态矢量数据,结合影像图,肉眼识别泥石流堆积扇轮廓并将其裁剪去除。运用改进的敏感性模型式(8-2)计算不同年份、不同坡度条件下泥石流对土地利用类型的敏感性值(图 8-52)。

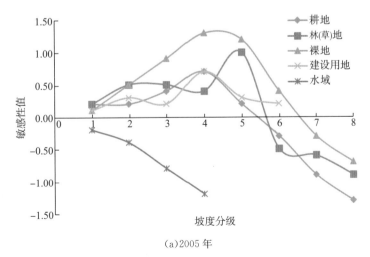

(a)2005 年

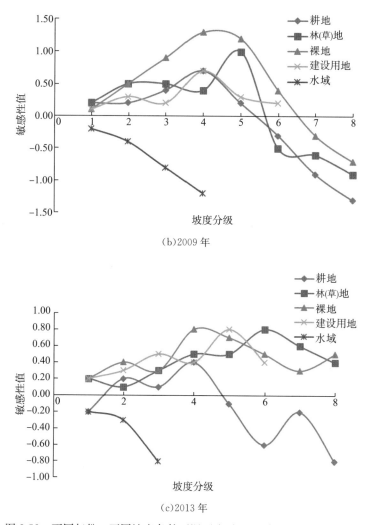

图 8-52　不同年份、不同坡度条件下泥石流对土地利用类型的敏感性值

据图 8-52 和表 8-4 可知：就整体而言，随坡度增大，裸地、林(草)地、城乡建设用地的敏感性值均呈增大趋势，耕地的敏感性值随坡度增大而减小，由于坡度增加，耕地上种植的难度加大，经济活动干扰性不强，而冰川冻融区多为泥石流的清水汇集区，几乎没有泥石流灾害活动；在 5°~25° 区域，坡度增大，裸地、林(草)地、城乡建设用地的敏感性值缓慢增大；在 25°~45° 区域，坡度增大，裸地、林(草)地、城乡建设用地的敏感性值快速增大，达到极大值，可见该坡度范围内发生泥石流的概率最大；在大于 45° 区域内，各土地利用类型中的泥石流灾害敏感性值均减小。

根据学者的研究成果(唐川，2005)，$SC_i > 0.5$ 时称为敏感区，$0 \leqslant SC_i < 0.5$ 时称为较敏感区，$SC_i < 0$ 的区域称为不敏感区，最后可得到不同坡度条件下泥石流灾害对土地利用类型的敏感性区划图(图 8-53)。

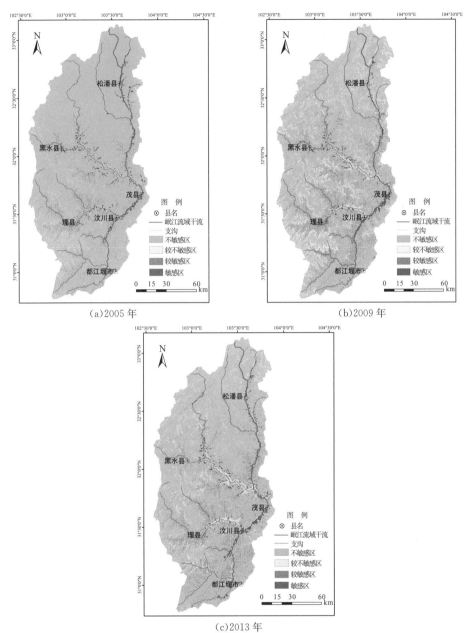

(a)2005 年　　　　　(b)2009 年

(c)2013 年

图 8-53　不同坡度条件下泥石流对土地利用类型的敏感性区划图

8.4.3.2　不同岩性条件下的敏感性计算

在 ArcGIS10.2 软件中，以 1∶20 万地质图作为底图，矢量化研究区内地层界线，按岩组分类标准，将区内地层岩性分为 9 类，分别为：Q(松散堆积物)、T(三叠系砂质灰岩、泥灰岩)、P(灰岩、砂岩)、C(结晶灰岩、生物碎屑灰岩)、C+P(灰岩夹千枚岩、结晶灰岩)、D(厚层灰岩)、S+D(志留系、泥盆系)、O+ε(奥陶系、寒武系)、R(各期次侵入岩)，运用改进的敏感性模型式(8-2)计算不同年份、不同岩性条件下泥石流对土地利用类型的敏感性值(图 8-54，表 8-5)。

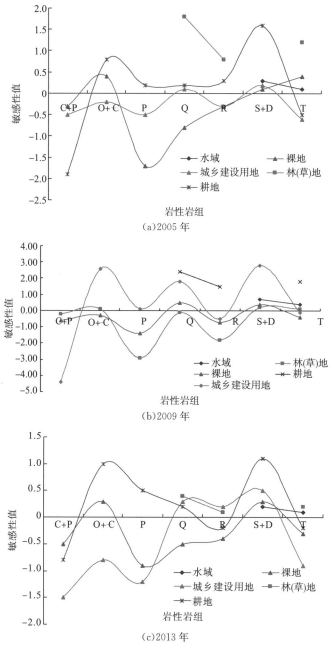

图 8-54　不同年份、不同岩性条件泥石流对土地利用类型的敏感性

由图 8-54 和表 8-5 可知：在第四系、志留系、泥盆系地层中，耕地及城乡建设用地的敏感性值较高，在岷江干流两侧地区，第四系的黏性土、粉土、砂土、砾石土广泛分布，在汶川、茂县的大部分地区，出露大量志留系的页岩、千枚岩，这类基岩出露区易受风化作用的强烈侵蚀，从而在泥石流沟道斜坡上产生大量的原地风化碎屑物，这些松散物质逐渐演化为泥石流的物源。二叠系及岩浆岩侵入岩区，计算得到的敏感性值均小于零，这表明泥石流灾害对灰岩、砂岩、岩浆岩等土地利用类型不敏感。根据不同岩性条件下泥石流灾害对土地利用类型的敏感性值，得到敏感性分区图(图 8-55)。

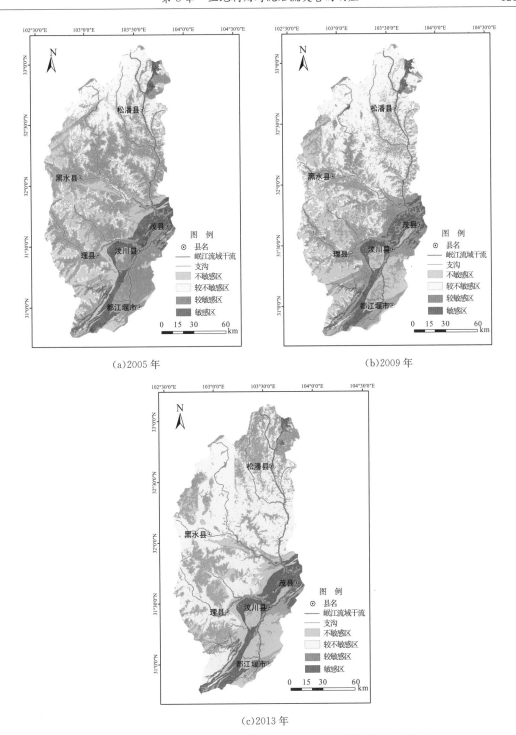

图 8-55　不同年份、不同岩性条件泥石流对土地利用类型的敏感性分区

8.4.3.3　模型对比分析

在上述分析基础上，以坡度、地层岩性为分类要素，分别运用式(8-1)和式(8-2)计算岷江上游泥石流灾害对土地利用类型的敏感性值，得到两种计算模型对比表(表 8-4、

表 8-5)以及对比图(图 8-56、表 8-57)。

表 8-4　不同坡度级别上两种计算模型对比表

年份	坡度分级	改进模型						传统模型					
		耕地	林(草)地	裸地	城乡建设用地	水域	冰川	耕地	林(草)地	裸地	城乡建设用地	水域	冰川
2005	0°~5°	0.2	0.2	0.1	0.1	-0.2	—	0.8	1.6	1.2	1.4	-0.5	—
	5°~15°	0.2	0.5	0.5	0.3	-0.4	—	0.8	1.1	1.3	0.8	-0.2	—
	15°~25°	0.4	0.5	0.9	0.2	-0.8	—	0.5	1	0.7	0.6	-1.2	—
	25°~35°	0.7	0.4	1.3	0.7	-1.2	—	0.2	0.4	0.9	0.5	-0.3	—
	35°~45°	0.2	1	1.2	0.3	—	—	0.1	0.6	0.4	0.7	—	—
	45°~55°	-0.3	-0.5	0.4	0.2	—	—	-0.2	0.7	1.2	0.2	—	—
	55°~65°	-0.9	-0.6	-0.3	—	—	—	-0.3	0.1	0.2	—	—	—
	65°~75°	-1.3	-0.9	-0.7	—	—	—	-0.8	-0.4	0.1	—	—	—
	75°~90°	—	—	—	—	—	—	—	—	—	—	—	—
2009	0°~5°	0.1	0.4	0.2	0.3	-0.9	—	1.7	2.3	2.4	1.7	1.1	—
	5°~15°	0.3	0.7	0.2	0.5	-1.4	—	0.9	1.5	1.6	1.2	-1.3	—
	15°~25°	0.5	1.4	0.3	0.3	-2.4	—	0.5	1.4	0.7	0.8	-1.7	—
	25°~35°	0.5	2.1	0.6	0.9	-2.9	—	0	0.8	0.8	0.4	-1.9	—
	35°~45°	-0.3	2.3	0.6	0.2	-2.8	—	-0.2	1.1	1.1	0.1	-2.3	—
	45°~55°	-0.5	1.1	0.2	0.3	-1.8	—	-0.6	1.0	1.3	-0.2	-1.8	—
	55°~65°	-1.2	0.6	0.3	—	—	—	-0.8	1.4	1.0	—	—	—
	65°~75°	-1.3	0.4	0.2	—	—	—	-1.4	0.9	0.6	—	—	—
	75°~90°	—	—	—	—	—	—	—	—	—	—	—	—
2013	0°~5°	-0.2	0.2	0.2	0.2	-0.2	—	0.4	0.7	1.7	1.3	-0.1	—
	5°~15°	0.2	0.1	0.4	-0.3	—	—	0.5	1.3	1.2	1.5	-0.2	—
	15°~25°	0.1	0.3	0.3	0.5	-0.8	—	0.5	0.4	0.5	0.9	-1.7	—
	25°~35°	0.4	0.5	0.8	0.4	—	—	0.3	0.6	0.6	0.5	—	—
	35°~45°	-0.1	0.5	0.7	0.8	—	—	0.1	0.7	0.7	0.2	—	—
	45°~55°	-0.6	0.8	0.5	0.4	—	—	-0.7	0.5	0.2	-0.3	—	—
	55°~65°	-0.2	0.6	0.3	—	—	—	-0.1	0.1	0.1	—	—	—
	65°~75°	-0.8	0.4	0.5	—	—	—	-0.1	-0.2	-0.4	—	—	—
	75°~90°	—	—	—	—	—	—	—	—	—	—	—	—

注:"—"表示该类土地中没有泥石流灾害。

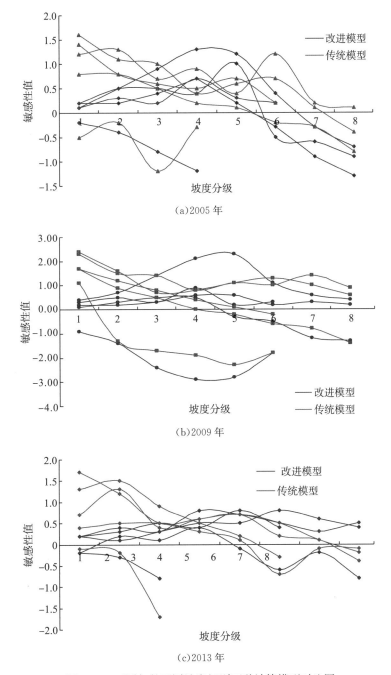

图 8-56　不同年份不同坡度级别两种计算模型对比图

由图 8-56 和表 8-4 可知：式(8-1)将整个泥石流流域面积进行考虑，在代入公式计算时，泥石流堆积扇的面积占比最大，由式(8-1)的计算结果时可知，坡度范围 0°~5°的敏感性值较大，这使得模型使用者误以为 0°~5°是最容易发生泥石流灾害的坡度，显然，这与客观实际不一致。对比可知，改进模型的敏感性较大值集中在坡度 25°~45°区间，该坡度区间容易发生滑坡，是泥石流物源供给的有利条件区间，这样的计算结果较传统模型更为合理。

表 8-5 不同岩性条件下两种计算模型对比表

年份	岩性岩组	改进模型						传统模型					
		耕地	林(草)地	裸地	城乡建设用地	水域	冰川	耕地	林(草)地	裸地	城乡建设用地	水域	冰川
2005	C+P	—	−1.9	−0.3	−0.5	—	—	—	−2.4	−0.5	−1.1	—	—
	O+∈	—	0.8	0.4	−0.2	—	—	—	2	0.9	−0.7	—	—
	P	—	0.2	−1.7	−0.5	—	—	—	0.5	−2.2	−0.4	—	—
	Q	1.8	0.2	−0.8	0.1	—	—	2.3	0.6	−1.7	0.5	—	—
	R	0.8	0.3	−0.3	−0.3	—	—	1.5	−0.7	−0.5	−0.7	—	—
	S+D	—	1.6	0.1	0.2	0.3	—	—	1.9	0.5	−0.9	0.8	—
	T	1.2	−0.5	0.4	−0.6	0.1	—	1.7	−1.6	0.6	−0.5	0.4	—
	C	—	—	—	—	—	—	—	—	—	—	—	—
	D	—	—	—	—	—	—	—	—	—	—	—	—
2009	C+P	—	−0.2	−0.6	−4.1	—	—	—	−0.2	−1.8	−3.3	—	—
	O+∈	—	0.1	−0.3	2.6	—	—	—	0.2	−0.7	2.4	—	—
	P	—	−2.9	−1.4	0.1	—	—	—	−3.9	−0.4	0.6	—	—
	Q	2.4	−0.1	0.5	1.8	—	—	3.0	−0.1	0.2	0.2	—	—
	R	1.5	−1.8	−0.7	−0.5	—	—	2.2	−1.0	−1.2	−1.3	—	—
	S+D	—	0.2	0.4	2.8	0.7	—	—	0.4	−1.3	1.3	0.7	—
	T	1.8	0.1	−0.4	−0.1	0.4	—	2.6	0.2	−0.4	0.6	1.1	—
	C	—	—	—	—	—	—	—	—	—	—	—	—
	D	—	—	—	—	—	—	—	—	—	—	—	—
2013	C+P	—	−0.8	−0.5	−1.5	—	—	—	−0.8	−0.4	−2.1	—	—
	O+∈	—	1	0.3	−0.8	—	—	—	1.3	0.8	−1	—	—
	P	—	0.5	−0.9	−1.2	—	—	—	0.8	−2.5	−0.8	—	—
	Q	0.4	0.2	−0.5	0.3	—	—	1.1	0.3	−1.7	0.9	—	—
	R	0.1	−0.2	−0.4	0.2	—	—	0.7	−1.9	−1.3	−0.5	—	—
	S+D	—	1.1	0.3	0.5	0.2	—	—	1.5	1.2	1	0.6	—
	T	0.2	−0.2	−0.3	−0.9	0.1	—	0.4	0.6	0.4	−1.7	0.5	—
	C	—	—	—	—	—	—	—	—	—	—	—	—
	D	—	—	—	—	—	—	—	—	—	—	—	—

注："—"表示该类土地中没有泥石流灾害。

由图 8-57 和表 8-5 分析可知：传统模型计算所得数值略大于改进模型，从结果曲线起伏程度上看，改进模型的曲线波动幅度较小，数值绝对值相对稳定。传统计算模型加入了堆积扇部分的面积，计算的敏感性值偏大，然而，改进模型剔除了堆积扇面积，这使得计算结果的值域范围小，计算结果稳定性较好。

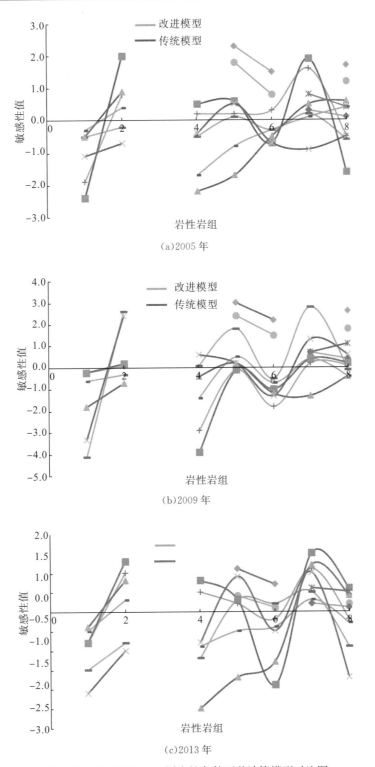

图 8-57   不同年份、不同岩性条件两种计算模型对比图

8.4.4　泥石流物源活跃性分析

岷江上游地区遭受了"5·12"汶川地震，在震后，泥石流的发展即活跃性呈现出一定的数量关系，大多表现为震后五年之内泥石流规模增大，数量增多，频率增加，而随着沟道内松散物质总量的逐渐减少，泥石流也进入衰弱期。目前，泥石流活跃性还没有规范量化指标，由于泥石流物源区沟道及坡面松散堆积物空间分布对于泥石流的形成关系密切，因此，本书在分析泥石流沟道松散物源演化过程的基础上，选取物源面形心（即物质源面几何中心）与泥石流沟道的距离 D 作为泥石流物源活跃性分析指标，分别计算典型泥石流沟（哈尔木沟、色尔古沟、七盘沟）内不同年份物源面形心与沟道之间的距离，阐明不同土地利用类型中沟道两侧松散堆积体随时间变化而变动的趋势。

利用 ArcGIS10.2 中的 Near 工具进行距离计算，该工具在 China CGCS 2000 投影坐标系中，可直接计算多点距离点、线、面要素的平面距离（单位：m），计算结果将会自动储存于名为"NEAR_DIST"的字段中，且计算精度为双精度型。分别利用 2005 年、2009 年、2013 年的物源面数据直接转为点要素，在三个不同时段的点要素中，判断三期不同位置点要素为同一个点要素，是比较烦琐的工作，通过属性表的唯一赋值可将不同位置的同一个点要素进行归类，Near 工具计算原理如图 8-58 所示。

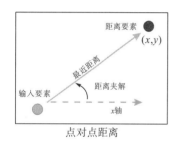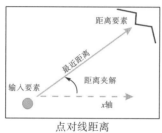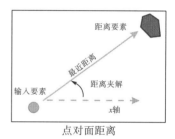

图 8-58　ArcGIS10.2 中 Near 工具计算原理

据本书统计，岷江上游比较活跃的泥石流沟约为 241 条，要计算每一条泥石流沟物源面形心与沟道的距离，则需较大工作量，因此，选择已有的典型泥石流沟作为研究对象，计算结果如图 8-59～图 8-61 所示。

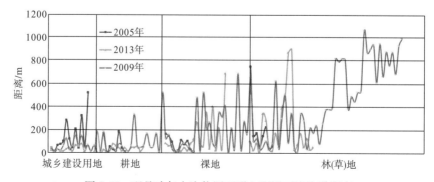

图 8-59　理县哈尔木沟物源面形心距泥石流沟道距离

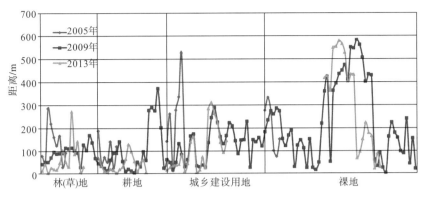

图 8-60　黑水县色尔古沟物源面形心距泥石流沟道距离

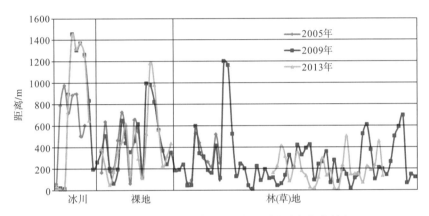

图 8-61　汶川县七盘沟物源面形心距泥石流沟道距离

如图 8-59～图 8-61 所示,理县哈尔木沟内城乡建设用地中,2005 年的物源形心距沟道距离(D)大于 2009 年、2013 年,耕地中各个年份的 D 相差不大,裸地中 2005 年、2009 年的 D 大于 2013 年,林地中各年份的 D 相差不大。可见,在哈尔木沟内,耕地、林地中的松散物源向最近沟道运动的程度不大,在“5·12”汶川地震前后,这些松散堆积体几乎保持在原地,并且,人类对于耕地、林地的利用,在扰动泥石流物源方面,其作用不大。然而,在城乡建设用地、裸地中,随着时间的推移,松散堆积体距最近沟道的距离越来越近,该固体物质的运移随时间演化而变动,物源面形心的演化过程反应了泥石流的活跃程度。

黑水县色尔古沟内林(草)地、耕地、城乡建设用地中,2005 年的 D 明显大于 2009 年、2013 年,且 2009、2013 年的 D 相差不大,裸地中的 D 均相差不大。可见,在林(草)地、耕地、城乡建设用地中,地震作用引起了地表松散物质运移,加之,这几类土地利用类型均与人工的生产活动紧密相关,因此,人类活动对于泥石流松散物质的运移具有促进作用。

汶川县七盘沟泥石流内冰冻土中,2005 年的 D 小于 2009 年、2013 年,且 2009 年、2013 年的 D 相差不大,裸地、林(草)地各年份的 D 相差不大。可见,在冰冻土中,随着时间的推移,松散物质距沟道的距离越来越远,这与前面的分析略有出入,但也符合实情,当堆积体在重力侵蚀作用下下移时,松散物形心向主沟方向移动,如若堆积体下部被地表径流带走，堆积体形心则相应上移，远离沟道。

参 考 文 献

陈和平，王深法，胡先松，2002.浙江突发性山地水土灾害与土地利用类型的相关性研究[J].浙江大学学报，28(1)：89—93.

何易平，马泽忠，谢洪，等，2004.基于GIS的土地利用类型与山地灾害敏感性分析——以云南省昆明市东川区为例[J].水土保持学报，18(4)：177—181.

贾克敬，谢俊奇，邓红蒂，2004.土地利用规划中的地质环境因素分析[J].中国土地科学，18(6)：18—21.

沈怡，刘秀华，2004.自然灾害对重庆土地资源可持续利用的影响及对策[J].地域研究与开发，23(2)：84—87.

唐川，2005.云南怒江流域泥石流敏感性空间分析[J].地理研究，24(2)：178—185.

Ayalew L，Yamagishi H，2005. The application of GIS-based logistic regression for landslide susceptibility mapping in the Kakuda-Yahiko Mountains，Central Japan [J]. Geomorphology，65(1)：15—31.

Bollschweiler M，Stoffel M，Schneuwly D M，2008. Dynamics in debris-flow activity on a forested cone — a case study using different dendroecological approaches[J]. ScienceDirect，72：67—78.

Cheng J D，Huang Y C，Wu H L，et al.，2005. Hydrometeorological and landuse attributes of debris flows and debris floods during typhoon Toraji，July 29—30，2001 in central Taiwan[J]. Journal of Hydrology，306：161—173.

Lee S，Ryu J H，Won J S，et al.，2004. Determination and application of the weights for landslide susceptibility mapping using an artificial neural network[J]. Engineering Geology，71(3)：289—302.

Robert J P，Thomas A S，2001. Ten years of vegetation succession on a debris-flow deposit in Oregon[J]. Amercican Water Resources Association，12，37(6)：1693—1708

Rood S B，2006. Unusual disturbance：forest change following acatastrophic debris flow in the Canadian Rocky Mountains[J]. Canadian Journal of Forest Research，36：2204—2215.

Sorg A，Bugmann H，Bollschweiler M，et al.，2010. Debris-flow activity along a torrent in the Swiss Alps：minimum frequency of events and implications for forest dynamics[J]. Dendrochronologia，28：215—223.

Susan H C，2001. Debris-flow generation from rencently burned watersheds [J]. Environmental & Engineering Geoscience：321—341

Van Westen C J，Rengers N，Soeters R，2003. Use of geomorphological information in indirect landslide susceptibility assessment[J]. Natural Hazards，30(3)：399—419，2003.

Yin K L，Yan T Z，1988. Statistical prediction models for slope instability of metamorphic rocks[A]. In：Bonnard，C. ed. Proceeding Fifth Interna-tional Symposium on Landslides[C]. Lausanne，Balkema，Rotterdam：The Netherlands：1269—1272.

第9章 泥石流灾害风险分析

灾害风险分析是泥石流防灾减灾的重要工作之一。泥石流灾害风险是指在一定区域和给定时段内，不同强度泥石流发生的可能性及其对人类生命财产、经济活动和资源环境产生损失的期望值。泥石流灾害风险综合反映了泥石流灾害的自然属性和社会属性，由致灾子系统与孕灾子系统的危险性和承灾子系统的易损性组合而成。

本章选择岷江上游为研究对象，分析研究该区域灾害的危险性、承灾体的易损性和泥石流灾害综合风险分析的技术方法和理论。

9.1 泥石流灾害危险性评价

9.1.1 危险性评价概述

泥石流灾害危险性评价可以定量分析某一个评价区域内所存在的一切人、物、资源和环境遭到泥石流危害和破坏的可能性。它可以确定某一沟谷一次或多次泥石流的危险范围，也能给出一个地区内各个流域的泥石流危险性等级。

9.1.1.1 国外研究概况

泥石流危险性研究不仅是国内外灾害科学研究的热点，也是灾害预测预报和防灾减灾的重要内容。国外对泥石流危险性评价研究较早，其研究成果也相对较多(沈娜，2008；韩金华，2010)。早在 19 世纪后半期，俄国道路工程师 B. H. 斯塔科特夫斯基设计格鲁吉亚军用公路时，就初步考虑到泥石流的成因和危险度问题(C. M. 弗莱施曼，1986)。此后近一百年内，对泥石流危险性研究仍停留在定性描述上。直到 20 世纪 30 年代开始，以日本为代表的国家在泥石流危险性研究领域取得了较大的进展。足立胜治等在 1977 年开展了对泥石流危险度的研究和等级划分，从地貌条件、泥石流形态和降雨等方面来研究泥石流发生的可能性，但当时的危险度仅指泥石流发生的频率，具有较大局限性(Gao et al.，2006；Yuan，2006)；日本(高桥堡等，1988)开展的扇形地上泥石流危险度评价研究中，探讨了建筑物的损害与泥石流堆积厚度的关系；两年后也从短历时降雨的有效降水量和降雨强度来研究泥石流发生的可能性(久保田哲也等，1990)。Okimura 等(1998)运用简化的力学模型来评价花岗岩地区的泥石流危险性，发现稳定系数最低的斜坡都曾在暴雨作用下形成泥石流的现象(Jibson et al.，2000)。此外，美国对于泥石流危险性评价研究也相对较多，Smith 利用地形图和航空照片判别出花岗岩地区、旧金山沙岩地区、加利福利亚泥页岩地区坡度大于 20°的山体易发生暴雨泥石流（Smith，1988）；地质工程师（Hollingsworth et al.，1981）提出了泥石流危险度评价体系，将评价因子划分为 0~4 共 5 个等级，然后采用叠加求和的方法计算出危险度值；学者（Peatross，1986）选取流域面积、形状、曲率等定量指标作为评价因子，采用多元统计法完成了维吉尼亚中部地区泥石流危险性区划。

在国外，泥石流危险区划即灾害制图，美国、加拿大、日本、德国和奥地利等大部分地区都已完成洪水（含泥石流）灾害的制图工作（Hunger et al.，1987；Petak et al.，1993）；奥地利、瑞士等国家对泥石流灾害进行危险性评价时，较早提出了采用红、黄、绿三色代表泥石流危险区、潜在危险区和无危险区（唐川，1993）；瑞典的 M. T. Eldeen 研究灾害危险度分析、灾害类型辨别及灾害规模估计时，根据危险度等级分为四个不同的危险区，并用危险区划图来表示（Eldeen，1980）。

9.1.1.2　国内研究概况

我国对泥石流危险性的研究始于 20 世纪 80 年代。在"关于荒溪分类"（王礼先，1982）一文中首先对泥石流沟谷的危险度进行了划分。80 年代中期，谭炳炎提出了关于泥石流沟危险程度判别因素量化分析法。20 世纪 80 年代后期，随着一些数学方法的引用，泥石流沟谷危险度划分更加量化和客观，其中以刘希林（1988）提出的泥石流影响因素等级划分及因子得分判定法为典型代表。至 1989 年，国内首次提出区域泥石流危险度评价方法，该方法将影响泥石流活动的主要因子确定为泥石流沟分布密度，次要因子从地质条件、地貌条件、水文气象条件、森林植被条件和人类活动条件 5 个方面的 17 个环境因子中选取，采用关联度分析方法，通过比较选出相对权重值最大的 7 个环境因子。此后该方法得到了较为广泛的引用和应用，但其不足之处在于未突出影响泥石流活动主要因子的权重，又未能标准化泥石流危险度值，使得与泥石流风险度和易损度评价接轨变得困难（刘希林，2002a）。20 世纪 90 年代以来，随着一些适用的数学模型应用到泥石流的沟谷危险度划分中，泥石流危险性研究逐步发展为精确定量、模型模式化的操作（张春耀，2008）。

对泥石流的危险性研究经过几个阶段的发展，无论对于点或区域泥石流危险性评价都形成了较为成熟的方法。其中，对于区域泥石流的危险性评价，刘希林等通过大量的研究，建立了多因子综合评价模型，并在此基础上完成了由分段函数代替差分法确定权值的改进。目前，对泥石流危险性评价的研究正经历着由经验模型向理论模型的突破（刘希林，2000，2002b）。关于泥石流危险性评价的方法，唐川做了较为全面和准确的总结，对于单沟泥石流的危险性评价方法较为成熟的有模糊数学评价法、灰色系统评价法、回归分析评价法和神经网络评价法；而对区域泥石流危险性评价方法除了较为成熟的多因子综合评价之外，还包括灰色关联分析法、人工神经网络法、信息熵理论评价法和分形理论评价法（唐川，2007）。魏永明（1998）采用关联度分析法和模糊综合评判法对研究区进行了泥石流沟危险度划分；2000 年，汪明武在对泥石流发育、分布和演化特征的研究基础上，建立人工神经网络模型划分泥石流危险等级（汪明武，2000）；2007 年，刘洪江等根据泥石流危险度评价的 5 个层次：泥石流灾害野外调查、泥石流暴发成因分析、危险度评价模型、灾害评价和减灾，以及泥石流的发生学原理，采用权重模型和方根模型，完成了对云南昆明东川区泥石流危险性评价（刘洪江等，2007）；2008 年，白利平等将北京市划分为以 3km×3km 为单元的格网，运用层次分析法进行泥石流危险度的区划研究（白利平等，2008）。

9.1.2　危险性评价原则

为确保地质灾害危险性评价结果的准确真实性，其评价过程须遵循以下原则，即《泥石流研究与防治》一书最早提出此原则。①科学性原则。为使灾害研究体系能够系统化、条理化，其要求灾害危险程度划分体系能够揭示灾害的本质和自然属性，根据本质和自然属性将地质灾害划分为不同的类型，为地质灾害的防治、治理工作提供科学依据。②实用性原则。地质灾害危险性评价实用性原则主要包括两个方面：一是划分体系清楚地揭示灾害本身特征，有效地对灾害危险程度进行归类和划分；二是为地质灾害的预测、灾情评估和灾害治理提供信息。③简明易行的原则。地质灾害的发生与人民群众有着密切且直接的联系，区域性地质灾害的预测、防护及治理等工作需要大家的共同参与，这就要求对地质灾害的危险程度划分需具有简明可操作性，便于为广大人们群众所掌握。

9.1.3　危险性评价指标

地质灾害危险性评价指标的选取，主要考虑地质灾害形成与发展的基本条件和可能发生的控制与诱发因素。从定性来看，地质灾害活动程度越高，其危险性越大，可能造成的灾害损失就越严重；从定量化评价的要求看，地质灾害的危险性则需通过具体的指标予以反映。在实际条件允许时，选取评价指标应尽量遵循相对一致性原则、定量指标与定性指标相结合原则、主导因素原则以及自然区界与行政区界完整性原则。根据其作用机制，地质灾害危险性评价因子可分为主控因子和触发因子：主控因子即地质灾害发育的基础条件，主要包括地形地貌、地层岩性、植被覆盖、断层等，这些因子一般具有相对稳定性，为地质灾害的发生、发展奠定物质基础和创造运行条件；触发因子主要包括地震、降雨和人为活动，为地质灾害的发育与发展提供动力条件（苏鹏程等，2009）。

在野外实地考察基础之上，综合室内资料分析结果，参阅大量地质灾害危险性研究成果和相关文献，构建筛选出对地质灾害发生起着主导作用、便于区域数据与空间资料匹配、关系密切的多个要素作为地质灾害危险性评价指标，即泥石流分布密度、坡度、坡向、植被、岩性、断裂带密度、河流切割密度、降雨和道路网密度，对于不同区域的地质灾害危险性评价可以适当选取指标内容（图 9-1）。

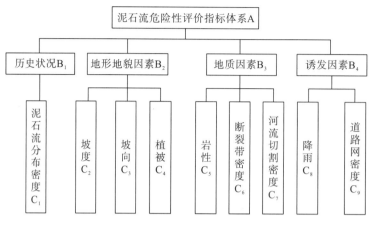

图 9-1　泥石流危险性评价指标体系

地质灾害危险性评价中评价指标的权重是影响评价合理性的重要因素。权重的确定按评价过程和评价思路划分，主要有经验法和条件分析法。经验法是利用地质灾害重复性、周期性的特点，在地质、地形地貌等条件相同或相近的地区内，如一处已发生或存在潜在的地质灾害，则另一处也有可能发生或存在隐患的地质灾害。条件分析法是在分析潜在灾害体动力状态或形成条件的基础上，认识其目前的稳定程度，判断其活动可能性，从而间接确定灾害的发生概率。由于经验法有较强主观性，目前条件分析法最为常用，主要包括模糊评判法、层次分析法、信息量法等（罗元华等，1998；吴信才，1998）。

（1）模糊数学评判法。模糊数学评判法，在评判过程中体现地质灾害的危险性等级及各评判因子的危险性程度，通过分析比较判定地质灾害损毁程度，把复杂问题定量描述，从而制定优化防治措施，可在一定程度上为地质灾害的勘察和治理提供科学依据。由于对复杂事物的评判往往要涉及很多因素，当模糊数学评判法运用到地质灾害评价时，会存在权数难以恰当分配、得不到有意义的结果等问题，由此影响到该方法在地质灾害危险性评价中的适用性。

（2）层次分析法。层次分析法（analytic hierarchy process，AHP）（王哲，2009），以运筹学为基础，由美国运筹学家 Saaty 教授于 20 世纪 70 年代初提出，是一种原理简单、数学依据严格、灵活而又实用的多准则决策方法。层次分析法把一个复杂问题分解成各个组成因素，按支配关系分组，形成有序的递阶层次结构，通过两两比较的方式确定层次中各因素的相对重要性，再加以综合以确定相对重要性权重。其优点包括：①原理科学、层次分明、因素具体、结果可靠，可用于单一灾害点评价，也可用于多灾害点综合评价，实用性强；②指标对比等级划分较细，能充分显示权重作用；③对原始数据直接加权计算综合评分指数，没有削弱原始信息量，具有切实、合理性；④客观检验其判断思维全过程的一致性；⑤对定性与定量资料综合分析，可得出明确的定量化结果。其不足之处在于：递阶层次结构构建过程复杂，影响评价结果因素较多，将各因素进行两两判断过于主观，计算过程也显复杂。层次分析法已被广泛应用到经济管理规划、能源开发利用与资源分析、环境质量评价、城市产业规划、企业管理、人才预测、科研管理、水资源分析利用等领域。

（3）信息量法。信息量法（高治群，2010）是一种统计分析方法，以前多用于地质找矿领域，目前也广泛应用到地质灾害空间区划中。其主要思路为通过对已知变形或破坏区域的实际情况及相关信息，把反映各种影响因素的实测值转化为反映区域稳定性的信息量值。信息量法是通过某些因素对研究对象所提供的信息量来计算评价，即用信息量来评价影响因素与研究对象间关系的密切程度。信息量模型在县市地质灾害调查与区划中应用较广，实际应用主要分为三步：①区域内单元网格剖分，运用栅格数据处理方法将工作区域进行网格剖分，每个单元面积可根据地质条件等情况进行确定；②评价因素的选取与数字化，结合收集、调查的地质灾害发育实际情况资料，借鉴有关研究成果，在综合分析的基础上确定评价因素，再根据各评价因素对地质灾害产生的影响程度，计算其信息量值；③地质灾害区划，对各评价单元不同评价因素的信息量值进行叠加，获取各评价单元的信息量综合评价值，以应用于对地质灾害的危险性、易损性、风险性进行分析。

具体步骤如下：泥石流灾害现象（Y）的产生受多种因素（X_i，$i=1,2,\cdots,n$）的影响，各种因素所起作用的大小、性质是不同的，因此，对于区域地质灾害，要综合研究其影响因素和具体状态的组合，能否准确预测某区泥石流灾害的产生，与预测过程中所获取的信息的数量和质量有关，用信息量来表示即为（柳源，2003）

$$I(Y,X_1X_2\cdots X_n)=\lg\frac{P(Y,X_1X_2\cdots X_n)}{P(Y)} \tag{9-1}$$

根据条件概率运算，式（9-1）可进一步得出：

$$I(Y,X_1X_2\cdots X_n)=I(Y,X_1)+I_{X_1}(Y,X_2)+\cdots+I_{X_1X_2\cdots X_{n-1}}(Y,X_n) \tag{9-2}$$

式中：$I(Y,X_1X_2\cdots X_n)$——因素组合 $X_1X_2\cdots X_n$ 对泥石流灾害所提供的信息量；$P(Y,X_1X_2\cdots X_n)$——因素 $X_1X_2\cdots X_n$ 组合条件下泥石流灾害发生的概率；$I_{X_1}(Y,X_2)$——因素 X_1 存在时，因素 X_2 对泥石流灾害提供的信息量；$P(Y)$——泥石流灾害发生的概率。

式（9-2）说明，因素组合 $X_1X_2\cdots X_n$ 对泥石流灾害所提供的信息量等于因素 X_1 确定后，因素 X_2 对地质灾害提供的信息量，直至因素 $X_1X_2\cdots X_{n-1}$ 确定后，X_n 对泥石流灾害提供的信息量，从而说明泥石流灾害空间区划充分考虑了因素组合的共同影响与作用。

地质灾害空间区划是在区域泥石流灾害分布图的基础上开展信息统计分析研究。一般情况下，由于作用于泥石流灾害的因素很多，相应的因素组合状态也特别多，样本统计数量往往受到限制，故采用简化的单因素信息量模型（柳源，2003）分步计算，再综合叠加分析，相应的信息量模型改写为

$$I=\sum_{i=1}^{n}I_i=\sum_{i=1}^{n}\lg\frac{S_0^i/S}{A_0^i/A} \tag{9-3}$$

式中：I——预测区某单元信息量预测值；I_i——因素 X_i 对地质灾害所提供的信息量；A——区域总面积；A_0^i——含有因素 X_i 的单元总面积；S——已发生泥石流灾害单元的总面积；S_0^i——含有因素 X_i 的单元中发生泥石流灾害单元的面积之和。

通过计算，可以得到各个划分单元的信息量综合评价值 I，其值越大，说明该单元所在区域发生地质灾害的可能性越大，其泥石流灾害危险性越高。

9.1.4　案例应用

将泥石流灾害危险性指数定义为：某区域的某一栅格位置上，各种影响因素对泥石流灾害产生叠加影响的综合，也广泛应用于其他类型的地质灾害评价中，其表达式为

$$W_j = \sum_{i=1}^{n} \theta_i Q_i \tag{9-4}$$

式中：W_j——j 栅格单元泥石流灾害危险性指数；θ_i——i 类评价因子的权重；Q_i——i 类评价因子的评分；n——评价因子的个数。

（1）评价单元。本书研究用运栅格数据处理方法，将岷江上游面积 23034km² 的区域在 1：10 万 DEM 上进行规则网格划分，每个单元面积为 500m×500m。根据上述原则，将评价区域划分为 92136 个单元。

（2）评价指标。评价因素选取的基本原则是：从工程地质和环境条件的角度，尽量全面地考虑影响泥石流发生的各种因素，主要分为基本因素和影响因素两类。本书研究确定的基本因素有坡向、坡度、地层岩性、断裂带分布 4 个因子；影响因素有降水量、地震烈度、人类工程活动和河流冲刷作用 4 个因子。经分析确定，本节选取上述 8 个因子进行研究。

根据研究区泥石流灾害调查资料，经过详细分析岷江上游地区的坡向、坡度、地层岩性、断裂带、人类工程活动、河流冲刷作用、地震烈度和年降水量等 8 个影响因素，按差异原则对其进行若干不同状态划分，最终确定了 40 种状态为预测变量（表 9-1）。

表 9-1　岷江上游泥石流危险性评价参数变量表　　　　　（单位：km²）

因子	类别	因素 X_i	含有因素 X_i 的单元中发生泥石流灾害单元的面积之和	含有因素 X_i 的单元总面积
坡向	北	X_1	240	2696
	东北	X_2	196	3336
	东	X_3	80	4232
	东南	X_4	60	3036
	南	X_5	68	2728
	西南	X_6	56	2920
	西	X_7	112	2324
	西北	X_8	160	2416
坡度	0°～10°	X_9	52	1556
	10°～20°	X_{10}	156	5000
	20°～25°	X_{11}	136	3736
	25°～30°	X_{12}	212	4028
	30°～35°	X_{13}	212	3628
	35°～40°	X_{14}	144	2212
	40°～50°	X_{15}	56	1008
	50°～60°	X_{16}	4	40
	>60°	X_{17}	4	12

续表

因子	类别	因素 X_i	含有因素 X_i 的单元中发生泥石流灾害单元的面积之和	含有因素 X_i 的单元总面积
地层岩性	T	X_{18}	80	3352
	C	X_{19}	608	14740
	P	X_{20}	32	704
	R	X_{21}	80	1064
	S+D	X_{22}	196	2604
	其他	X_{23}	20	752
断裂带	较弱	X_{24}	588	15044
	较强	X_{25}	216	5504
	强烈	X_{26}	168	1904
人类工程活动	较弱	X_{27}	300	11176
	较强	X_{28}	528	10016
	强烈	X_{29}	172	688
河流冲刷作用	较弱	X_{30}	36	13144
	较强	X_{31}	632	3272
	强烈	X_{32}	304	6108
地震烈度	Ⅵ	X_{33}	184	2904
	Ⅶ	X_{34}	360	3036
	Ⅷ	X_{35}	240	6700
	Ⅸ	X_{36}	192	9840
年降水量	<600mm	X_{37}	340	3688
	600~800mm	X_{38}	412	10604
	800~1000mm	X_{39}	212	5564
	>1000mm	X_{40}	36	1676

　　通过岷江上游的 DEM、1:10 万地质图、地震分布、断裂带、水文、土地利用图和人类工程活动等图件，我们可以较为直观地确定各个划分单元区的坡向、坡度、地层岩性、河流冲刷作用和人类工程活动等影响因素的状态。结合 ArcGIS 9.3 软件的数据编辑与空间分析功能，采用 GIS 数字高程模型中的 DEM 进行坡向和坡度因子划分，得出92136 个单元格的坡向图(图 9-2)和坡度图(图 9-3)；分别对岷江上游地区进行河流冲刷作用、地层岩性、断裂带分布、人类工程活动、地震烈度等 5 个纸质图件进行扫描数字化得到 1:10 万地质图、地震分布图、断裂带分布图、水文图、土地利用图和人类活动强度分布图的数字栅格图件，并进行矢量化处理，再将得到的线性图使用拓扑处理功能转换成面图层，并向面图层各区域赋予类别，最后由矢量化的面图层转换为赋予了图件类型的栅格图(图 9-4~图 9-8)；而降水量分布图通过岷江上游各气象站的数据得到年平均降水量，将得到的点数据再进行克里金插值，得到岷江上游年降水量栅格图(图 9-9)。

因此，在得到以上 8 个因子的栅格图层后，使用重分类和栅格计算功能计算各个区域包含泥石流数量与面积的信息量图，最后使用信息量模型工具(图 9-10)，对坡向、坡度、地层岩性、断裂带、人类工程活动、河流冲刷作用、地震烈度和年降水量这 8 个因子进行叠加，得出岷江上游泥石流危险性评价的信息量分布图(图 9-11)。

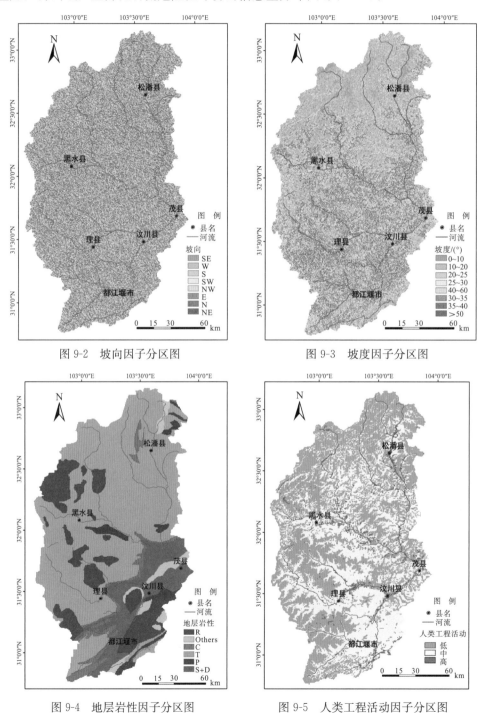

图 9-2　坡向因子分区图　　　　　　图 9-3　坡度因子分区图

图 9-4　地层岩性因子分区图　　　　图 9-5　人类工程活动因子分区图

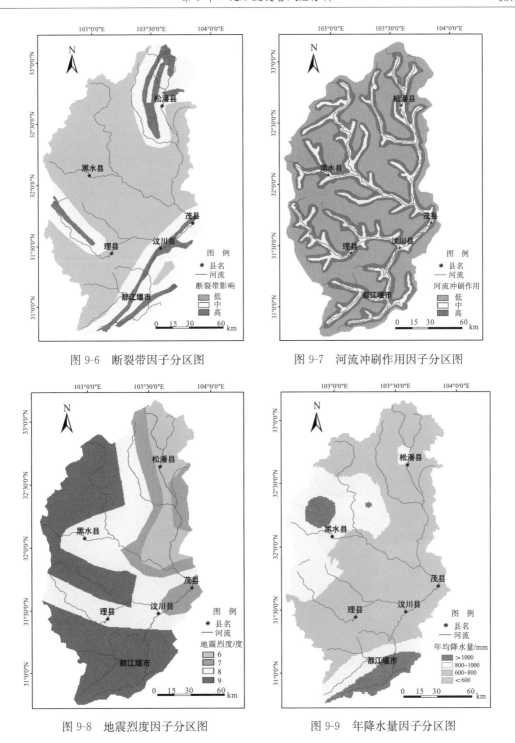

图 9-6　断裂带因子分区图　　　　　　图 9-7　河流冲刷作用因子分区图

图 9-8　地震烈度因子分区图　　　　　　图 9-9　年降水量因子分区图

最后，结合已有的调查和收集的资料，确定出各划分单元的具体状态，由式(9-3)计算出每种状态变量的信息量值(表9-2)。

表 9-2　各预测变量的信息量计算结果

变量	X_1	X_2	X_3	X_4	X_5	X_6	X_7	X_8	X_9	X_{10}
信息量	0.0746	0.0489	−0.0421	−0.0949	−0.0672	−0.0945	−0.0592	0.1407	−0.4388	0.2461
变量	X_{11}	X_{12}	X_{13}	X_{14}	X_{15}	X_{16}	X_{17}	X_{18}	X_{19}	X_{20}
信息量	0.3479	−0.0519	−0.2062	−0.0756	−0.06656	0.0153	0.0704	0.1088	0.2176	0.1399
变量	X_{21}	X_{22}	X_{23}	X_{24}	X_{25}	X_{26}	X_{27}	X_{28}	X_{29}	X_{30}
信息量	−0.0543	−0.0154	0.1639	−0.2174	0.2806	0.1113	−0.1118	0.1469	0.2141	−0.1895
变量	X_{31}	X_{32}	X_{33}	X_{34}	X_{35}	X_{36}	X_{37}	X_{38}	X_{39}	X_{40}
信息量	0.1539	0.1761	−0.0535	−0.1902	0.1098	0.4434	0.2026	−0.1505	−0.0634	0.1555

依据式(9-3)及表 9-2 中各变量信息的取值,然后利用 ArcGIS9.3 软件的建模功能,建立研究区泥石流危险性评价模型(图 9-10)。

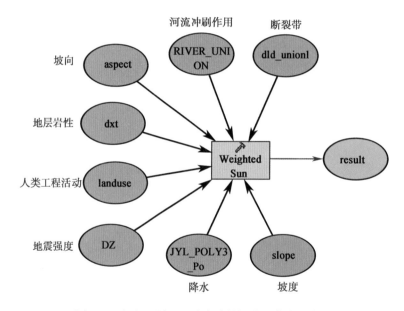

图 9-10　岷江上游泥石流危险性评价的信息量模型

(3)评价结果。通过上述方法取得研究区内各划分单元的信息量综合值,其取值范围为−0.4388～0.4434,数值越大,反映以上各因素对泥石流灾害发生的贡献率越大,发生泥石流灾害的危险性越大。将研究区危险性划分 3 级:高危险区、中危险区和低危险区(表 9-3)。根据所划分的区段,将其表示在图上,再利用统计学中常用的自然断点法,兼顾考虑计算结果和泥石流灾害发生的具体情况,得到岷江上游泥石流灾害分布与危险性评价图(图 9-11)。

表 9-3　岷江上游泥石流危险性区划结果表

区域	面积/km²	面积所占比例/%	泥石流/条	灾害点总数/个	灾害点所占比例/%
高危险区	5216.28	22.43	190	269	78.43
中危险区	11763.53	50.58	51	69	20.12
低危险区	6276.39	26.99	5	5	1.46
岷江上游	23256.20	100	246	343	100

　　(4)结论与讨论。结合岷江上游地区的实际情况，通过本书研究可得到以下结论。①岷江上游泥石流灾害高危险区总面积为 5216.28km²，占全区总面积的 22.43%，但有 78.43% 的泥石流灾害分布在其中。该区不与低危险区相连，只与中危险区接壤。高危险区的分布主要与水系形态和人口活动密切相关，是经济活动最为频繁的地区。值得注意的是岷江上游五县县城和干温河谷区(主要位于松潘镇江关以下，黑水河西尔以下，理县杂谷脑镇以下，汶川县绵虒以上广大地区)基本都在高发区里。②中危险区总面积为 11763.53km²，占全区总面积的 50.58%。区内有泥石流灾害 69 处，占全区调查总数的 20.12%。③低危险区较为分散，总面积为 6276.39km²，占全区总面积的 26.99%；区内灾害较少，只有 5 条泥石流在其中，是水系和人烟较稀少的地区。

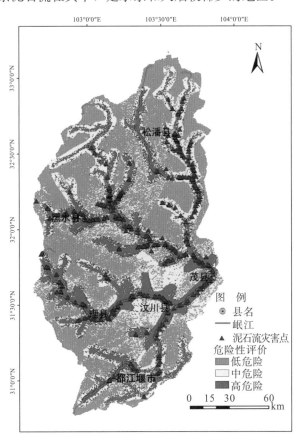

图 9-11　岷江上游泥石流灾害分布与危险性评价图

本书研究结果与调查收集资料对比表明，计算和区划结果基本符合岷江上游的实际情况，因此证明基于 GIS 和信息量模型的泥石流危险性评价方法是切实可行的，与一般的统计模型相比，信息量模型具有更高的客观性和科学性。

9.2 泥石流灾害易损性评价

9.2.1 易损性评价概述

随着我国城镇化进程的加快，小城镇数量大幅度增加，小城镇及居住于其中的居民面对灾害的抗御能力逐步引起社会的关注。而小城镇的易损性分析与评估正是小城镇防灾减灾研究的重要组成部分，它一般是指居民、社区或者一个地区承受自然灾害或人为灾害的易损性程度。承灾体的易损度一直是一个难以量化的指标。

在全球，山区聚落时常遭受自然灾害的侵袭，造成大量人员伤亡、耕地、基础设施和建筑损毁。对于山体滑坡，由于相关的副作用可能会增加山区社会经济持续发展（Fuchs et al.，2013），同时气候的变化也将影响其发生频率（Keiler et al.，2010；Malone，et al.，2011；Field et al.，2012）。为了减轻滑坡的不利影响，风险的概念已被证明是一个适当的定量方法（Fell et al.，2008）。风险，定义为对一个潜在的危险现象给定预期的损失程度大小和频率（Varnes，1984），需要了解要素实体敏感性，例如建筑暴露的风险性等。这种敏感性可以表达为易损性，虽然 Lewis（2014）认为这是一个存有争议的概念，但易损性是由多个学科理论支撑的概念和一系列定性或定量评价的范例（Fuchs，2009；Birkmann et al.，2013）。

对于山地灾害，一些学者强调（Fuchs et al.，2011，2012a，2012b；Papathoma-Köhle et al.，2011）物质、经济、制度和社会易损性量化的意义。在过去的几十年里，易损性研究集中在指标的综合、案例研究、流程、方法上。其中研究方法差异十分明显。大多数的研究集中在建筑物暴露性上，其适用于当地范围内（Cui et al.，2013；Totschnig et al.，2013），同时其他学者也讨论过基础设施和道路等生命线网络（Puissant et al.，2014）。很少有研究关注受企业、旅游业等影响社区的环境易损性或农业用地、经济易损性（Papathoma-Köhle et al.，2011）。只有非常有限的研究通过使用区域范围内多个数据源计算的区域易损性解决易损度的多维性（Leone et al.，1996；Liu et al.，2003；Galli et al.，2007）。科学方法主要关注暴露于自然灾害风险中的要素的物质易损性，为降低灾害风险提供必要的信息和技术（Fuchs et al.，2007，2011，2012a，2012b；Fuchs，2009；Ding et al.，2014）。学者往往从社会科学中提取区域发展指标（Cutter et al.，2008a，b）和经济指标（Zhang et al.，2014）。综合全面的区域易损性评价是了解区域内山体滑坡和制定应对策略的关键。

全球和国际易损性指标用于衡量比较国家尺度和全球尺度下的脆弱性指标。这些标准包括 2004 年联合国开发计划署提供的灾害风险指标、哥伦比亚大学的热点项目（Dilley et al.，2005）、哥伦比亚国立大学环境研究学院提出的美洲地区指标（Cardona，2004）。

在地区(国家)上，各种方法被应用于自然灾害的易损性和风险性评估。Birkmann (2006)通过分析，将各种评估的方法进行综合。Cutter 等(2008)认为易损性是由暴露性、敏感性和恢复力驱动，并通过环境和社会指标计算美国地区易损性。研究结果发现，一个指标的易损性评估是一个关键元素对灾害的应急准备、快速反应、减灾计划、长期恢复的过程。虽然这些指标很好地用于欧洲和北美地区，但是将其应用于中国和俄罗斯等地，还是有一定局限。在中国，Tang(2004)在编制云南省红河流域滑坡风险图时，选取了"县市人口密度、房屋资产、GDP、耕地、公路分布"作为滑坡灾害易损性评价的指标；Jin 等(2007)提出基于土地利用类型的滑坡灾害易损性评价方法，建立了针对滑坡灾害的防灾减灾能力指标体系，并给出了具体评价方法；Ding 等(2012)等采用自组织神经网络方法，选取房屋结构、建筑物的修建时间、房屋建筑面积、楼层、家庭人数和家庭收入等 6 个指标，建立了泥石流灾害易损性评价指标体系，绘制了云南省东川城区泥石流灾害易损性分区图。

9.2.2　易损性评价指标

基于构建地质灾害易损性评价指标体系的科学性、系统性、可比性原则及各指标对易损性贡献特征的不同，建立了地质灾害易损性评价的指标体系。依据前期的研究共确定了 13 个影响因子作为评价指标。其中，暴露性指标 7 个、恢复力指标 4 个、应对力指标 2 个(表 9-4)。

表 9-4　易损性的一级指标与二级指标

一级指标	二级指标	描述
暴露性	人口密度/(人/km²)	人在危险中的单位数目
	建筑覆盖率/(个/km²)	建筑的潜在损毁
	GDP 密度/(万元/km²)	区域的经济活力
	耕地覆盖率/%	耕地的潜在损毁
	道路密度/(km/km²)	道路的潜在损毁
	水电站影响范围/(km²/单元格)	水电站的潜在损毁
	泥石流影响范围/(km²/单元格)	泥石流灾害的影响程度
恢复力	监测系数(监测站个数/泥石流沟数)/(个/条)	社会的预警能力
	万人病床数/(床/万人)	社会的救助能力
	万人医生数/(人/万人)	社会的救助能力
	城市化率/%	经济的发达程度
应对力	人均 GDP/(万元)	社会的富裕程度
	人口受教育程度/%	人员自救能力

易损性评价指标的定义如下。

（1）人口密度是单位面积的人口数量

$$D = P_i / S_i$$

式中，D——人口密度，P_i——区域 i 的人口数量，S_i——区域 i 的区域面积。

易损度首先与人口密度相关，人口密度越高，易损度越大；但同时易损度也与人口质量有关，比如人口的性别、年龄、身体状态、职业特征、经济状况、受教育程度、社会地位、民族特征等因素，而且这些因素将影响人们预防、应对及抵御灾害的能力。一般来说，老年人、妇女、儿童、生理健康状况较差的人在泥石流灾害面前更是易损的人群。因此为了较为全面地反映人口密度这一指标，需要对人口密度进行修正，本书选择了 60 岁的老年人和小于 16 岁的少年儿童人口比例、女性比例和农业人口比例三个指标来修正人口密度，修正后的人口密度包括了人口密度和人口质量两个方面的信息：

$$D_R = D \times (a + b + c)/3 \tag{9-5}$$

式中：D_R——修正的人口密度；D——原始的人口密度；a——大于 60 岁的老年人和小于 16 岁的少年儿童人口的比例；b——女性比例；c——农业人口的比例。

（2）建筑覆盖率：建筑对泥石流灾害同样敏感，本研究的建筑面积是通过 SPOT 影像数据提取的，因此本书的建筑覆盖率是指建筑物的覆盖率，具体指区域内所有建筑的基底总面积与区域面积之比，它可以反映出建筑密集程度。

（3）经济密度是指国内生产总值与区域面积之比，它表征了聚落单位面积上经济活动的效率和土地利用的密集程度。经济密度越大，社会的易损度越高。

（4）耕地覆盖率是区域单位面积的耕地面积，通过四川省土地利用图进行提取，用以表征农业状况。通过综合考察发现，耕地是重要的泥石流灾害承灾体。

（5）道路密度的提取通过四川省道路网络图提取，包含高速公路、国道、省道。道路密度是指区域内的道路长度与区域面积的比值，它反映了道路的密集程度，道路密度越大，受损的可能性越高，遭受泥石流灾害的易损度也就越高。

（6）水电站影响区：利用水电站的点位信息，建立以 2 km 为半径的缓冲区，计算该水电站的影响范围。

（7）泥石流影响区：利用野外调查和遥感影像上获取的泥石流沟流域信息，建立以 1 km 为半径的缓冲区，计算该泥石流灾害的影响范围。

（8）监测系数：泥石流灾害监测点的设置体现了政府对研究区的防灾减灾投入程度，同时也体现了泥石流灾害预警预报体系的完善程度，监测系数是区域内监测点与泥石流点的比值。

（9）万人病床数是指区域内每万人拥有的医疗机构床位数，可以反映当地社会的救助能力。

（10）万人医生数是指研究每万人拥有的医生数，体现了当地社会的救助能力。

（11）城市化率是衡量城市化发展程度的数量指标，一般用一定区域内城市人口占总人口的比例来表示。

（12）人均 GDP 可以用来评估一个地区经济发展水平。因此，用人均 GDP 来反映一个地区社会经济发展的规模、水平和速度，是一个较为理想的指标。一般来说，一个地区人均 GDP 越高，这个地区灾后重建的恢复能力越强，反之则弱。

(13)劳动人口比例是劳动力在总人口数量中所占的比例，劳动力的比例越高，对灾后重建的恢复能力越强。

9.2.3　易损性评价方法

区域易损性是暴露性和社会响应力的函数（Cutter et al.，2008）。暴露性与易损性呈正相关：暴露性的存在使得系统具有了易损性，而响应能力的增加则在一定程度上会降低系统的易损性。社会响应力由社会应对力、适应力和恢复力组成，因此，易损性的概念模型可以表达为

$$V = f(E,C,R_e) \tag{9-6}$$

式中：V——易损性；E——暴露性；C——应对力；R_e——恢复力。

易损性通过 E、C、R_e 三值计算获得。根据 Liu 等（2003）和 Liu（2006）的方法概述，区域易损性模型为

$$V = E\left(1 - \sqrt{\frac{C+R_e}{2}}\right) \tag{9-7}$$

模型中，假设应对力 C 和恢复力 R_e 在 0 和 1 之间严格增加且在值为 1 时达到平衡，从 1 中减去这个 C 与 R_e 的结果值，再乘以暴露性值，即易损性值的计算为一平方根函数，在应对力和恢复力增加时，C 和 R_e 较低，易损性的减少较高；C 和 R_e 较高，易损性的减少较低。如果应对力 C 和恢复力 R_e 均为 0，那么易损性 V 就完全相当于暴露性 E；如果应对力 C 和恢复力 R_e 均为 1，那易损性 V 就变成 0。

其中对易损性各组成部分应用贡献权重迭加模型来计算，该模型由我国学者（Papathoma-Köhle et al.，2011）于 2004 年提出，后来经过发展与改进，在多个领域中得以应用，并取得了较好的效果（Leone et al.，1996；Liu et al.，2003；Puissant et al.，2014）。

贡献权重迭加模型即将地质灾害暴露性 E、应对力 C 和恢复力 R_e 评价指标因子的自权重和互权重与贡献率相乘叠加：

$$X = \sum_{i=1}^{n} U_{oj}^{(i)} w_l^{(i)} w^{(i)} (i = 1,2,\cdots n; f = h,m,l) \tag{9-8}$$

式中：X——地质灾害暴露性 E、应对力 C 和恢复力 R_e；U_{oi}——评价样本贡献率；w_{if}——因子自权重；w_i'——因子互权重。

1. 指标量化

将指标按照一定等级划分成不同的区间（例如，以标准偏差为划分标准），统计每个区间内的地质灾害数量，各自所占总地质灾害数量的百分比，则地质灾害对区域暴露性 E、应对力 C 和恢复力 R_e 的贡献关系为

$$U_i'' = U_i''(S) \tag{9-9}$$

式中：U_i''——暴露性 E、应对力 C 和恢复力 R_e 因子集；S——暴露性 E、应对力 C 和恢复力 R_e 因子中分布的地质灾害数量。

2. 贡献率评价

针对地质灾害暴露性 E、应对力 C 和恢复力 Re 因子，贡献权重选加模型定量分析灾害因子对承灾体造成损失的贡献关系，以求取各因子贡献率为基础，求得各评价因子的自权重与互权重为结果。

计算滑坡灾害对每个区域暴露性 E、应对力 C 和恢复力 Re 因子的贡献指数：

$$U'_{oi} = \frac{U''_i}{m} \tag{9-10}$$

式中：U'_{oi}——贡献指数；U''_i——暴露性 E、应对力 C 和恢复力 R_e 因子集；m——地质灾害对暴露性 E、应对力 C 和恢复力 R_e 的影响因子数。

运用贡献指数计算贡献率：

$$U_{oi} = \frac{U'_{oi}}{\sum U'_{oi}} \tag{9-11}$$

将式(9-8)和式(9-9)代入式(9-10)，则式(9-10)可扩展为

$$U_{oi}(\%) = \frac{U''_i(S)/M}{\sum U''_i(S)/M} \times 100\% \tag{9-12}$$

对指标贡献率进行极值化处理，即

$$y_i = \frac{x_i - x_{\min}}{x_{\max} - x_{\min}} \tag{9-13}$$

式中：y_i——指标的归一化值；x_i——某网格指标的指标值；$x_{\min}$——指标中的最小值；$x_{\max}$——指标中的最大值。

3. 权重计算

权重是指标在整个评价中的相对重要程度。本书使用贡献权重法，其计算共有以下三个步骤。

第一步：均值化。按照式(9-13)进行采样，将贡献率值划分成高、中、低三级区间。

$$d = \frac{(U_{oi\,\max} - U_{oi\,\min})}{3} \tag{9-14}$$

则高贡献率区间 $X_1 = (a_1 \sim a_2)$，中贡献率区间 $X_2 = (a_2 \sim a_3)$，低贡献率区间 $X_3 = (a_3 \sim a_4)$，其中 $a_1 = U_{oi\,\max}$，$a_2 = a_1 - d$，$a_3 = U_{oi\,\min} + d$，$a_4 = U_{oi\,\min}$。

将贡献率划分成高、中、低三级区间后，对每个暴露性 E、应对力 C 和恢复力 R_e 因子进行均值化处理：

$$\bar{U}_{oi} = \begin{bmatrix} \overline{HU_{oi}} \\ \overline{MU_{oi}} \\ \overline{LU_{oi}} \end{bmatrix} = \begin{bmatrix} \dfrac{\sum HU_{oi}}{N} \\ \dfrac{\sum MU_{oi}}{N} \\ \dfrac{\sum LU_{oi}}{N} \end{bmatrix} \tag{9-15}$$

式中：$\overline{U_{\text{oi}}}$——均值化处理结果；$\overline{HU_{\text{oi}}}$——高贡献率均值；$\overline{MU_{\text{oi}}}$——中贡献率均值；$\overline{LU_{\text{oi}}}$——低贡献率均值；$HU_{\text{oi}}$——高贡献率；$MU_{\text{oi}}$——中贡献率；$LU_{\text{oi}}$——低贡献率；$N$——不同级别贡献率指数的数量。

第二步：自权重。自权重是因子内部不同等级密度区内滑坡灾害对暴露性 E、应对力 C 和恢复力 R_e 的贡献率，其计算方法为

$$w_i' = \frac{\overline{U_{\text{oi}}}}{\sum \overline{U_{\text{oi}}}}\tag{9-16}$$

式中：w_i'——因子自权重；$\overline{U_{\text{oi}}}$——均值化处理结果。

第三步：互权重。互权重指不同因子间权重值，代表每种因子对研究区域易损性的贡献程度。此模型充分考虑因子的贡献作用，既考虑个体因子内部的权重，又得到因子之间的权重关系，得到指标因子的多重指标权重，计算方法如下所示。

对式(9-16)中不同等级的贡献率的行求和，即

$$R_{if} = \overset{\circ}{r}U_{\text{oi}f}\ (i = 1,2,\cdots,n; f = h,m,l)\tag{9-17}$$

式中：$\overset{\circ}{r}$——行求和符号；R_{if}——第 i 个因子贡献率分级求和数列。

然后进行同级别贡献率的归一化处理，得到各因子在不同级别贡献率中所占的比例：

$$R_{if}' = \frac{R_{if}}{\overset{\circ}{r}R_{if}}\ (i = 1,2,\cdots,n; f = h,m,l)\tag{9-18}$$

式中：R_{if}'——不同级别贡献率归一化数列。

再对式(9-18)中的每一项单因子 R_{if}' 的行进行求和，即

$$D_i = \overset{\circ}{r}R_{if}'\tag{9-19}$$

最后对式(9-16)进行归一化处理，可得到贡献率互权重，即

$$w_i' = D_i / \overset{\circ}{r}D_i\tag{9-20}$$

式中：w_i'——贡献率互权重（$w_i' < 1$）。

9.2.4　案例应用

9.2.4.1　数据来源

本书基础数据主要来源于三个方面：①基于研究区 Landsat 卫星 ETM＋影像，提取研究区道路和建筑物的分布状况；②来源于国家科技基础条件平台——地球系统科学数据共享平台（http://www.geodata.cn）提供的社会经济统计数据、地形地貌、土地利用和地震等基础数据资料；③来源于野外考察和遥感影像（SPOT 5：分辨率为 2.5 和 10m，2009 年）解译分析获取的山地灾害等基础资料。本书研究中最后进入易损性定量评价环节的所有指标因子数据，均以密度的形式来表达，之所以采用数据密度化来表达，是因为：密度是单位面积上的某要素的数量，密度可以看作是一个连续的变量，它与研究区

的大小和区域位置相关。本书研究在 ArcGIS 10.2 软件平台下，运用矢量格网数据处理方法，将面积 23034km² 的研究区进行规则矢量格网划分，每个单元面积为 0.5km×0.5km。根据上述原则，将研究区划分为 88667 个单元。

9.2.4.2 数据处理和分析

基于构建岷江上游山区聚落泥石流灾害易损性评价指标体系的科学性、系统性、可比性原则，以及各指标对易损性贡献特征的不同，建立了岷江上游山区聚落泥石流灾害易损性评价的指标体系。本书研究确定了 13 个影响因子作为评价指标，其中，暴露性指标 7 个、恢复力指标 4 个、应对力指标 2 个(表 9-5)。

表 9-5 易损性的一级指标与二级指标

一级指标	二级指标	描述
暴露性	人口密度/(人/km²)	人在危险中的单位数目
	建筑覆盖率/(个/km²)	建筑的潜在损毁
	GDP 密度/(万元/km²)	区域的经济活力
	耕地覆盖率/%	耕地的潜在损毁
	道路密度/(km/km²)	道路的潜在损毁
	水电站影响范围/(km²/单元格)	水电站的潜在损毁
	泥石流影响范围/(km²/单元格)	泥石流灾害的影响程度
恢复力	监测系数(监测站/泥石流沟数)/(个/处)	社会的预警能力
	万人病床数/(床/万人)	社会的救助能力
	万人医生数/(人/万人)	社会的救助能力
	城市化率/%	经济的发达程度
应对力	人均 GDP/(万元)	社会的富裕程度
	人口受教育程度/%	人员自救能力

在 ArcGIS 10.2 软件平台下，应用上文中列出的 CWS 方法评估岷江上游山区聚落泥石流灾害易损性。计算 7 个暴露性指标因子(表 9-5)，获取每个指标因子的基础图件。同时得到各指标因子在格网中的分布信息(图 9-12)，并把分布信息导入格网中。按照公式(9-11)，计算出暴露性指标因子在每个格网上的贡献率，将每个指标因子的贡献率等分为五级(图 9-13)。为了得到 7 个暴露性指标因子的权重值(表 9-5)，根据公式(9-16)计算求得指标因子的自权重和公式(9-20)计算求得指标因子的互权重。然后，各指标因子按照公式(9-8)进行计算并将 7 个指标的值累加，得到每个单元的暴露性值，结果如图 9-14所示。

（a）人口密度

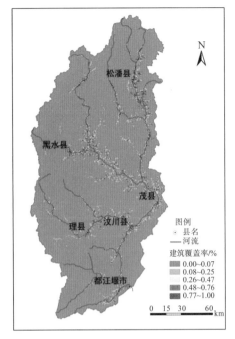

（b）建筑覆盖率

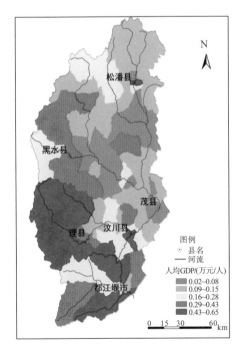

（c）GDP 密度

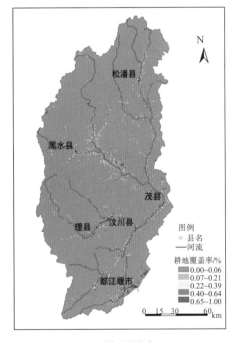

（d）耕地覆盖率

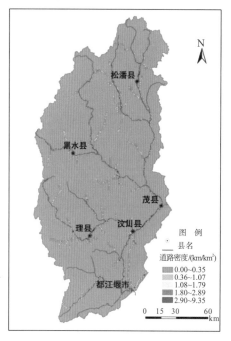

（e）道路密度

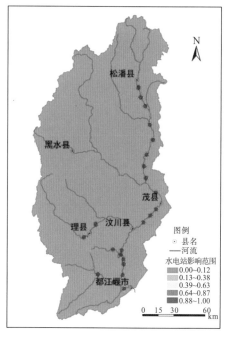

（f）水电站影响范围

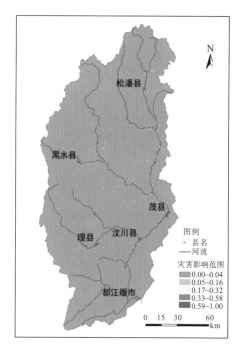

（g）灾害影响范围

图 9-12　山区聚落暴露性的各个单评价因子分布图

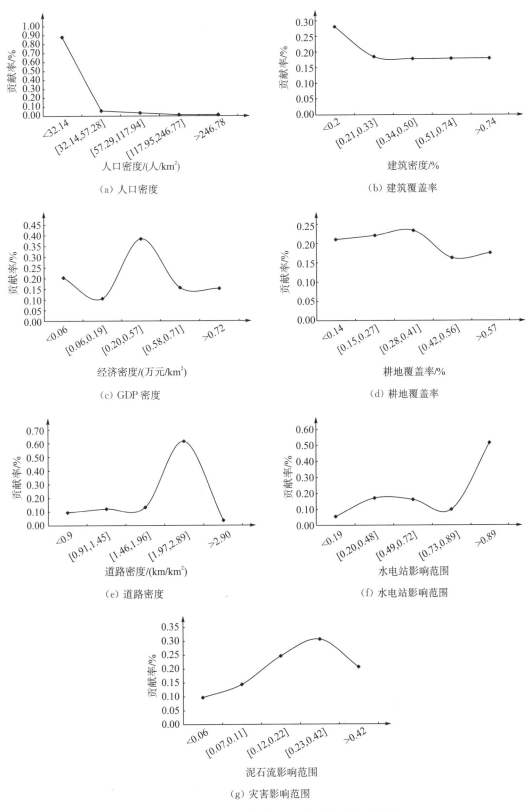

图 9-13　山区聚落暴露性的各个单因子贡献率折线图

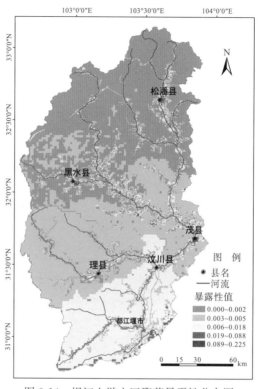

图 9-14 岷江上游山区聚落暴露性分布图

同理，获取了应对力(图 9-15 和图 9-16)和恢复力(图 9-17 和图 9-18)6 个指标的统计数据，按照暴露性数据的处理方法，计算出每个格网的社会应对力值和恢复力值，结果如图 9-19 和图 9-20 所示。最后，根据公式(9-7)进行易损性分级计算，可以得到结果如图 9-21 所示。

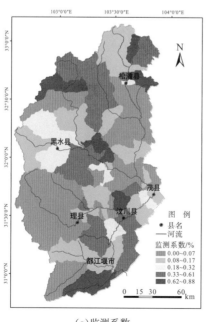

（a）监测系数

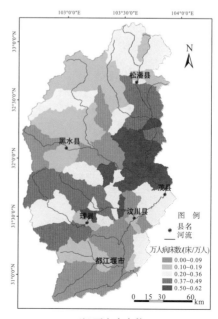

（b）万人病床数

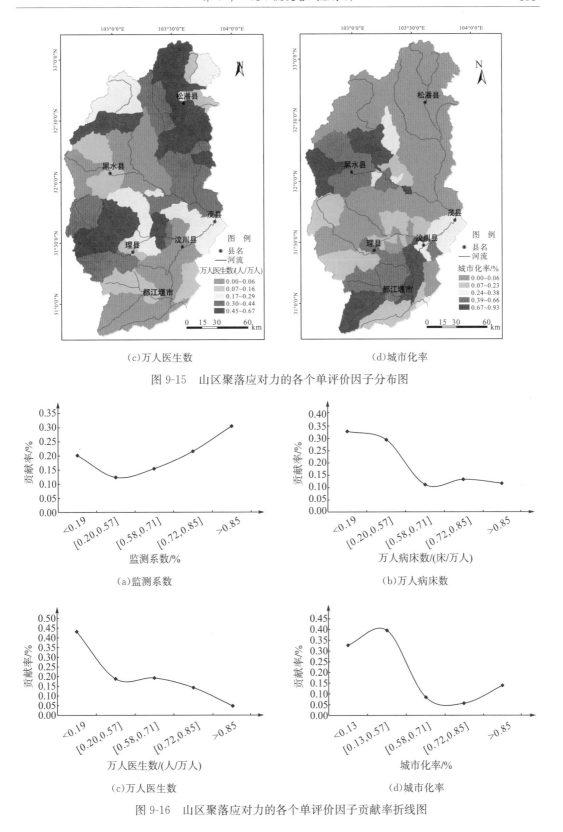

(c)万人医生数　　　　　　　　　　(d)城市化率

图 9-15　山区聚落应对力的各个单评价因子分布图

(a)监测系数　　　　　　　　　　(b)万人病床数

(c)万人医生数　　　　　　　　　　(d)城市化率

图 9-16　山区聚落应对力的各个单评价因子贡献率折线图

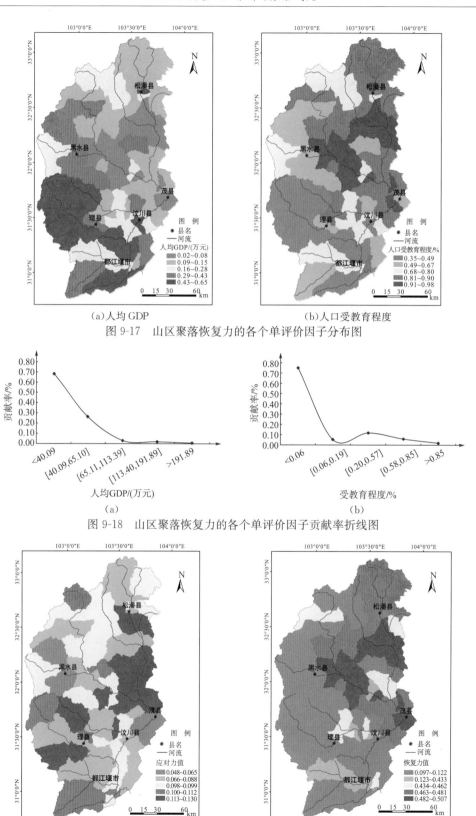

（a）人均 GDP　　　　　　　　　（b）人口受教育程度

图 9-17　山区聚落恢复力的各个单评价因子分布图

图 9-18　山区聚落恢复力的各个单评价因子贡献率折线图

图 9-19　岷江上游山区聚落应对力分布图　　　　　图 9-20　岷江上游山区聚落恢复力分布图

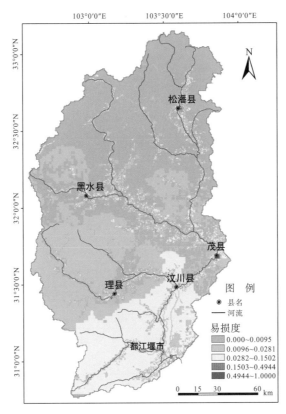

图 9-21　岷江上游山区聚落易损性分布图

　　表 9-6 中 7 个暴露性评价指标的互权重依次递减，顺序是人口密度、经济密度、建筑覆盖率、耕地覆盖率、道路密度、水电站影响范围、泥石流灾害影响范围。通过比较发现，人口密度和经济密度相对于其他 5 个指标变化明显，严重影响区域易损性的空间分布，结果见图 9-21，两因子对暴露性的影响达到 86％。汶川县的乡镇人口密度和经济密度值最高，其次为理县。因此，这些指标因子的互权重值相对较高。4 个应对力指标的权重依次递减，顺序为监控系数、万人病床数、万人医生数、城市化率。由于岷江上游泥石流灾害发生频繁，早期的灾害预警作为一个先决条件，在泥石流发生监测能力方面将做出重大贡献。因此，该系数的互权重最高(0.290)。与暴露性评价因子的互权重相比较，应对力 4 个指标的互权重相对较为平衡。作为恢复力的两个指标，劳动力人口比重和人均 GDP，其互权重前者约 1/3，后者大约是这个评价因子的 2/3。

　　根据公式(9-7)，泥石流灾害的暴露性与易损性之间呈正相关，暴露性越高，易损性也越高；相对而言，应对力和恢复力减少泥石流灾害的易损性。在一个格网中，泥石流暴露性的贡献越大，相应的泥石流灾害易损性也越高；如果应对力和恢复力变得较高，那么泥石流灾害易损性将相应地降低。

表 9-6　暴露性、应对力、恢复力的各评价指标的权重分配

一级指标	二级指标	自权重					互权重
		低	较低	中	较高	高	
暴露性	人口密度	0.013	0.102	0.142	0.306	0.437	0.501
	建筑覆盖率	0.039	0.085	0.137	0.204	0.535	0.056
	经济密度	0.087	0.265	0.045	0.588	0.014	0.362
	耕地覆盖率	0.056	0.124	0.168	0.230	0.421	0.038
	道路密度	0.046	0.120	0.134	0.183	0.517	0.026
	水电站影响范围	0.007	0.016	0.099	0.236	0.641	0.010
	泥石流影响范围	0.119	0.279	0.235	0.191	0.176	0.007
应对力	监测系数	0.147	0.066	0.239	0.276	0.271	0.290
	万人病床数	0.064	0.088	0.189	0.220	0.439	0.248
	万人医生数	0.062	0.144	0.282	0.225	0.287	0.245
	城市化率	0.082	0.153	0.126	0.362	0.277	0.217
恢复力	人均 GDP	0.187	0.174	0.134	0.149	0.356	0.318
	人口受教育程度	0.070	0.050	0.062	0.178	0.639	0.682

如表 9-7 所示，高易损性区和较高易损性区的灾害分布密度为 $2.15/100km^2$ 和 $2.08/100km^2$，两区域的总面积分别是 $325.18km^2$ 和 $818.21km^2$，分别占总面积的 1.41％ 和 3.55％。这些高易损性地区有很高的经济活动能力，也反映了该区域的地形地貌特征。特别是位于河谷的松潘县、茂县、黑水县易损性较高。此外，由于汶川县南部有高的经济密度，即使灾害密度低，导致区域的易损性也处于中易损性水平；相反，即使有中灾害密度，但在大空间上展布后也只是处于低易损度。由此可见，灾害分布并不代表易损性的大小，而是社会经济发达易导致产生高易损性区和较高易损性区。

表 9-7　岷江上游山区聚落易损性区划结果表

区域	面积/km	面积所占比例/%	泥石流灾害处/处	灾害点所占比例/%	灾害密度/(处/100km²)
高易损性区	325.18	1.41	7	2.19	2.15
较高易损性区	818.21	3.55	17	5.33	2.08
中易损性区	4296.46	18.65	31	9.72	0.72
较低易损性区	7628.6	33.12	150	47.02	1.97
低易损性区	9965.55	43.26	114	35.74	1.14
合计	23034.00	100.00	319	100.00	1.38

9.2.4.3　结论与讨论

根据研究结果，本节得到以下结论，并进行了相应的讨论。

(1)在过去的几十年，自然灾害管理从一个基于传统技术措施的流程方法转移为针对减少灾害风险频率或幅度的概念，它允许评估灾害对人类圈的影响及其对建筑环境的影响。在管理自然灾害风险中，为了减少危险事件带来的损失，更广泛地了解所需的易损性概念是必须的。由于部门行业的规定，多个固有的易损性概念存在明显的差异。它们之间的整体差异用来演绎和归纳易损性评价。第一，旨在依据不同的指标和指数（经验获得），识别、比较和量化区域易损性、群体易损性或行业易损性；第二，针对易损性行为和能力的认知，为了更好地发展本地，植入相对的适应和应对策略。承认多种不同根源的易损性概念，通过多维的方法实现减少自然灾害风险的总体目标。这种方法应该不仅包括灾害来源本身的尺度，而且关注经济、社会和制度方面的应对力和恢复力。

(2)这些方法的核心是一个内部反馈回路系统，突显出易损性是动态的。易损性评价不能局限于静态模型允许识别个人因素的暴露性、应对力和恢复力。本书提供的模型反复应用更新的指标和指数，因而特别适合应用于数据有限的地区。

(3)我们提供了一个应用的多元指标来计算分析岷江上游山区聚落泥石流灾害易损性。本书介绍的模型将易损性评价方法扩展为暴露性、应对力和恢复力三者综合的评估方法。结果表明，易损性与暴露性呈正相关，而与社会应对力和恢复力呈负相关。此外，本书中应用的 CWS 方法计算易损性，同早期通过暴露性和社会应对力计算易损性的模型比较，发现这种方法明显地扩展了评价的信息。特别是，人口密度和经济密度成为暴露性评价的关键因素，而其他评价因子的重要程度则被大大地降低。而应对力主要是体现监测灾害风险的能力，并提供适当的早期预警。恢复力或社会应对力的缺乏在面对灾害风险时将限制区域内成员和资源的转移；因此，可用于灾后重建的劳动力对地区的恢复重建具有较强的影响。

(4)根据易损性评价中使用统计数据的系统性、可比性和区域性原则，建立了岷江上游山区聚落泥石流灾害易损性评价的指标体系。实际上，当暴露性为 0 时，区域将没有易损性，因为"当灾害威胁到某个事物时它才具有危险"以及"当灾害中的因子受到某个事物的威胁时，易损性才有意义"(Alexander，2004)。然而，当应对力抵制存在，易损性不仅仅取决于暴露性：一旦这种能力增加，暴露的易损性将动态减少。相反，如果这种能力逐渐降低，易损性将越来越取决于暴露性。从这个意义上讲，给出的函数公式(9-7)可以表达暴露性、应对力和恢复力之间的关系。该方法表明在相同的方向上，其他学者更关注易损性指标的社会科学性，其中 Cutter 等(2003，2008)提出的美国社会易损性指标和 D Oliveira(2009) 提出的葡萄牙社会易损性指标。但是，还有其他因子影响易损性，例如在我们的研究中所提到的灾害密度、监测系数。因此，使用这个指标体系进行易损性评价是可靠的，同时也说明在特定地区进行易损性评价是具有挑战性的。

(5)根据数据可用性，许多学者(Fell et al.，2008；van Westen et al.，2008；Kappes et al.，2011)扩展了暴露性指标，如滑坡的敏感性模型中包括了更多的信息和变量，如地质或气象信息。此外，从原则上，应对力和恢复力的评估也可能包括其他的指标，例如以制度尺度而言，暴露区域建设的法律法规或风险承受(Fuchs，2009)。2008 年汶川地震发生以来，典型的改变对山地灾害风险管理的方法有了极大地促进(Ge et al.，2015)，同时这也将支持该研究地区持续努力的发展。特别的，在恢复和重建前，对适当区域重新评估其危险性、易损性和风险性是非常必要的(Xie et al.，2009；Cui et al.，2010)。

9.3　泥石流灾害风险评价

9.3.1　风险评价方法

泥石流灾害风险分析是泥石流灾害防灾减灾的重要工作之一。泥石流灾害风险是指在一定区域和给定时段内，不同强度泥石流发生的可能性及其对人类生命财产、经济活动和资源环境产生损失的期望值。泥石流灾害风险综合反映了泥石流灾害的自然属性和社会属性，由致灾子系统与孕灾子系统的危险性和承灾子系统的易损性组合而成。根据联合国对自然灾害风险的定义（UNDHA，1991，1992），泥石流风险度的数学计算公式可以表达为

$$R = H \times V \tag{9-21}$$

式中：R——地质灾害风险度（0~1）；H——地质灾害危险度（0~1）；V——地质灾害易损度（0~1）。

9.3.2　风险分级与分区

在泥石流灾害危险性评价、易损性评价和破坏损失评价的基础上，就能够很容易计算出评价区域内各评价单元的风险度值（0~1）。然而，如何科学地分析和表达泥石流灾害风险评价结果，使复杂的风险评价问题简单化、使过于微观的结果宏观化，以便将评价结果应用于防灾减灾工作实践，这就需要对评价结果进行分级与区划。

目前，泥石流风险评价的数据分级和风险分区没有统一的标准，也没有理想的解决方案。本书研究采用等间距分级方法，对泥石流危险度和易损度进行了等间距分级，划分为4个等级，即在0~1分为0~0.25、0.25~0.50、0.50~0.75和0.75~1.00四个等级区间，并由此根据式（9-19）自动生成泥石流风险度的四个等级（表9-8）。

表9-8　泥石流风险分级及其实际意义

风险度区间	风险分级	实际意义
0.0000~0.0625	Ⅰ低风险区	泥石流危险度和易损度都很低，是安全投资区和待开发区
0.0625~0.2500	Ⅱ中风险区	遭受轻度泥石流危害，易损度较低；与Ⅰ区相比，基础设施和社会经济水平有所提高，可能遭受的风险和承灾能力也随之加大，风险小、收益大，是最佳投资区和适宜开发区
0.2500~0.5625	Ⅲ高风险区	泥石流危险度和易损度都适中，风险与效益并存，是适宜投资区，开发时应实施和加强风险管理
0.5625~1.0000	Ⅳ极高风险区	泥石流危险度和易损度都较高，表明泥石流规模大、频率高，或人口较稠密、社会经济发达，一旦受灾，则破坏损失和风险较大、收益也可能较大，是谨慎投资区，开发时须考虑最大限度降低投资成本，避免增加易损度，可通过灾害保险等方式实现风险转移

9.3.3　评价结果的应用分析

通过对泥石流灾害危险性、承灾体易损性和破坏损失的分析研究，利用 GIS 的空间处理功能，可以获取泥石流泛滥区的灾害危险度区划图、承灾体易损度区划图和灾害风险度区划图，这是减轻泥石流灾害的最重要的非工程性措施之一。泥石流灾害风险评价结果的应用主要体现在以下四个方面。

（1）可以为城市规划建设和土地利用方式提供依据。根据泥石流灾害风险评价结果，可以使城市建设、工矿区及水利、交通设施的建设和发展重点放在安全区，控制在风险高的地区建造永久性建筑，对于已设立在危险区内的设施可根据其风险度的高低情况考虑相应的安全防护措施，对没有任何防护措施的高风险区的居民应当尽快搬迁。

（2）可用于确定泥石流灾害保险额。根据泥石流灾害风险评价结果，可以绘制研究区的风险分布图。因此，我们可以获取研究区内每个区域的风险度值，这个可以作为确定泥石流灾害保险投保费率的重要依据，有利于推动泥石流灾害保险业务在泥石流危险区的开展，并使泥石流灾害保险合理化，具有说服力。

（3）正确地评价已建防御工程的安全程度。评价风险区内各项泥石流防治工程措施是否得当、是否安全、是否达到防护标准。如果根据风险综合评价确认达不到安全保障，就应当加固防护围墙，加高堤坝等，从而提高泥石流防治工程的防御标准，以确保安全。

（4）制定人员疏散和避难的最佳方案。根据研究区的风险分布图，制定和执行必要的疏散计划，按轻重缓急将居民和重要设施迁移到安全区内，其内容主要包括：应疏散地域范围、疏散的时间限定、疏散的组织系统、疏散地点容量及疏散后人民生活生产安排等。

9.3.4　案例应用

本书以岷江上游为例来探讨泥石流灾害风险综合评价，基于致灾子系统与孕灾子系统的危险性和承灾子系统的易损性组合而成，结合 ArcGIS 的空间处理技术将泥石流灾害危险性的评价结果和承灾体易损性的评价结果进行叠加分析，利用式(9-19)，可以得到岷江上游泥石流风险性区划图(图 9-22)，并按照表 9-8 的风险分区分为五个等级：相对安全区、低风险区、中风险区、高风险区、极高风险区。

从图 9-22 可以看出来，岷江上游整体风险度很小，基本都在低风险区，风险较高的主要集中在茂县、黑水县、松潘县的城区附近，汶川县境内属于较低和中等风险度区域，符合实际情况。而风险度相对较大的区域也是易损性较高的地区，这些地区多为县城所在地，经济活动频繁。"5·12"汶川地震后，沟谷中松散堆积物剧增，原有一些可能成为物源的滑坡体稳定性变差，使泥石流暴发的危险性增大，严重威胁到县城上万人的生命和财产的安全，风险度普遍较大。

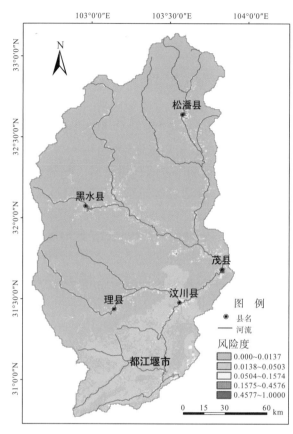

图 9-22　岷江上游泥石流风险度区划图

参 考 文 献

白利平，孙佳丽，张亮，等，2008. 基于 GIS 的北京地区泥石流危险度区划 [J]. 中国地质灾害与防治学报，19(2)：
　　12—15.

高桥堡，中川一，佐藤宏章，1988. 扇状地土砂泛滥灾害危险度评价 [J]. 京都大学防灾研究所年报，31(B2)，
　　655—676.

高治群，薛传东，尹飞，等，2010. 基于 GIS 的信息量法及其地质灾害易发性评价应用——以滇中晋宁县为例[J].
　　地质与勘探，46(6)：1112—1117.

韩金华，2010. 基于 GIS 的白龙江流域泥石流危险性评价研究[D]. 兰州：兰州大学.

黄崇福，2001. 自然灾害风险分析 [M]. 北京：北京师范大学出版社.

黄崇福，2005. 自然灾害风险评价——理论与实践 [M]. 北京：科学出版社.

久保田哲也，正务章，板桓昭彦，1990. 流域任意地点短时降雨预测手法在土石流发生危险度判定中的应用 [J]. 新
　　砂防，42(6)，11—17.

刘洪江，韩用顺，江玉红，等，2007. 云南昆明东川区泥石流危险性评价[J]. 水土保持研究，14(6)：241—244.

刘希林，莫多闻，2003. 泥石流风险评价[M]. 成都：四川科学技术出版社.

刘希林，1988. 泥石流危险度判定的研究[J]. 灾害学，3(3)：10—15.

刘希林，2000. 区域泥石流风险评价研究[J]. 自然灾害学报，9(1)：54—61.

刘希林，2002a. 区域泥石流危险度评价研究进展[J]. 中国地质灾害与防治学报，13(4)：2—8.

刘希林，2002b. 我国泥石流危险度评价研究：回顾与展望[J]. 自然灾害学报，11(4)：2—8.

柳源，2003. 中国地质灾害(以崩、滑、流为主)危险性分析与区划[J]. 中国地质灾害与防治学报，14(1)：95—99.

罗元华，张梁，张业成，1998. 地质灾害风险评估方法[M]. 北京：地质出版社.

沈娜，2008. 四川省九龙县石头沟泥石流特征与防治工程措施研究[D]. 成都：成都理工大学.

苏鹏程，倪长健，孔纪名，等，2009. 区域泥石流危险度评价的影响因子识别[J]. 水土保持通报，29(1)：128—132.

唐川，1993. 泥石流堆积扇研究综述，首届全国泥石流滑坡防治学术会议论文集[C]. 昆明：云南科技出版社：6—11.

唐川，2007. 泥石流危险性评价研究进展 [J]. 灾害学，22(1)：106—111.

万庆，等，1999. 洪水灾害系统分析与评估[M]. 北京：科学出版社.

汪明武，2000. 基于神经网络的泥石流危险度区划[J]. 水文地质工程地质，(2)：18—19.

王礼先，1982. 关于荒溪分类 [J]. 北京林学院学报，(3)：94—105.

王哲，2009. 基于层次分析法的绵阳市地质灾害易发性评价[J]. 自然灾害学报，18(1)：14—23.

魏一鸣，金菊良，杨存建，等，2002. 洪水灾害风险管理理论[M]. 北京：科学出版社.

魏永明，谢又予，伍永秋，1998. 关联度分析法和模糊综合评判法在泥石流沟谷危险度划分中的应用——以北京市郊区怀柔、密云县为例 [J]. 自然灾害学报，7(2)：109—117.

吴信才，1998. 地理信息系统的基本技术与发展动态[J]. 中国地质大学学报，23(4)：229—333.

查在塘，1996. 地震危险性分析及其应用 [M]. 上海：同济大学出版社.

詹小国，2002. 基于 GIS 的洪灾风险评估的研究 [D]. 武汉：武汉大学.

张春耀，2008. 基于 GIS 的金华市泥石流风险性评价系统研究 [D]. 南京：南京师范大学.

Alexander E D，1993. Natural Disasters [M]. London：UCL Press Limited.

Alexander E D，2004. Natural hazards on an unquiet earth[J]. Routledge：266—282.

Birkmann J，Cardona O M，Carreño M L，et al.，2013. Framing vulnerability，risk and societal responses：the MOVE framework[J]. Nat Hazards 67(2)：193—211.

Birkmann J，2006. Measuring Vulnerability to Natural Hazards[M]. Tokyo：UnitedNations University Press.

C. M. 弗莱施曼，1986. 泥石流[M]. 姚德基译. 北京：科学出版社.

Cardona O，2004. The need for rethinking the concepts of vulnerability and risk from a holistic perspective：a necessary review and criticism for effective risk management[J]. Earthscan：37—51.

Cui P，Zhuang J Q，Chen X C，et al.，2010. Characteristics and counter-measures of debris flow in Wenchuan area after the earthquake[J]. Journal of Sichuan Vniversigy 42(5)：10—19 .

Cui P，Zou Q，Xiang L Z，et al.，2013. Risk assessment of simultaneous debris flows in mountain townships [J]. Progress in Physical Geography，37(4)：516—542.

Cutter S，Barnes L，Berry M，et al.，2008a. A place-based model for understanding community resilience to natural disasters[J]. Global Enrironment 18(4)：598—606.

Cutter S，Boruff B，Shirley W，2003. Social vulnerability to environmental hazards[J]. Social Scienee Quarterly 84(2)：242—261.

Cutter S，Finch C，2008b. Temporal and spatial changes in social vulnerability to natural hazards[J]. Proceedings of the National Academy of Sciences of USA，105(7)：2301—2306.

De Oliveira M J M，2009. Social vulnerability indexes as planning tools：beyond the preparedness paradigm[J]. Journal of Risk Research，12(1)：43—58.

Deyle R E，French S P，Olshansky R B，1998. Hazard assessment：the factual basis for planning and mitigation [A]. In：R. J. Burby（ed.），Cooperating with Nature：Confronting Natural Hazards with Land-use Planning for Sustainable Communities[C]，Washington，D. C.：Joseph Henry Press，1998，119~166.

Dilley M，Chen R，Deichmann U，2005. Natural disaster hotspots：a global risk analysis [J]. Disaster Risk Management Series.

Ding M T，Hu K H，2014. Susceptibility mapping of landslides in Beichuan County using cluster and MLC methods[J]. Nat Hazards，70(1)：755—766.

Ding M T，Wei F Q，Hu K H，2012. Property insurance against debris-flow disasters based on risk assessment and the principal-agent theory[J]. Nat Hazards, 60(3): 801−817.

Eldeen. M T, 1980. Predisaster physical planing: inteqration of disaster risk analysis into physical planning ——a case study in tunisia[J]. Disasters, 4(2), 211−212.

Fell R, Corominas J, Bonnard C, et al., 2008. Guidelines for landslide susceptibility, hazard and risk zoning for land-use planning[J]. Engineering Geology, 102(3−4): 85−98.

Field C B, Barros V, Stocker T F, 2012. Managing the risks of extreme events and disasters to advance climate change adaptation: special report of the intergovernmental panel on climate change [M]. London: Cambridge University Press.

Fuchs S, Birkmann J, Glade T, 2012a. Vulnerability assessment in natural hazard and risk analysis: current approaches and future challenges[J]. Nat Hazards. 64(3): 1969−1975.

Fuchs S, Heiss K, Huebl J, 2007. Towards an empirical vulnerability function for use in debris flow risk assessment [J]. Nat Hazards Earth System Sciences. 7: 495−506.

Fuchs S, Keiler M, Sokratov S, 2013. Spatiotemporal dynamics: the need for an innovative approach in mountain hazard risk management[J]. Nat Hazards. 68(3): 1217−1241.

Fuchs S, Kuhlicke C, Meyer V, 2011. Editorial for the special issue: vulnerability to natural hazards—the challenge of integration[J]. Nat Hazards, 58(2): 609−619.

Fuchs S, Ornetsmüller C, Totschnig R, 2012b. Spatial scan statistics in vulnerability assessment—an application to mountain hazards[J]. Nat Hazards, 64(3): 2129−2151.

Fuchs S, 2009. Susceptibility versus resilience to mountain hazards inAustria—paradigms of vulnerability revisited[J]. Nat Hazards Earth System Scienles, 9(2): 337−352.

Galli M, Guzzetti F, 2007. Landslide vulnerability criteria: a case study from Umbria, Central Italy[J]. Environmental Management, 40(4): 649−664.

Gao K, Wei F, Peng C, et al., 2006. Probability forecast of regional landslide based on weather forecast[J]. Wuhan University Journal of Natural Science, 11(4): 853−858.

Ge Y G, Cui P, Zhang J Q, et al., 2015. Catastrophic debris flows on July 10th 2013 along the Min River in areas seriously-hit by the Wenchuan earthquake[J]. Journal of 12(1): 186−206.

Haynes J, 1895. Risk as an economic factor [J]. Quarterly Journal of Economics, 9(4): 409−449.

Hollingsworth R, Kovacs G S, 1981. Soil slumps and debris flows: prediction and protection[J]. Bulletin of the Association of Engineering Geologists, 18(1): 17−28.

Hunger O, Morgan, Vandine F D, 1987. Debris flow defenses inBritish Columbia[J], Geological Society America Reviews in Eenineering Geology: 201−202.

Hurst N W, 1998. Risk Assessment: the Human Dimension [M]. Cambridge: The Royal Society of Chemistry.

IUGS, 1997. Working Group on Landslide, Committee on Risk Assessment. Quantitative risk assessment for slope and landslides-the state of the art [A]. In: Cruden D M, Fell R, Landslide Risk Assessment [C], Rotterdam: A. A. Balkema, 1997: 3−12.

Jibson R W, Harp E L, Michael J A, 2000. A method for producing digital probabilistic seismic landslide hazard maps [J]. Engineering Geology, Special Issue, 58(3−4): 271-289.

Jin , Pan M, Tiefeng Li, 2007. Regional landslide disaster risk assessment methods[J]. Journal of Mountain Science, 25(2): 197−201.

Jin J J, 2007. Regional landslide disaster risk assessment methods [J]. J Mt Sci 25(2): 197−201

Kappes M, Malet J P, Remaître A, et al., 2011. Assessment of debris-flow susceptibility at medium-scale in the Barcelonnette Basin, France[J]. Natural Hazards and Earth System Sciences. 11(2): 627−641.

Keiler M, Knight J, Harrison S, 2010. Climate change and geomorphological hazards in the eastern European Alps[J]. Philosophical Transactions. 368: 2461−2479.

Leone F, Asté J P, Leroi E, 1996. L'évaluation de la vulnérabilité aux mouvements du terrain: pour une meilleure quantification du risque[J]. Revue de Géographie Alpine, 84(1): 35—46.

Lewis J, 2014. The susceptibility of the vulnerable: some realities reassessed[J]. Disaster Prevention and Management, 2014, 23(1): 2—11.

Liu X L, Lei J Z, 2003. A method for assessing regional debris flow risk: an application in Zhaotong of Yunnan Province (SW China)[J]. Geomorphology, 52: 181—191.

Liu X L, 2006. Site-specific vulnerability assessment for debris flows: two case studies[J]. Journal of Mountain Science, 3(1): 20—27.

Malone E L, Engle N L, 2011. Evaluating regional vulnerability to climate change: purposes and methods[J]. Wiley Interdisciplinary Reviews Climate Change, 2(3): 462—474.

Maskrey A, 1989. Disaster mitigation. a community based approach[J]. Oxford: Oxfam: 1—100.

Okimura T, Kunimura S, 1988. Simulation models designaing a dangerous area caused by a debris flow: a case of Sutsu Area, Misumi Town, Shimane Prefecture, Japan [J]. Research Report of Construction Engineering Research Institute, 30: 163—187.

Papathoma-Köhle M, Kappes M, Keiler M, et al. , 2011. Physical vulnerability assess ment for alpine hazards: state of the art and future needs[J]. Nat Hazards 2011, 58(2): 645—680.

Peatross J L, 1986. A morphometric study of slop stability controls in Central Virginia: [Masters Thesis][M]. Virginia: University of Virginia.

Petak, W J, A A, 向立云, 1993. 自然灾害风险评价与减灾政策[M]. 程晓陶等译. 北京: 地震出版社.

Puissant A, Eeckhaut M V D, Malet J P, et al. , 2014. Landslide consequence analysis: a region-scale indicator-based methodology[J]. Landslides, 11(5): 843—858.

Smith K. 1996, Environmental Hazards: Assessing Risk and Reducing Disaster [M]. London: Rout ledge.

Smith T C, 1988. A method for mapping relative susceptibility to debris flows, with an example from San Mateo County. Landslides, floods, and marine effects of the storm of January 3—5, 1982, in the San Francisco Bay Region, California [D]. U. S. Geological Survey Professional.

Tang C, 2004. A study on compilation of landslide risk map[J]. Journal of Natceral Disasters, 13(3): 8—12.

Tobin G A Montz B E, 1997. Natural Hazarads: Explanation and Integration [M]. New York: TheGuilford Press.

Totschnig R, Fuchs S, 2013. Mountain torrents: quantifying vulnerability and assessing uncertainties[J]. Engineering Geology, 155: 31—44.

United Nations Department of Humanitarian Affairs, 1992. Internationally Agreed Glossary of Basic Terms Ralted to Disaster Management [J], DNA/93/96, Geneva.

United Nations Department of Humanitarian Affairs, 1991. Mitigating Natural Disasters: Phenomena, Effects and Options—A Manual for Policy Makers and Planners [M]. New York: United Nations, 1—164.

Varnes D, 1984. Landslide hazard zonation: a review of principles and practice, vol 3, Natural Hazards[M]. Paris UNESCO.

Westen C J V, Castellanos E, Kuriakose S, 2008. Spatial data for landslide susceptibility, hazard, and vulnerability assessment: an overview[J]. Engineering Geology, 102(3—4): 112—131.

Wilson R, Crouch E A, 1987. Risk assessment and comparison: an introduction[J]. Science, 236 (4799): 267—270.

Xie H, Zhong D L, Jiao Z, et al. , 2009. Debris flow in Wenchuan quake-hit area in 2008[J]. Journal of Mountain Science, 27(4): 501—509.

Yuan L F, 2006. Debris flow hazard assessment based on support vector machine [C]. Wuhan University Journal of Natural Sciences, 11(4).

Zhang Y L, You W J, 2014. Social vulnerability to floods: a case study of Huaihe River Basin[J]. Nat Hazards, 71(3): 2113—2125.

第 10 章　泥石流灾害短临预警

　　泥石流风险评估完成后，对于高风险区的山区聚落，需要采取一定的防灾减灾措施，从而有效降低灾害风险。现有的防灾减灾措施主要有工程和非工程措施两种。监测预警是最重要的非工程措施之一，其中，短临预警报又是最重要的手段之一。构建泥石流短临预警报体系，对于认识泥石流特征，降低泥石流灾害造成的人员伤亡和经济损失，为其他泥石流短临预警报工作提供科学依据，对累积泥石流灾害防灾减灾经验等具有重要意义。

10.1　泥石流短临预警概述

10.1.1　泥石流监测预警研究现状

　　泥石流是一种山区的独特自然现象，各国学者陆续对泥石流展开了相应的研究。目前，国内外主要从四个方面对泥石流短临预警报进行研究(崔鹏等，2005)，其四条主线分别为：泥石流形成背景、降雨条件、泥石流形成机理、泥石流运动物理特征(高速等，2002)。同时，根据历史泥石流数据可知，大部分泥石流的发生都是由降雨所引起，因此，国内外学者对泥石流预警研究也多从降雨这一诱发泥石流发生的自然因素入手。研究者通过灾害发生时的自然气象资料，建立泥石流预警模型，根据模型运算或对比分析结果，获得泥石流发生的概率参数，进而确定预警等级，最后发布预警信息(张京红等，2007)。

　　自 20 世纪 40 年代起，关于泥石流的预警可以分为初级阶段、中期阶段、当前阶段。初级阶段，主要由泥石流防治专家基于对泥石流发生前相应现象的总结结果，进而对泥石流做出预警，因此可称为现象预警或经验预警，此种方式准确性主要取决于防治专家的经验，具有主观性过强的缺点。中期阶段，主要采用对泥石流发生时临界雨量定性、定量以及构建相应数据模型的方式，对泥石流进行预警(丛威青等，2006)。其中，各专家学者在研究过程中又将临界降水量划分为前期降水量、日降水量、10 分钟降水量等，并在此划分基础上，展开对泥石流临界降水量的相关运算，其主要研究成果包括经由 Logistic 回归模型对当日雨量和前期有效降水量的分析结果，完成对泥石流临界降水量的定量分析；基于降水量与泥石流的统计关系，以意大利西北部 P. Region 为研究区，P. Aleoth 对该区泥石流发生时的降水阈值进行了相关研究；T. Glade 等以新西兰北岛地区的典型灾害区为研究对象，泥石流灾害发生概率可以通过模型预测结果进行表征(高速，2002；Aleotti，2004；丛威青等，2006)。

　　我国从 20 世纪 60 年代就开始重视泥石流预警研究(陈景武，1985；谭万沛等，

1989，1994；朱平一等，2000），并取得丰硕成果。如中国铁道部科学研究院提出的泥石流组合预报公式：以北京山区暴雨泥石流为研究对象，构建泥石流临界雨量与 10 分钟雨强（或者最大 1 小时雨强）的预测模型，同时在获取多日降水量与当日雨量等相关数据基础上，建立了 BP 神经网络预报模型；通过对四川省攀西地区泥石流活动情况的研究分析，建立了暴雨分级泥石流短期预报的概率模型；在大量长期的观测数据基础上，中国科学院构建了蒋家沟泥石流暴发线预报模型，并提出了该区域内泥石流 10 分钟降雨临界线（王利先等，2001；乌卜伦等，2004）。

当前阶段，随着科学技术的不断发展，人们对泥石流预警时效性、精确率、智能化的要求不断提高，经过各个学科技术的交叉应用，泥石流预警技术在当前阶段发展快速；目前，泥石流短临预警主要为基于监测信息的实时动态预报，采用的技术手段及相关理论分别为：现代数值模拟技术、3S 技术、非线性科学理论。

学者们在研究中解决了泥石流预警的诸多问题，包括预警体系架构模式、各项预警阈值和预警信息发布方式等，然而随着计算机技术的发展以及相关学科技术的交叉应用，对泥石流预警的时效性和精确性提出了更高的要求，相应的短临预警体系还有待完善。泥石流短临预警的关键是能否及时有效地捕捉泥石流暴发后的相关信息（即泥石流激发条件及运动特征）（陈龙，2008），并采取相应的技术手段对捕捉到的信息进行处理，最后结合泥石流预警模型得出泥石流预警信息，进行泥石流警报。所以构建泥石流短临预警报体系的核心关键问题是获取泥石流激发相关数据（物源和水源）、完善信息处理部架构设计、完善泥石流警报信息发布等。

10.1.2　GIS 与无线传感网技术研究现状

GIS 地理信息技术是一项集合数据（空间数据、属性数据）处理、管理、存储等多项功能的技术手段，尤其在计算机技术支持下，其作为地理数据管理及分析工具的作用越加重要（乌卜伦等，2004）。GIS 技术的发展可以分为三个阶段：开拓发展阶段（20 世纪60 年代）、巩固发展阶段（20 世纪 70 年代）、产业化阶段（20 世纪 80～90 年代）、高速发展阶段（21 世纪以后）（陈军等，2009）；在这较长的时间段内，开拓阶段主要注重空间数据地学处理；巩固阶段，注重空间地理信息的管理；产业化阶段，注重空间决策的支持与分析；高速发展阶段，注重 GIS 系统建立、空间数据库使用过程中规范的形成（阮沈勇等，2001；曹修定等，2007；高克昌等，2006）。

无线传感器网络（wireless sensor net works，WSN）是一种全新的网络化信息获取与处理技术，具有动态自组网、无线多条路由和多路径数据传输功能（游勇等，2009）。无线传感器网络是由分布在不同位置的具有数据采集及处理单元、通信模块的无线传感器节点构成的网络，能够对多个对象实施时间监测、数据采集和控制（游勇等，2009）。无线传感器网络可以感知、收集、分析、处理各种信息，包括温度、湿度、地理信息等，同时结合数据融合技术处理信息（周志东等，2011），已经在军事领域、农业、安全监控、环保监测、建筑领域、医疗领域、工业监控、智能交通管理等领域得到广泛应用（游勇等，2009；周志东等，2011）。作为一种全新的信息获取和处理技术，无线传感器网络技术集中体现了先进传感器向微型智能化、高集成网络化、超低功耗发展的主流方向，在环境安全监测中发挥着积极的重要作用。现代无线传感网络是一个多学科交叉发展形成的一个新领域，其交叉学科包含电子信息技术、传感技术、网络信息传输技术、嵌入式技术(程文波等，2012)，其主流发展方向为低功耗、微型智能、网络化，进而能在环境安全监测中发挥举足轻重的作用。

10.2　泥石流短临预警系统设计

本书中泥石流短临预警报体系的设计，在前文研究成果基础上，以数据采集、数据传输、数据处理、信息发布四个部分为体系的主体框架，通过四个主体部分的合理应用，完成泥石流短临预警报体系构建，完整体系构建技术路线图如图 10-1 所示。

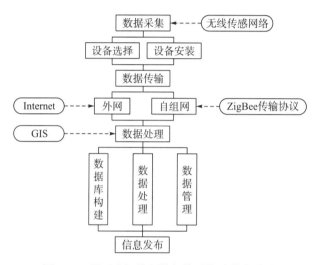

图 10-1　泥石流短临预警报体系构建技术路线

10.2.1　岷江上游降水量分布特征

10.2.1.1　降水量数据化

采用 ArcGIS 10.2 对岷江上游多年年均降水量及月降水量进行相应的数据化，如图 10-2所示，为今后分析地形地貌对降水的影响提供数据支持。其具体步骤如下。①从中国气象数据网获取岷江上游 2000~2009 年年平均降水量数据；②采用 ArcGIS 10.2 将点雨量数据，通过插值分析生成岷江上游区域年降水量数据；③使用地图代数中栅格计算器工具，对多年年降水量数据进行均值计算，得到岷江上游多年年均降水量数据。

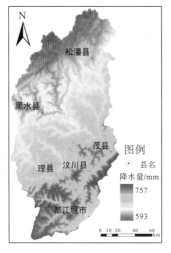

(a)2000 年年均降水量

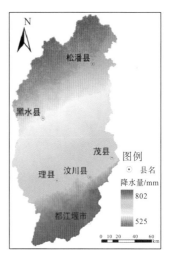

(c)2002 年年均降水量

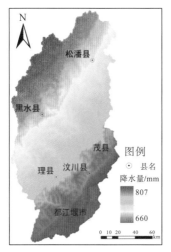

(d)2003 年年均降水量

(e)2004 年年均降水量

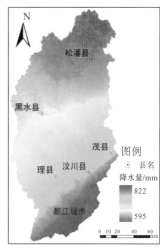

(f)2005 年年均降水量

(g)2006 年年均降水量

(h)2007 年年均降水量

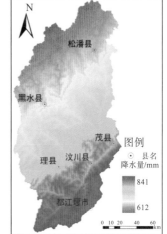

(i)2008 年年均降水量

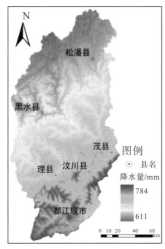

(j)2009 年年均降水量 　　　　　　(k)多年年均降水量

图 10-2　岷江上游 2003~2009 年年均降水量分布图

　　从图 10-2、图 10-3 中可以看出，岷江上游地区东南部降水量大于西北部，且其在西北部干旱河谷地区降水量小于其他区域；同理，在东南部干旱河谷降水量小于其他区域，但在此干旱河谷处降水量仍大于西北部所有区域。2000~2009 年最大年均降水量发生于 2004 年，为 922.121mm；最小降水量发生于 2002 年，为 525.179mm。该区域最大降水量无明显的规律性变化趋势，最小降水量值总是位于 600mm 左右。

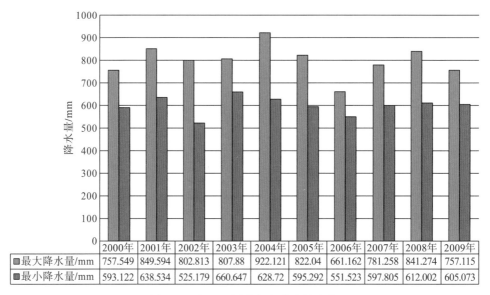

图 10-3　岷江上游多年年降水量变化

10.2.1.2　地貌条件对年降水量的影响

　　对于岷江上游地区地貌对年降水量的影响的研究，采用的降水数据为上文所述的多年年均降水量，地貌类型采用上文岷江上游基本地貌类型研究分类结果，以 ArcGIS

10.2 作为技术手段，制作岷江上游不同地貌类型条件下年降水量图件，并采用 Excel 对数据进行统计，生成相应图表：①采用 ArcGIS 10.2 中空间分析工具→提取分析→按属性提取，选取岷江上游基本地貌类型栅格数据作为输入栅格数据，在条件选择命令框中选择地貌分类代号作为属性选择，最后选择建立完成的文件夹保存提取的栅格数据，获取岷江上游单个地貌单元的独立栅格数据；②在图层中导入多年年平均降水量数据，并结合岷江上游单个地貌单元的独立栅格数据，采用 ArcGIS 10.2 中空间分析工具→提取工具→按掩膜提取，获取岷江上游单个地貌类型条件下的年平均降水量；③运用 Excel 表格对岷江上游单个地貌类型条件下降水量数据进行统计计算，最后获取岷江上游单个地貌类型条件下降水量数据统计(表 10-1、图 10-4)。

表 10-1　岷江上游单个地貌类型降水量

编号	基本地貌类型	降水量/mm		
		最小值	最大值	平均值
1	小起伏低山	742.53	744.52	743.57
2	中起伏低山	733.66	748.21	741.61
3	大起伏低山	733.55	738.92	736.85
4	小起伏中山	614.76	746.24	632.34
5	中起伏中山	615.92	774.43	685.80
6	大起伏中山	634.27	768.15	711.06
7	高海拔丘陵	612.75	615.53	613.71
8	小起伏高山	612.41	699.43	632.56
9	中起伏高山	612.27	775.99	669.89
10	大起伏高山	636.59	784.85	713.31
11	中起伏极高山	720.61	756.34	745.13
12	大起伏极高山	702.01	765.11	746.86

从表 10-1 和图 10-4 可以看出，从海拔来看，降水量由大到小为低山、中山、高山、极高山；从地势起伏度来看，低海拔差别不明显，在中高乃至极高海拔区域内，降水量由大到小依次为大起伏山地、中起伏山地、小起伏山地；从地貌类型来看，高海拔丘陵地区年均降水量最小为 613mm，中起伏高山、小起伏高山、小起伏中山、中起伏中山年均降水量在 632~685mm，其余地貌类型年均降水量在 711~746mm。

综上所述，在低海拔区域降水量变化趋势不明显，其余区域海拔对降水量的影响极为明显；总体上，不同地貌类型对降水量的影响也极为明显，且大起伏山地降水量>中起伏山地>小起伏山地。

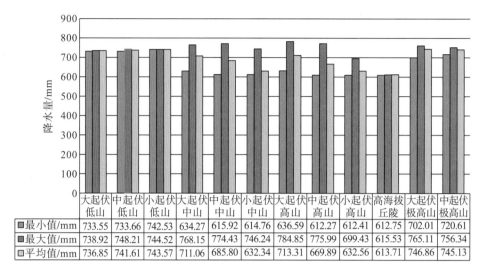

	大起伏低山	中起伏低山	小起伏低山	大起伏中山	中起伏中山	小起伏中山	大起伏高山	中起伏高山	小起伏高山	高海拔丘陵	大起伏极高山	中起伏极高山
■最小值/mm	733.55	733.66	742.53	634.27	615.92	614.76	636.59	612.27	612.41	612.75	702.01	720.61
■最大值/mm	738.92	748.21	744.52	768.15	774.43	746.24	784.85	775.99	699.43	615.53	765.11	756.34
□平均值/mm	736.85	741.61	743.57	711.06	685.80	632.34	713.31	669.89	632.56	613.71	746.86	745.13

图 10-4　岷江上游单个地貌类型降水量情况

10.2.1.3　海拔对降水量的影响

从上文的研究成果中可以看出，海拔也是影响降水量的重要因子之一。为更好地说明海拔对降水量的影响，则需对岷江上游海拔进行一定的划分，并根据划分的海拔范围内对降水量进行统计，最后绘制岷江上游海拔与降水量之间的散点图，分析其分布情况，将海拔对降水量的影响进行总结。

根据上述原则，海拔以每 100m 为标准进行划分，其数据提取及图件制作过程如下：①采用 ArcGIS 10.2，导入岷江上游 DEM 数据；②使用 ToolBox 中的空间分析工具→重分类，以定义的间隔（100m）作为重分类的方法，获得岷江上游海拔分类情况；③根据岷江上游海拔分类情况，结合降水量数据图件，提取不同海拔带内的降水量数据；④使用 Excel 对不同海拔带内降水量数据进行统计，得到图 10-5，并对降水量分布特征进行分析。

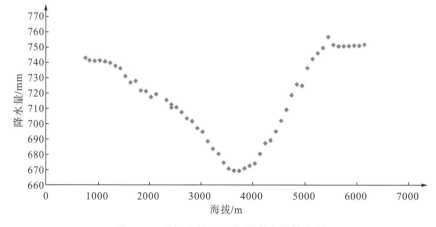

图 10-5　岷江上游不同海拔降水量散点图

由图 10-5 可知，岷江上游相对高差达 3500m 左右，降水量随海拔升高而降低，当达到最小降水量高程后，降水量随海拔升高而增加。该处降水量分布情况与传统降水量随海拔变化情况截然相反,结合岷江上游海拔分类情况以及岷江上游降水量情况分析,具体原因如下。①岷江上游降水量的整体趋势为由西北向东南逐渐增加,且在东南区域高海拔区域降水量仍大于西北区域低海拔区域降水量;对东南区域降水量进行分析可以发现,在岷江上游东南区域其西南部降水量大于东北部。②由岷江上游海拔分类图可知,岷江上游海拔 734~1700m 位于岷江上游东南区域的东南部,海拔 1700~3500m 主要位于岷江上游西北区域东北部,海拔 3500~6153m 主要位于岷江上游东南区域西南部。

10.2.1.4　坡度对降水量的影响

在 ArcGIS 10.2 中通过空间分析工具→重分类,将坡度图层通过自然间断点分级法分为 8 类;再通过提取分析工具→按属性提取,提取每一类为单独的图层,再结合降水量专题图层,使用按掩膜提取工具,提取不同坡度类别条件下降水量图层,获取不同坡度情况下的降水量情况(表 10-2)。

表 10-2　不同坡度降水量统计表

坡度范围	栅格数	面积/km²	降水量/mm
0~13°	24517757	1712.45	664
13°~20°	41103018	2870.85	670
20°~26°	57408747	4009.73	677
26°~31°	63111611	4408.05	685
31°~36°	63478717	4433.69	693
36°~45°	64522145	4506.57	706
45°~50°	9992289	679.91	714
50°~82°	4786621	334.32	716

由图 10-6 可以看出,岷江上游西北区域坡度最缓(0~15°),由西北向东南方向坡度逐渐增大,且东南区域坡度最大;结合岷江上游降水量分布情况图,由西北向东南降水量逐渐增大,且东南区域最小降水量大于西北区域最大降水量。由表 10-2 可知,岷江上游降水量随坡度增大而增大,且最小降水量位于坡度最缓处,最大降水量位于坡度最大处,坡度最大处主要位于东南区域。

10.2.1.5　岷江上游降水量垂直分布规律

通过 ArcGIS 10.2,采用岷江上游 2000~2009 年的降水量数据,对岷江上游降水量在垂直方向上分布规律进行探讨。同时由图 10-7 分析可知,岷江上游降水量的整体趋势为由西北向东南逐渐增加,且在东南区域高海拔区域降水量仍大于西北区域低海拔区域降水量;对东南区域降水量进行分析可以发现,在岷江上游东南区域其西南部降水量大于东北部。因此在对岷江上游降水量垂直分布规律的研究中,需要根据岷江上游降水量分布情况,将岷江上游区域分为西北部、中部、东南部三个部分分别研究,分类情况如图 10-7 所示。

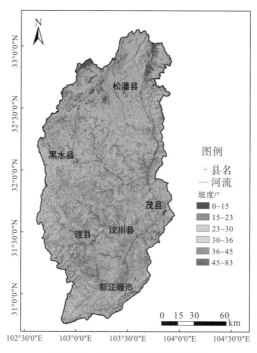

图 10-6　岷江上游坡度分级图

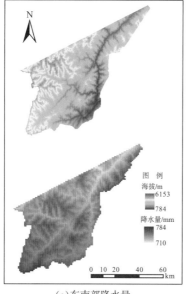

（a）东南部降水量

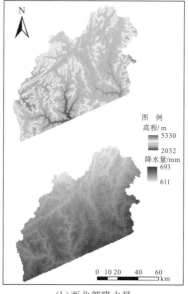

（b）西北部降水量

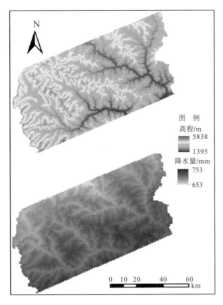

图 例

高程/m
5838
1395

降水量/mm
753
653

0 10 20　40　60
km

(c)中部降水量

图 10-7　岷江上游不同区域降水量与海拔分布情况

1. 岷江上游降水量分布规律

对岷江上游区域海拔从低到高进行排序，并以 100m 为分类间隔进行分类，共分为 55 类。结合图 10-7 分析可知：在忽略其他影响因素条件下，岷江上游降水量在垂直方向上的变化趋势可以海拔 3751m 为界划分为两段：海拔小于 3751m 为降水递减段，大于 3751m 为降水递增段。降水递减段平均高程变幅为 2975m，降水量增幅为－74.2mm，降水量在垂直方向上的递增率为－2.5mm/100m；降水递增段平均高程变幅为 2400m，降水量增幅为 87mm，降水量在垂直方向上的递增率为 3.63mm/100m。岷江上游最大降水量发生位置处于海拔 6151m；最小降水量发生位置处于海拔 3751m 处，且该处为岷江上游降水量拐点处；通过对岷江上游降水量与高程分布图进行分析可知，岷江上游最小降水量区域皆为干旱河谷区域，河谷区域两侧区域随着海拔的增加，降水量逐渐增大，直至山脊处。

根据岷江上游实际降水情况分析，为了使岷江上游降水量垂直分异特征结果更加精确，基于岷江上游降水量分布情况，将岷江上游分为西北部、中部、东南部三个区域，对岷江上游降水量垂直分异特征进行研究，分区后各区域基本情况如图 10-8 所示。

2. 岷江上游西北部降水量垂直分异特征

岷江上游西北部为高原型季风气候区，日温差大而年温差小，多年平均气温为 5～10℃，多年年均降水量为 611～700mm。将岷江上游西北区域以 500m 为间隔进行高程分带，在分带完成后，使用 ArcGIS 10.2 提取不同高程带内降水量数据，并求取其平均降水量，最后结合高程数据、降水量数据生成岷江上游西北区域高程带与降水量关系散点图，通过对多个图件的研究分析得出岷江上游西北区域降水量的垂直分异特征，具体过程如下：①采用 ArcGIS 10.2 空间分析工具中按属性提取工具，以 500m 为间隔对海拔进行高程分带；②采用提取的高程分带数据，及岷江上游西北区域降水量数据，使用空间分析工具中提取工具，按掩膜提取不同高程带上降水量；③对提取数据进行分析，采用 Excel 对同一高程带上降水量数据进行统计分析，绘制相应的散点图，根据获取的多个图件对岷江上游西北区域降水量垂直分异特征进行研究（图 10-9 和图 10-10）。

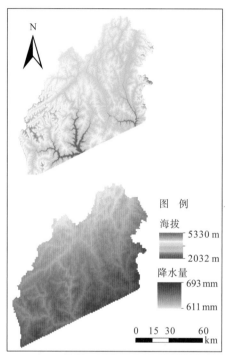

（a₁）西北降水量

（a₂）西北岩性

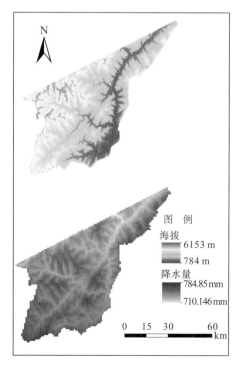

（b₁）中部降水量

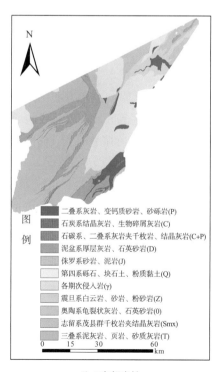

（b₂）中部岩性

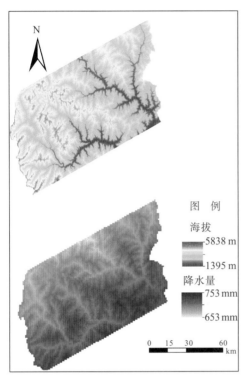

（c₁）东南降水量　　　　　　　　　　　　　（c₂）东南岩性

图 10-8　岷江上游分区后各部分基本情况

表 10-3　岷江上游西北区域各高程带平均降水量

序号	高程带/m	平均高程/m	平均降水量/mm
1	2032~2500	2340	652
2	2500~3000	2811	654
3	3000~3500	3299	648
4	3500~4000	3744	642
5	4000~4500	4198	650
6	4500~5000	4622	659
7	5000~5330	5091	668

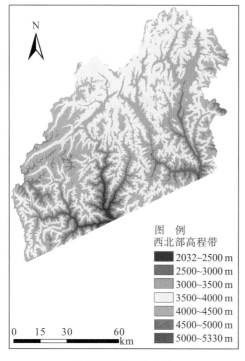
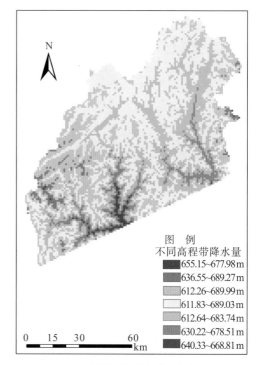

(a)西北部海拔分带图　　　　　　　　　　　(b)西北部不同高程带降水量

图 10-9　岷江上游西北区域高程分带及相应高程带降水量

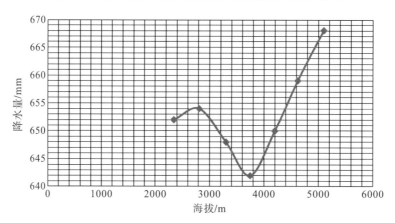

图 10-10　岷江上游西北区域高程带降水散点图

　　综合上述信息，可知在岷江上游西北区域于 2650m、3650m 两处出现拐点，当海拔小于 2650m 时，降水量随海拔的升高而降低；当海拔位于 2650~3650m 时，降水量随海拔的增加而逐渐降低；当海拔大于 3650m 时，降水量随海拔的升高而增加。

　　3. 岷江上游中部降水量垂直分异特征

　　岷江上游中部为半干旱河谷气候，干湿分明，降水量较少，年降水量为 500~600mm，且下半年(5~10 月)降水量占全年的 80%~90%；根据前文中所描述的方法，对岷江上游中部降水量垂直分异特征进行研究，成果如表 10-4、图 10-11 与图 10-12所示。

表 10-4　岷江上游中部区域高程带及各高程带平均降水量

序号	高程带/m	平均高程/m	平均降水量/mm
1	1395~1500	1464	707
2	1500~2000	1821	703
3	2000~2500	2282	699
4	2500~3000	2770	701
5	3000~3500	3260	700
6	3500~4000	3741	701
7	4000~4500	4235	702
8	4500~5000	4661	709
9	5000~5500	5119	724
10	5500~5838	5610	751

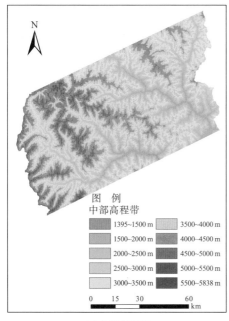
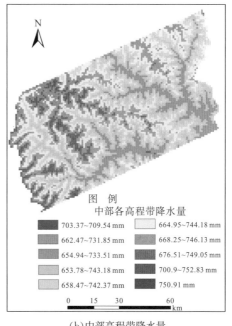

(a)中部高程带　　　　　　　　　　　　　(b)中部高程带降水量

图 10-11　岷江上游中部区域高程分带及各高程带降水量

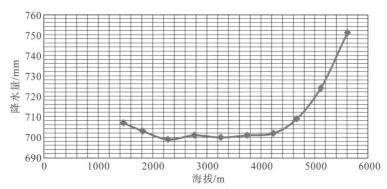

图 10-12　岷江上游中部区域高程带降水散点图

综合上述图表分析，岷江上游中部区域降水量随垂直高度变化的总体趋势为，随着垂直高度的上升，降水量增加；但在局部区域，如垂直高度 1395～2280m 区段，随着垂直高度的上升，降水量逐渐减小；在垂直高度 2760～4200m 区段，随着垂直高度的增加，降水量变化趋势不明显，整个区段内降水量在 700mm 左右；在垂直高度大于 4200m 区段，由于受到岷江上游整体降水量分布趋势影响(由西北向东南降水量逐渐增大，且东南部最高海拔处降水量仍大于西北部低海拔处降水量)，随着垂直高度的增加，降水量逐渐增大，且递增率约为 3mm/100m。

4. 岷江上游东南部降水量垂直分异特征

岷江上游东南部为亚热带湿润季风气候，年降水量为 600～1200mm。根据前文中所描述方法，对岷江上游东南部区域内降水量的垂直分异特征进行研究分析，其具体成果如图 10-13、图 10-14 和表 10-5 所示。

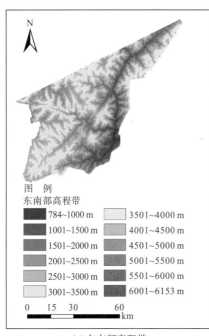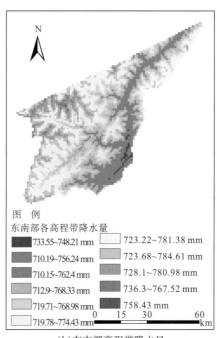

(a)东南部高程带　　　　　　　　　　　　　(b)东南部高程带降水量

图 10-13　岷江上游东南部区域高程分带及各高程带降水量

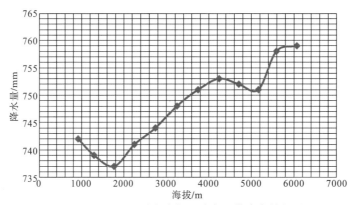

图 10-14　岷江上游东南部区域高程带降水散点图

表 10-5　岷江上游东南部区域高程带及各高程带平均降水量

序号	高程带/m	平均高程/m	平均降水量/mm
1	784	918	742
2	1000~1500	1297	739
3	1500~2000	1766	737
4	2000~2500	2259	741
5	2500~3000	2749	744
6	3000~3500	3247	748
7	3500~4000	3743	751
8	4000~4500	4238	753
9	4500~5000	4702	752
10	5000~5500	5162	751
11	5500~6000	5588	758
12	6000~6063	6063	759

综合上述图表分析,岷江上游东南部区域降水量随垂直高度变化的总体趋势为,随着高度的上升,降水量增加;但在局部区域,如高度 784~1766m 区段,随着高度的上升,降水量逐渐减小;在高度 1766~4238m 区段,随着高度的增加,降水量增加,且递增率为 0.65mm/100m;在高度 4238~5162m,降水量随高度的增加而减小;在高度大于 5162m 区段内,随着高度的增加,降水量逐渐增大,且于高度 5588m 处趋于稳定,降水量处于 758mm 左右。

10.2.2　岷江上游传感节点布设

在泥石流短临预警报体系的传感节点布设中,为了更好地采集有效数据及降低成本,需要对研究区降水量在不同地形地貌条件和垂直方向上的分异特征进行探讨,并根据探讨研究结果,对传感节点布设方式进行设计。

综合上述分析结果,岷江上游传感节点布设规则如下:在地貌条件下,主要布设于小起伏中山、小起伏高山、中起伏中山、中起伏高山;在坡度条件下,传感节点布设密度由西北至东南区域逐渐增大,且由于随着坡度的增加降水量也不断增加,因此同一区域内,传感节点布设于坡度最大处;在垂直方向上,分别从西北部、中部、东南部考虑传感节点的布设,西北部在小于 3650m 处,传感节点布设于海拔 2650m 处,大于 3650m 的区域则在同一范围内布设于高海拔处,中部区域传感节点布设于同一区域范围内高海拔处,东南部区域小于 5162m,布设于海拔 4238m 处,其余区域布设于高海拔区域处。

10.2.3　泥石流短临预警数据采集

通过对泥石流短临预警理论研究,本书中以泥石流临界降水量为依据,完成对泥石流的预警预报工作;基于这一原则,此次数据采集主要涉及传感监测网设计及数据节点布设两个部分。

无线传感器网络是一种具有无线多路由、多路径数据传输、动态自组网等优点的全新网络化信息获取处理技术。通过该网络技术,能够感知、收集、分析、处理各种信息,继而完成泥石流短临预警报工作中数据采集部分。本书中数据监测网的设计采用传感监测网络,传感监测网络的设计主要分为四个部分:传感节点设计、传感网架构模式设计、传感节点布设设计、传感网内数据传输协议,其中传感网数据传输协议将在10.2.4节中进行描述。

10.2.3.1　传感节点设计

在无线传感监测网节点设计中,主要是针对传感监测网的传感节点进行设计,此次短临预警报体系中传感节点除了传统5个模块(外部存储器模块、无线收发模块、能量供应模块、处理器模块、传感器模块),还包含1个分离式预警器,由这6个模块共同组成传感监测网节点,硬件组成如图10-15和图10-16所示。

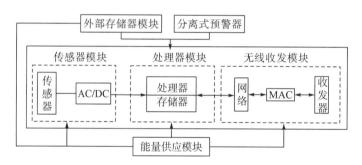

图 10-15　传感网硬件模块

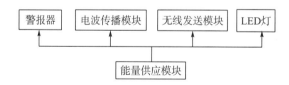

图 10-16　分离式预警模块

(1)外部存储器模块:在传感节点采集处理数据过程中,将会产生大量结果数据以及对历史数据的调用,外部存储器模块为这些数据提供充足的存储空间,并为传感节点的运行指令提供数据存储。

(2)无线收发模块:由于传感监测网采取无线自组网的形式构建网络,因此每一个传感节点都需要具有数据接收与发送的接口,而无线收发模块即主要完成单个无线传感节点的数据传输与接收。

（3）能量供应模块：无线传感监测网的应用环境多处于偏僻、能源获取困难的地区，因此在无线传感节点中集合有特定的能量模块（如：电池、太阳能电池板、风能等），多根据监测区域具体环境条件确定。

（4）处理器模块：在传感节点采集数据过程及节点运转过程中，涉及数据的初步筛选、设备控制、功能协调、任务调度等诸多工作，因此处理器模块作为传感节点的运算核心必不可少。

（5）传感器模块：传感器通过对外界的光、温度、降水量等属性的感应，转换为相应的数据，进而实现对相应数据的采集，传感器模块即为对周围对应属性数据感应接收的部位。

（6）分离式预警模块：此模块是新增模块，传统的警报信息发布需要通过传递、处理、发送、传达等诸多过程，对于泥石流灾害警报信息传递的时效性较差，而由于泥石流的流动速度为 $3\sim10\mathrm{m/s}$，因此加入分离预警模块后简化了警报信息发布步骤，提升警报信息发布的效率。

10.2.3.2　传感网架构模式设计

无线传感网络采用自组网的方式构建传感监测网，为了更好地与 Internet 网络进行信息的交互，在传感节点中选择部分节点作为网关节点；网关节点作为无线传感网络终端节点、汇集节点及外部网络通信的桥梁，在整个短临预警体系中起着承上启下的作用；汇聚网关层即为所有网关节点单独汇集成一个独立的单元，整个汇聚网关层采用模块化的方式构建，便于日常维护管理。此次泥石流短临预警报体系设计中，网关节点为雨量计网关和中继网关，所有网关皆处于汇聚网关层，其结构如图 10-17 所示。

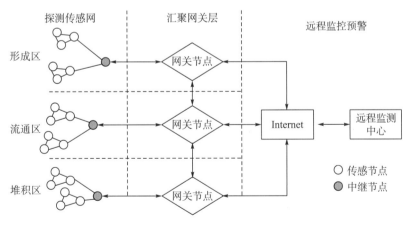

图 10-17　汇聚网关层结构图

根据泥石流流域分区，流域可大体分为形成区、流通区、堆积区，在三个区域的传感节点采集相应降雨数据后，以自组网的形式将采集数据传输到中继节点，再由中继节点传输至网关节点，通过网关节点对数据进行转换后，传输到 Internet 网络中，最后将数据传输到监控中心。

10.2.4　泥石流短临预警数据传输

泥石流短临预警报体系中主要有两个部分涉及数据的传输：①传感监测网中以自组网的方式构建的传感网络内部数据传输，②采用 4G 通信技术进行的远端数据传输。

（1）传感网内部数据传输——自组网。ZigBee 协议作为一种便宜、低功率、较高数据传输率以及低功耗的短距离无线组网通信技术，在此次无线传感监测网设计中，采用 ZigBee 协议作为传感监测网内数据传输协议，采用该协议，可以嵌入各种设备（遥测式雨量传感器），并可通过提前烧录的程序完成传感节点部分功能的自动控制，其余功能由远端监控中心发布命令执行。本书中 ZigBee 协议栈结构如图 10-18 所示。

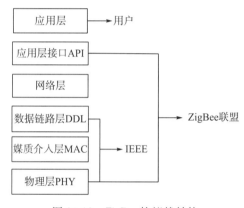

图 10-18　ZigBee 协议栈结构

（2）远端数据传输——4G 通信技术。根据短临预警报体系的需要，结合实际情况，在泥石流短临预警报体系远端数据传输技术选择上，本书选取 4G 通信技术进行远端数据传输。4G 通信技术网络结构分为三层，分别为应用网络层、中间环境层以及物理网络层，其中物理网络层主要提供接入以及路由选择功能，中间环境层主要提供地址变换、QOS（服务质量）映射、安全性管理等功能。4G 通信技术具有通信效率高、网络频谱更宽、通信方式灵活多变、兼容性强、具有更高的智能性等特点。

10.2.5　泥石流短临预警数据库

本书中泥石流短临预警报中的数据处理，主要采用 GIS 完成，而相应的工作又可以分为数据库构建、数据存储、数据处理三个部分，其具体工作流程如图 10-19 所示。

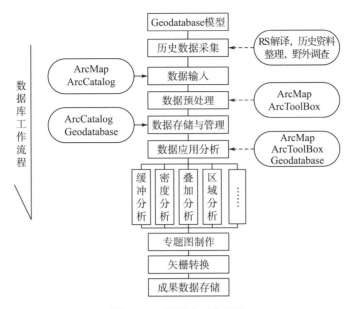

图 10-19 数据库工作流程

10.2.5.1 数据库构建

本书以 GIS 作为技术手段进行数据库设计,并确定数据结构。该数据库的构建主要由数据处理、结构设计以及数据库管理三个部分组成(图 10-20)。三个部分又由多个子类构成,如:结构设计又被分为逻辑结构、表结构以及空间图形要素结构;数据库管理又由维护更新及编辑修改组成;数据预处理主要由数据来源、数据种类、数据处理、数据录入等组成。

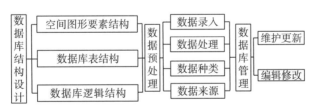

图 10-20 数据库构建流程

10.2.5.2 数据库结构设计

在此次泥石流短临预警报体系数据库结构设计中,由于初始数据处于无序状态且随着预警报体系的建立不断增加的新数据,加之数据安全备份的需要,本书中数据库主要由原始数据库、变量数据库、成果数据库三个子库构成。

原始数据库主要存储采集后未进行处理的数据,主要作为数据的原始备份,其主要数据库结构以数据本身具有的属性特征进行设计,分为空间数据及属性数据两个部分,其中空间数据又由矢量数据与栅格数据构成,属性数据主要由属性表组成;变量数据库,在整个泥石流短临预警报体系构建完成并顺利运行过程中,随着时间的推移,整个体系的基础端(传感监测网)将向监控中心传输大量数据,这些数据即为变量数据;成果数据库，该数据库中主要存储已完成数据处理过程后，可以在短临预警过程直接运用的数据，如：以历史泥石流数据，结合相应方法计算获取的泥石流临界降水量数据及研究区泥石流物源动储量数据等。数据库总体结构如图 10-21 所示。

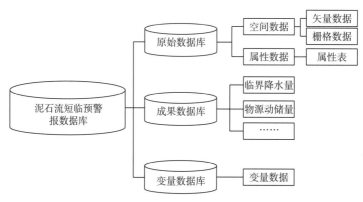

图 10-21　数据库总体结构图

10.2.5.3　数据库逻辑结构

在泥石流数据库构建中，主要有原始数据库、成果数据库、变量数据库；其中原始数据库主要用于存储采集后未进行处理的数据，同时对采集数据进行备份，根据 Geodatabase 数据模型，原始数据库中数据主要分为空间数据（栅格数据、矢量数据）、属性数据（属性表）；成果数据库中主要存储数据包括两个部分，其一为采集的历史泥石流数据收集处理后被存储于该数据中，基于本书泥石流短临预警机制，其数据主要包含泥石流沟道纵坡降、泥石流流域临界降水量、泥石流物源动储量、泥石流强活动性物源；变量数据库中主要存储通过传感监测网采集的变量数据，在本书中主要指泥石流实时降水量。其数据库逻辑结构如图 10-22 和图 10-23 所示。

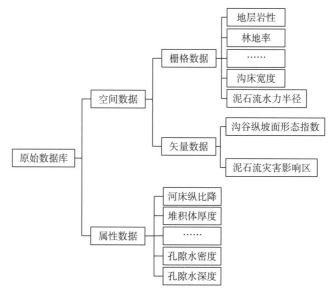

图 10-22　原始数据库逻辑结构

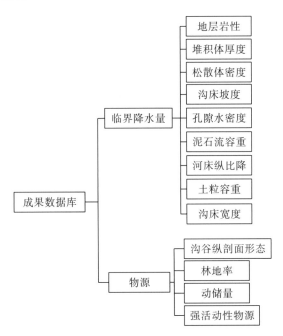

图 10-23　成果数据库逻辑结构

（1）数据库表结构。本书中数据主要设计有三张表，分别为物源表（PROVENANCE）、临界降水量表（CRITICAL）以及数据主表（DATA），各表的数据类型、说明及主外件如表 10-6～表 10-8 所示。

表 10-6　物源表结构

字段名	字段类型	字段意思
PROVENANCE _ ID	nvarchar	主键，物源表编号
PROVENANCE _ XT	decimal	沟谷纵剖面形态
PROVENANCE _ LD	nvarchar	林地率
PROVENANCE _ CL	decimal	动储量
PROVENANCE _ WY	decimal	强活动性物源

表 10-7　临界降水量表结构

字段名	字段类型	字段意思
CRITICAL _ ID	nvarchar	主键，临界降水量编号
CRITICAL _ DC	nvarchar	地层岩性
CRITICAL _ HD	decimal	堆积体厚度
CRITICAL _ MD	decimal	松散体密度
CRITICAL _ PD	decimal	沟床坡度
CRITICAL _ KXSMD	decimal	孔隙水密度
CRITICAL _ RZ	decimal	泥石流容重

字段名	字段类型	字段意思
CRITICAL_BJ	decimal	河床纵比降
CRITICAL_KD	decimal	沟床宽度

表 10-8　数据主表结构

字段名	字段类型	字段意思
DATA_ID	nvarchar	主键，数据主表编号
CRITICAL_ID	nvarchar	外键，临界降水量编号
PROVENANCE_ID	nvarchar	外键，物源表编号

（2）空间图形要素结构。本书中空间图形要素结构主要由栅格数据与矢量数据组成，矢量数据由点、线、面组成，结合上文对原始数据库逻辑结构研究成果，构建出空间图形要素结构如图 10-24 所示。

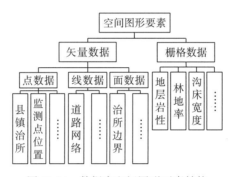

图 10-24　数据库空间图形要素结构

10.2.6　泥石流短临预警数据处理

在此次泥石流短临预警报体系设计数据处理中，数据主要来源于三个方面：①通过野外调查、勘查报告、遥感解译获取的初始数据；②采用临界水深法及灰色预测模型估算的临界降水量与物源动储量数据；③由传感监测网获取的变量数据。无论是获取的初始数据还是变量数据，皆为泥石流短临预警报体系中的基础数据，因此在本书中采用 ArcGIS 10.2 对采集的初始数据与变量数据进行处理，在完成对临界降水量、物源储量以及实时降水量数据的收集后，生成泥石流短临预警报专题图，最后将数据分别存储入成果数据库及变量数据库中。泥石流短临预警数据处理的过程主要可以分为三个步骤：数据来源、数据种类、数据处理及录入。

10.2.6.1　数据来源

本书数据来源主要由以下几个部分组成：①来源于野外调查勘查报告及遥感解译获取的泥石流相关基础数据；②来自中国气象数据网的研究区历史降水量数据；③采用临界水深法计算数据；④来源于高精度地形网格数据 SRTM(CGIAR-CSI)的研究区数值高程模型(DEM)；⑤来源于传感监测网的实时降水量数据。

10.2.6.2　数据种类

在 ArcGIS 中数据种类主要以对象数据模型（Geodatabase）与地理关系数据模型（Shapefile）为主；其中 Geodatabase 将属性数据与空间数据存储于系统中，而地理关系数据模型则是使用分离的系统对属性数据与空间数据进行存储。此次泥石流短临预警报体系中数据库构建采用对象数据模型。

对于 Geodatabase，可以存储简单要素类（Shapefile）、要素集，并以 Geodatabase 对象的方式，将对空间信息、属性信息进行验证的栅格、表格、注记以及关系类等进行存储。根据上述研究，本书主要存储对象为栅格、Shapefile 要素、要素集等。

10.2.6.3　数据处理及录入

在泥石流短临预警报体系中，需要处理的数据主要包括泥石流临界降水量及物源动储量。而目前，国内外对泥石流临界降水量分析方法主要有三种，分别为实证法、频率计算法、泥石流临界水深计算法，其中实证法适用于具有长期关于降水量与泥石流灾害历史数据的区域，采取的主要手段是通过对相关数据进行启动机理、统计分析后，获取前期降水量和临界降水量与泥石流灾害之间的关系，并绘制泥石流降水量阈值曲线；频率计算法适用于具有丰富降水量数据，但缺少泥石流灾害统计数据的区域，采取的方法为基于一个假设，即泥石流灾害的发生与暴雨处于同一频率，因此只需要对暴雨频率进行计算，进而得到泥石流的临界降水量；泥石流临界水深计算法适用于泥石流灾害及降水量数据较为缺乏区域，采取方法主要是基于泥石流启动机制，根据流域地形、松散堆积物特征等要素，计算泥石流启动的临界水深，进而推导出泥石流的临界降水量。在本书中，结合实际条件，主要采用泥石流临界水深法求取泥石流临界降水量，而对于物源动储量数据则主要采用 ArcGIS 10.2 结合已采集基础数据进行分析处理。其泥石流临界降水量及物源动储量数据处理具体过程与原理如下。

1. 泥石流降水量组成情况

前期降水量：指在泥石流暴发日前连续降雨后，经过蒸发、植被吸收、径流等过程后，仍对松散堆积体含水状况起作用的降水量（前期降水量又可分为间接前期降水量和直接前期降水量）。前期降水量的存在导致形成区内松散堆积体含水率增加，饱和度增大，进而导致松散堆积体强度降低，稳定性变差。其计算公式为

$$P_a = P_{a0} + P_z \tag{10-1}$$

式中：P_a——前期降水量；P_{a0}——间接前期降水量；P_z——直接前期降水量。

（1）间接前期降水量：指在泥石流暴发前几天流域内的降水量。在经过地表蒸发、植物吸收等过程后，仍对泥石流产生作用的降水量，即间接前期降水量（土体的前期含水率）。其计算公式为

$$P_{a0} = \sum_{i=1}^{n} KP_i \tag{10-2}$$

式中：K——衰减系数；P_i——泥石流暴发前 i 天的当日降水量。

（2）直接前期降水量：指诱发泥石流暴发的临界降水量（临界降水量：泥石流暴发时的实时降水量，也被称为泥石流降水量阈值）前的当日降水量，其受到植被吸收、蒸发等活动的影响接近于无，这个时间段的降水量即为直接前期降水量；其计算公式为

$$P_z = \sum_{t_0}^{t_n} r \tag{10-3}$$

式中：r——降水量；t_0——当日降水开始时间；t_n——泥石流激发水量开始时间。

2．产汇流分析

泥石流的产汇流分析需要理解一个最基本的概念，即"蓄满产流"理论。大气降水后，与地面接触存在消耗（植被吸收、大气蒸发、坡面径流）与遗留（土壤蓄水、洼地填充）两种情况，而土壤与植被整体蓄水量有限，在暴雨情况下，当达到土壤与植被需水量极限后，就可能有泥石流灾害发生，此时即可通过泥石流临界水位深度，逆向推导出泥石流的临界降水量，即为"蓄满产流"理论（图10-25）。

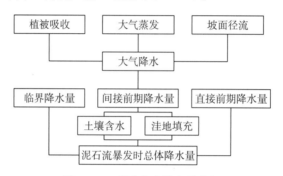

图10-25　蓄满产流降水量流程

根据"蓄满产流"理论，径流深计算公式为

$$R = P - I = P - (W_m - W_b) \tag{10-4}$$
$$R + W_m = P + W_b \tag{10-5}$$

式中：R——径流深；P——一次降水量；I——降水量的损失量；W_m——流域内最大蓄水量（根据我国大部分经验表明，流域最大蓄水量 W_m 一般为 80～120mm）；W_b——一次降水开始前土壤含水量。

3．泥石流临界降水量

（1）泥石流临界水深计算。

①松散堆积体受力分析。通常情况下由于泥石流沟床内的松散堆积体长度与宽度远远大于堆积体厚度，因此对松散堆积的受力分析可以采用无限坡模型。具体计算过程如下。

首先，假设泥石流松散堆积体厚度为 h，坡度为 θ，孔隙水深为 h_w。

其次，松散堆积体主要受到两个力的影响，即重力和孔隙水压力，其受力分析如图10-26所示。

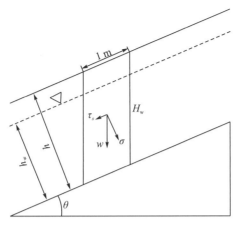

图 10-26　松散堆积体受力分析

再次，根据摩尔-库伦强度准则计算松散堆积体抗剪强度，其计算公式为

$$\tau_f = c + (\sigma - u)\tan\varphi \tag{10-6}$$

式中：φ——松散堆积体的内摩擦角；c——松散堆积体的内聚力；u——沟床面上孔隙水压力；σ——堆积体对沟床压力(正应力)；τ_f——松散堆积体的抗压强度。

由公式(10-6)可知，欲求松散堆积体的抗压强度，需要获取的数据有：松散堆积体内摩擦角、内聚力、正应力以及孔隙水压力。其中，内摩擦角与内聚力由松散堆积体物质构成所决定，此处暂不讨论。

再次，剪应力 τ_s 为堆积体重力沿沟床平面往下方向上的分量，其计算公式为

$$\tau_s = \rho_s gh\sin\theta \tag{10-7}$$

式中：g——重力加速度；h——堆积体厚度；ρ_s——松散堆积体密度；θ——沟床坡度；

再次，正应力 σ 为堆积体重力垂直于沟床平面方向上的分力，其计算公式为

$$\sigma = \rho_s gh\cos\theta \tag{10-8}$$

式中：g——重力加速度；h——堆积体厚度；ρ_s——松散堆积体密度；θ——沟床坡度。

最后，孔隙水压力计算公式为

$$u = \rho_w gh_w\cos\theta \tag{10-9}$$

式中：g——重力加速度；θ——沟床坡度；ρ_w——水的密度；h_w——水深。

②对松散堆积体的安全系数 FS 进行计算。由于松散堆积体的安全系数为其抗剪强度与剪应力的比值，因此要获取安全系数 FS，需要对抗剪强度与剪应力进行计算，其中抗剪强度、剪应力的计算公式见式(10-6)和式(10-7)，将式(10-8)和式(10-9)代入式(10-6)得到抗剪强度 τ_f 计算公式

$$\tau_f = c + (\rho_s gh - \rho_w gh_w)\cos\theta\tan\varphi \tag{10-10}$$

进而推导出松散堆积体的安全系数 FS 的计算公式为

$$FS = \frac{\tau_f}{\tau_s} = \frac{c + (\rho_s gh - \rho_w gh_w)\cos\theta\tan\varphi}{\rho_s gh\sin\theta} \tag{10-11}$$

③临界水深计算。随着降雨的持续进行，松散堆积体中水深将不断增加，从而使孔隙水压力增大，导致堆积体的有效应力下降、抗剪强度降低、安全系数减小；因此，根

据极限平衡理论，当安全系数值为 1 时，表明松散堆积体已处于极限平衡状态(临界破坏状态)，此时松散堆积体将失稳，泥石流暴发。依上所述，当松散堆积体的安全系数值为 1 时，h_w 即为泥石流发生时的临界水深，根据式(10-11)推导得，泥石流临界水深计算公式为

$$h_{w} = \frac{\rho_{s}gh - \dfrac{\rho_{s}gh\sin\theta - c}{\cos\theta\tan\varphi}}{\rho_{w}g} = \frac{\rho_{s}h}{\rho_{w}} - \frac{\rho_{s}h\tan\theta}{\rho_{w}\tan\varphi} + \frac{c}{\rho_{w}g\cos\theta\tan\varphi} \tag{10-12}$$

(2)泥石流临界降水量计算。根据"蓄满产流"理论，结合泥石流临界水深算法，逐步计算泥石流临界降水量，具体步骤如下。

①取泥石流沟床横截面，并设泥石流沟床宽度为 B。

②通过公式计算泥石流流域内平均流量，具体计算公式为

$$Q = BVh_{w} \tag{10-13}$$

式中：Q——泥石流流域内平均流量；h_w——泥石流临界水深；V——泥石流的流速；B——泥石流沟床宽度。

③泥石流流速 V 的计算。泥石流流速计算采用铁道科学研究院西南研究所推荐的公式：

$$V = \frac{m_{c}}{\sqrt{r_{H}\phi + 1}}R_{w}^{2/3}I^{1/2} \tag{10-14}$$

$$\phi = (r_{c} - 1)/(r_{H} - r_{c}) \tag{10-15}$$

式中：r_H——泥石流容重；m_c——泥石流糙率系数；R_w——泥石流水力半径(相对于泥石流沟，可用临界水深 h_w 代替)；I——水面比降(可用河床纵比降替代)；ϕ——泥石流修正系数；r_c——泥石流土粒容重。

在一定时间段内，泥石流总径流量平铺于整个泥石流流域面积上后，水层的深度即为径流深。此次研究以 1h 降水强度作为泥石流激发降水量，径流深 R 即可由以下公式表示：

$$R = \frac{3.6\sum Q\Delta t}{F} = \frac{3.6Q}{F} \tag{10-16}$$

式中：Q——泥石流流域内的平均流量；F——流域面积；Δt——选择时间段。

前期降水量主要对一次降水前土壤含水率造成影响，因此可以使用前期降水量替代式(10-5)中的土壤含水率 W_b；另可使用 1h 降水量 I_{60} 替代一次降水量 P；由此式(10-5)可以变换为

$$I_{60} + P_{a} = R + W_{m} \tag{10-17}$$

因为泥石流流域内最大蓄水量 W_m 为定值，所以当泥石流发生时 $R + W_m$ 也为定值。相应的当 1h 降水量与前期降水量($I_{60} + P_a$)达到这一定值时，泥石流将会暴发，此处的 $I_{60} + P_a$ 即为泥石流的临界降水量。但由于前期降水量仅对土壤含水率造成影响，因此可以忽略前期降水量和流域内最大蓄水量的影响，此时 $I_{60} = R$，所以径流深即为该区域内诱使泥石流暴发的临界降水量。

4. 泥石流物源动储量数据处理

(1)松散固体物质分类。在自然灾害中，泥石流主要指在沟壑纵横、地形险峻的山区，在连续降雨条件下，引发的携带大量泥沙及块石的特殊洪流；洪水是指江河水量快速迅猛增加并导致水位急剧上涨的自然现象。而泥石流和洪水在组成物质上最明显的区别，即为泥石流所含有的固体物质远远大于洪水所裹挟的泥沙等固体物质。基于泥石流启动及形成机理，可将与泥石流相关的松散固体物质分为三类：静储量、动储量、强活动性物源。

(2)松散固体物质动储量。松散固体物质是泥石流形成必不可少的物质基础，在连续降雨情况下，如欲将洪流向泥石流进行转化，必须满足流体的容重达到较高的临界值，而要达到这样的条件，就需要使沟床中松散固体物质聚集相当大的数量，因此在泥石流活动过程中，松散固体物质动储量成为对其进行评判的主要指标之一；本书中松散固体物质的动储量估算主要通过野外调查，结合遥感影像解译结果进行计算，其中遥感解译工作初步确定松散堆积体的大小及位置，再通过野外调查工作明确松散堆积体的大小、厚度等详细参数。

基于泥石流临界水深计算模型，本书采集的数据由泥石流短临预警评价指标体系确定，如表 10-9 所示。

表 10-9　泥石流短临预警报评价指标体系

一级指标	二级指标	描述
临界降水量	地层岩性	研究区地层岩性情况
	堆积体厚度	研究区堆积体厚度
	松散体密度	单位体积内松散体质量
	沟床坡度	泥石流沟道纵向坡度
	孔隙水密度	单位体积内孔隙水质量
	泥石流容重	单位容积内泥石流重量
	河床纵比降	河床落差与其长度比值
	土粒容重	单位体积固体土粒的干重
	河床宽度	河床开口宽度
物源	沟谷纵剖面形态指数	纵坡面形态方程的指数
	林地率	植被覆盖范围
	动储量	所有可能参加泥石流活动的松散堆积物
	强活动性物源	一次泥石流活动中最大可能提供的物源量

本书以研究区历史降水量数据的处理为例，进行数据处理。首先在中国气象数据网获取各个气象站点位置及其对应的降水；其次获取研究数值高程模型(DEM)；在完成上述数据准备工作条件下，各个气象站点位置矢量化于 DEM 图层上，并在属性表中添加对应降水量数据；由于各站点的布设位置，无法对研究区进行覆盖，因此采用 ArcGIS 10.2 对采集的数据进行处理，使用空间分析工具中的插值分析工具，即将点状降水量数

据转化为面状降水量数据，将完成后的数据导入成果数据库中，完成对历史降水量数据
的处理。

　　数据录入与管理工作，主要依赖于数据库管理工具（ArcCatalog）；在完成初始数据
的采集工作后，使用 ArcCatalog 工具的数据导入功能，将数据按照相应数据库结构导入
原始数据库，然后对初始数据进行处理，完成数据处理后，再将数据导入成果数据库，
进而完成数据录入工作。同时，ArcCatalog 工具还包含有对数据进行编辑修改、维护更
新等管理功能。

10.2.7　泥石流短临预警信息发布

　　在泥石流短临预警报体系设计中警报信息发布，以监控中心为起点、以灾害影响范
围内居民为终点进行预报。整个信息发布包含远程监控中心、数据存储、信息发布三个
部分。远程监控中心负责数据分析处理、设备调控、信息发布等；数据存储对采集、处
理的数据进行存储备份；而信息发布主要采用预警信息自动发布及人工发布两种方式，
其中预警信息的自动发布方式主要包括分离式预警器、App 及手机短信，人工发布方式
主要有相关政府部门通过灾情相应负责人对外发布警报信息。整个泥石流短临预警报体
系信息发布机制如图 10-27 所示。

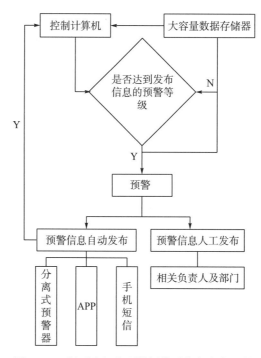

图 10-27　泥石流短临预警报体系信息发布机制

10.3　典型案例应用

10.3.1　典型区概况

七盘沟泥石流位于汶川县城西南约 5km 处威州镇七盘沟村，沟口坐标为东经 103°32′40.49″，北纬 31°26′39.19″。海拔为 1303~4344m，为高山峡谷地区，地势整体为西北低东南高，呈倾斜状，山脉呈北东—南西走向(图 10-28)。七盘沟内人类工程活动活跃，主要有前期建设开挖回填、开荒、矿山开发等，在人类进行各类工程活动中，由于建设开挖形成新的临空面，开荒所导致的植被破坏以及矿山开发所产生的各种废弃矿渣都为泥石流的形成提供了有利条件。

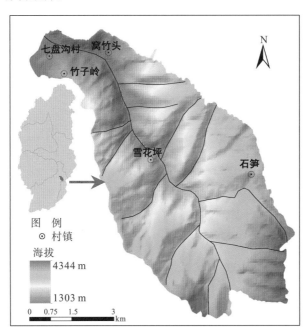

图 10-28　七盘沟泥石流流域地理位置

10.3.2　典型区数据采集

(1)基础数据采集。根据 10.2 节所述，本书采集数据主要通过中国气象网站、《七盘沟泥石流勘察报告》、七盘沟卫星影像及 ArcGIS 等方式获取，主要获取七盘沟松散堆积体分布区域、坡度、厚度、密度、内摩擦角、内聚力等。其中松散堆积体分布情况以七盘沟泥石流勘察报告为主，结合卫星影像获取；而堆积体厚度、密度、内摩擦角、内聚力等要素皆来源于泥石流勘察报告；最后坡度要素则通过 ArcGIS 10.2 对数字高程模型(DEM)处理而获取，其具体结果如下：①基于七盘沟 Google Earth 影像图提取七盘沟流域松散堆积体分布范围，其结果如图 10-29 所示；②基于 10.2 节对泥石流临界降水量方法的设计，对相应数据进行收集及处理，首先采用 ArcGIS 10.2 中数据管理工具中的栅格裁剪工具，获取松散堆积体的 DEM 数据，其次使用 3D 分析工具中栅格表面坡度工具，获取松散堆积体处坡度数据，其坡度数据如图 10-30 所示；③根据七盘沟泥石流勘察报告对研究区 116 处物源点相关属性值进行统计。

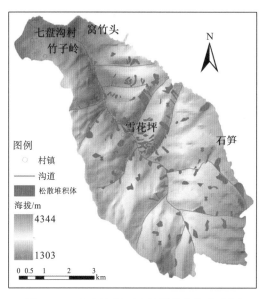

图 10-29　七盘沟泥石流松散堆积体分布图

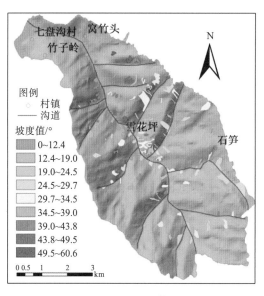

图 10-30　松散堆积体坡度图

（2）传感节点布设。七盘沟位于岷江上游东南部，结合前文对传感节点布设规律的总结可知，汶川县七盘沟传感节点布设规律为在地貌条件下，主要布设于小起伏中山、小起伏高山、中起伏中山、中起伏高山；在坡度条件下，传感节点布设密度由西北至东南区域逐渐增大，且随着坡度的增加降水量也不断增加，因此同一区域内，传感节点布设于坡度最大处；在小于 4344m，布设于海拔 4238m 处，其余区域布设于高海拔区域处。其具体布设情况如图 10-31 所示。

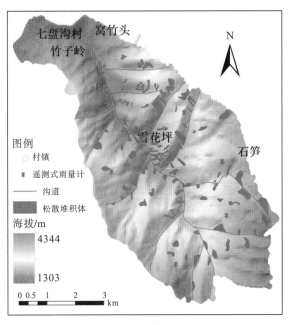

图 10-31　七盘沟传感节点布设图

10.3.3　典型区数据处理

10.3.3.1　泥石流临界水深计算

1. 数据导入

将物源属性值统计表数值导入 ArcGIS 数据图中，其具体步骤如下：①于 ArcGIS 中内容列表处加载堆积体矢量面数据；②选择堆积体矢量面数据图层，打开属性表；③在属性表菜单中选择添加字段，于属性表中添加 6 个字段；④在编辑器中开始编辑该图层，并由 Excel 表中导入相应数据至属性表中，如图 10-32所示。

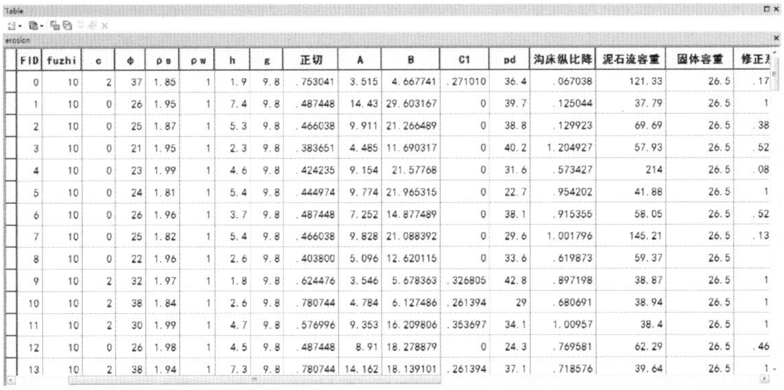

FID	fuzhi	c	Φ	ρs	ρw	h	g	正切	A	B	C1	pd	沟床纵比降	泥石流容重	固体容重	修正
0	10	2	37	1.85	1	1.9	9.8	.753041	3.515	4.667741	.271010	36.4	.067038	121.33	26.5	.17
1	10	0	26	1.95	1	7.4	9.8	.487448	14.43	29.603167	0	39.7	.125044	37.79	26.5	1
2	10	0	25	1.87	1	5.3	9.8	.466038	9.911	21.266489	0	38.8	.129923	69.69	26.5	.38
3	10	0	21	1.95	1	2.3	9.8	.383651	4.485	11.690317	0	40.2	1.204927	57.93	26.5	.52
4	10	0	23	1.99	1	4.6	9.8	.424235	9.154	21.57768	0	31.6	.573427	214	26.5	.08
5	10	0	24	1.81	1	5.4	9.8	.444974	9.774	21.965315	0	22.7	.954202	41.88	26.5	1
6	10	0	26	1.96	1	3.7	9.8	.487448	7.252	14.877489	0	38.1	.915355	58.05	26.5	.52
7	10	0	25	1.82	1	5.4	9.8	.466038	9.828	21.088392	0	29.6	1.001796	145.21	26.5	.13
8	10	0	22	1.96	1	2.6	9.8	.403800	5.096	12.620115	0	33.6	.619873	59.37	26.5	
9	10	2	32	1.97	1	1.8	9.8	.624476	3.546	5.678363	.326805	42.8	.897198	38.87	26.5	1
10	10	2	38	1.84	1	2.6	9.8	.780744	4.784	6.127486	.261394	29	.680691	38.94	26.5	1
11	10	2	30	1.99	1	4.7	9.8	.576996	9.353	16.209806	.353697	34.1	1.00957	38.4	26.5	1
12	10	0	26	1.98	1	4.5	9.8	.487448	8.91	18.278879	0	24.3	.769581	62.29	26.5	.46
13	10	2	38	1.94	1	7.3	9.8	.780744	14.162	18.139101	.261394	37.1	.718576	39.64	26.5	1-

图 10-32　松散堆积体属性数据导入成果图

　　2. 泥石流临界水深计算

　　在完成上述数据采集处理导入工作后，基于10.2.6.3节中泥石流临界水深计算公式(10-12)，获取松散堆积体的临界水深，具体操作步骤如下：①基于松散堆积体矢量图及其属性表值，使用转换工具中要素转栅格工具，生成6个要素对应的栅格图层；②结合松散堆积体坡度图层及ToolBox中数学分析工具中三角函数分析，获取松散体坡度图层的正弦、余弦及正切值；③使用空间分析工具中的栅格计算器，对获取的各栅格数据，采用临界水深计算公式进行计算，得到松散堆积体的临界水深数据如图10-33所示。

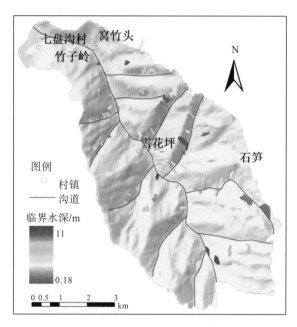

图 10-33　七盘沟临界水深计算结果

10.3.3.2　泥石流临界降水量计算

　　由前文可知，本书中对泥石流临界降水量计算主要采用"蓄满产流"理论，结合上文中对泥石流临界水深的计算结果，最终获取泥石流临界降水量。本书中对泥石流流速计算采用由铁道科学研究院西南研究所推荐泥石流流速计算公式。基于泥石流流速计算公式，需要采集的数据有泥石流容重、糙率系数、水力半径(对于泥石流沟，采用临界水深替代)、水面比降(河床纵比降)、修正系数、土粒容重，结合七盘沟泥石流勘察报告及七盘沟泥石流临界水深计算结果，取得松散堆积体临界启动值计算所需参数，并将相应数据导入ArcGIS 10.2属性数据表中，如图10-34所示。

　　在ArcGIS 10.2中泥石流临界降水量具体计算过程如下：①使用转换工具，将不同字段(纵比降、容重、修正系数等)数据转换为栅格数据；②完成上述操作步骤后，采用栅格计算器，将生成的基础数据栅格图结合泥石流流速计算公式，对各松散堆积体的临界启动值进行计算，得到各松散堆积体临界启动值图件，如图10-35所示；③根据公式计算泥石流流域内平均流量，然后基于临界水深法的概念，计算不同松散堆积体所需的临界降水量，采用ArcGIS 10.2计算结果如图10-36所示。

FID	Shape *	Id	长度	最高点	最低点	高差	沟床纵比降	糙率系数	固体容重
0	折线	0	97.286934	1550	1510	40	.411155	7.1	26.5
1	折线	0	104.418738	1570	1563	7	.067038	7.1	26.5
2	折线	0	107.365917	1730	1620	110	1.025489	7.2	26.5
3	折线	0	143.949184	1600	1582	18	.125044	9	26.5
4	折线	0	76.968442	1627	1617	10	.129923	6.7	26.5
5	折线	0	149.386589	2370	2190	180	1.204927	8.4	26.5
6	折线	0	418.536491	2740	2500	240	.573427	7	26.5
7	折线	0	335.358767	2760	2440	320	.954202	7.4	26.5
8	折线	0	142.521411	1800	1670	130	.913355	7.5	26.5
9	折线	0	219.605602	1970	1750	220	1.001796	7.2	26.5
10	折线	0	209.720267	1940	1810	130	.619873	7.3	26.5
11	折线	0	148.239292	2323	2190	133	.897198	8.9	26.5
12	折线	0	171.884081	2010	1893	117	.680691	8.7	26.5
13	折线	0	227.819804	2660	2430	230	1.00957	7.4	26.5
14	折线	0	402.816805	2650	2340	310	.769581	8.2	26.5

图 10-34　七盘沟松散堆积体临界启动值计算基础数据

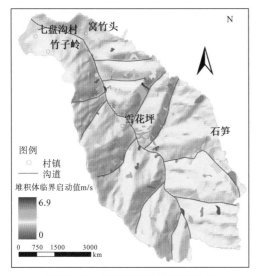

图 10-35　松散堆积体临界启动值

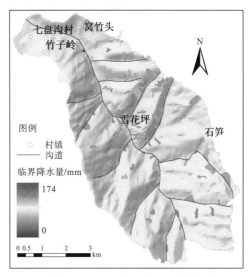

图 10-36　松散堆积体临界降水量

10.3.3.3　泥石流物源动储量计算

根据上文所述，结合《七盘沟泥石流勘察报告》及松散堆积体解译数据，在 ArcGIS 10.2 条件下，得出七盘沟泥石流动储量结果，如图 10-37 所示。

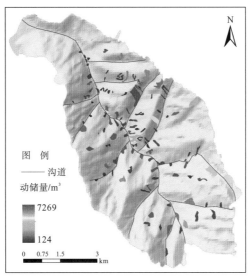

图 10-37　七盘沟松散堆积体动储量

10.3.4 典型区数据存储与管理

根据上文所述的数据库架构模式，采用 ArcGIS 10.2，建立七盘沟泥石流短临预警报体系数据库用以完成相关数据的存储与管理，具体步骤如下：①打开 ArcCatalog 工具，分别创建七盘沟泥石流预警报原始数据库、变量数据库、成果数据库；②根据数据库架构模式，在各自数据库下构建相应的要素数据集、要素类、关联表、栅格数据集等；③完成数据库框架构建后，将已处理完成的七盘沟数据加载入对应数据库中，完成七盘沟泥石流短临预警报体系数据库构建，具体构建完成结果如图 10-38 所示；④在完成数据导入后，只需关注变量数据库中获取的实时降水量，结合上文分析计算得出的七盘沟临界降水量及松散物源动储量图件，获取不同降水量条件下，松散物源的变化情况，完成对泥石流的短临监控和精确监控。

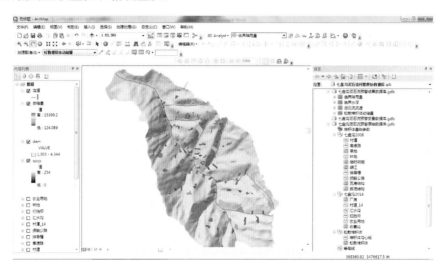

图 10-38 七盘沟泥石流短临预警报体系数据库构建

参 考 文 献

曹修定，阮俊，郑宝锋，等，2007. GIS 技术在地质灾害信息系统中的应用[J]. 中国地质灾害与防治学报，18(3)：112-115.

陈景武，1985. 云南东川蒋家沟泥石流暴发与暴雨关系的初步分析[A]. 中国科学院兰州冰川冻土研究所集刊(4)[C]. 北京：科学出版社：88-96.

陈军，李洁，南立波，2009. GIS 发展应用综述[C]. 第十四届全国青年通信学术会议论文集.

陈龙，2008. 汶川地震区泥石流监测预警方法研究——以四川省三大片区泥石流为例[D]. 成都：成都理工大学.

程文波，王华军，2012. 矿井无线传感器网路建构方法研究[J]. 金属矿山，3：107-109.

丛威青，潘懋，李铁锋，等，2006. 降雨型泥石流临界雨量定量分析[J]. 岩石力学与工程学报，25(1)：2808-2812.

崔鹏，高克昌，韦方强，等，2005. 泥石流预测预报研究进展[J]. 学科发展，20(5)：363-369.

高克昌，崔鹏，赵纯勇，等，2006. 基于地理信息系统和信息量模型的滑坡危险性评价——以重庆万州为例[J]. 岩石力学与工程学报，25(5)：991-996.

高速，周平根，董颖，等，2002. 泥石流预测预报技术方法的研究现状浅析[J]. 工程地质学报，10(03)：279—285.

阮沈勇，黄润秋，2001. 基于 GIS 的信息量法模型在地质灾害危险性区划中的应用[J]. 成都理工学院学报，28(1)：89—92.

谭万沛，1989. 泥石流沟的临界雨量线分布特征[J]. 水土保持通报，1989，9(6)：21—26.

谭万沛，王成华，1994. 暴雨泥石流滑坡的区域预测与预报——以攀西地区为例[M]. 成都：四川科技出版社.

王利先，于志民，2001. 山洪及泥石流灾害预测[M]. 北京：中国林业大学出版社.

乌卜伦，刘瑜，2004. 地理信息系统－原理、方法和应用[M]. 北京：科学出版社.

尹国龙，2014. 汶川地震三大片区降雨特征分析及泥石流预警方法研究[D]. 成都：成都理工大学.

游勇，柳金峰，2009. 汶川 8 级地震对岷江上游泥石流灾害防治的影响[J]. 四川大学学报(工程科学版)，41(增刊)：16—22.

张京红，韦方强，邓波，等，2007. 中小区域短临泥石流滚动预报系统的研制[J]. 气象与环境学报，23(1)：1—5.

周志东，黄强，邓婷，2011. 四川红椿沟泥石流成因初步分析[J]. 水利水电技术，42(9)：56—57.

朱平一，程尊兰，汪阳春，2000. 长江上游暴雨泥石流与环境研究[J]. 水土保持学报，14(5)：35—40.

Aleotti P A，2004. Warning system for rainfall-induced shallow failures[J]. Engineering Geology，73：247—265.

第 11 章　结论与展望

11.1　结　　论

　　岷江上游区域是长江上游典型的生态环境脆弱区和山地灾害多发区。区域内人类活动和泥石流灾害两者均随时间变化而变化，对于两者关系的研究具有重要的科学意义和实践价值。本书在区域野外调查的基础上，结合遥感影像和区域历史统计资料，利用 RS 和 GIS 等技术手段，从泥石流灾害的成灾规律、人类活动的基本规律以及与人类活动的关系出发进行灾害评价，对区域灾害危险性、易损性及风险性进行预测，并提出相应的预警设计，为地区灾害防治提供一定的帮助。本书的主要研究结论如下。

　　(1)岷江上游基本特征。岷江上游地貌基本类型主要为中起伏高山、大起伏中山、中起伏中山，其次为大起伏高山。其中，中起伏高山分布最广，面积为 6479.72km²，占总面积的 29.64%；其次为大起伏中山、中起伏中山，面积分别为 5414.72km²、4744.68km²，占总面积的 24.77% 与 21.71%；大起伏高山面积为 3280.36km²，占总面积的 15.01%；其余地貌类型分布范围极小，由高到低依次为小起伏高山、小起伏中山、大起伏极高山、中起伏低山、高海拔丘陵、中起伏极高山、小起伏低山、大起伏低山，面积分别为 1404.84km²、392.64km²、51.76km²、46.12km²、17.28km²、13.08km²、11.16km²、2.56km²，分别占总面积的 6.43%、1.8%、0.24%、0.21%、0.08%、0.06%、0.05%、0.01%。

　　岷江上游山区降水量整体趋势为自西北向东南逐渐增大，且东南部最高海拔处降水量大于西北部低海拔处降水量，最大降水量发生位置为海拔 6151m；最小降水量发生位置为海拔 3751m 处，该处为岷江上游降水量拐点处；在通过岷江上游降水量与高程分布图进行分析可知，岷江上游最小降水量区域皆为干旱河谷区域，河谷区域两侧区域随着海拔的增加，降水量逐渐增大，直至山脊处。

　　通过对岷江上游进行区域划分(西北部、中部、东南部)后，对降水量垂直分异特征进行研究可知下述三点。①西北部：西北区域于 2650m、3650m 两处出现拐点，拐点降水量分别为 654mm、642mm，当海拔小于 2650m 时，降水量随海拔的升高而降低；当海拔位于 2650~3650m 时，降水量随海拔的增加而逐渐降低；当海拔大于 3650m 时，降水量随海拔的升高而增加。②中部：随着垂直高度的上升，降水量增加；但在局部区域，如垂直高度为 1395~2280m，随着垂直高度的上升，降水量逐渐减小；在垂直高度 2760~4200m 时，随着垂直高度的增加，降水量变化趋势不明显，整个区段内降水量在 700mm 左右。③东南部：随着垂直高度的上升，降水量增加；但在局部区域，如垂直高度为 784~1766m 时，随着垂直高度的上升，降水量逐渐减小；在垂直高度为 1766~4238m 时，随着垂直高度的增加，降水量增加，且递增率为 0.65mm/100m。

（2）泥石流数据库构建。基于 ArcGIS 平台建立了泥石流灾害空间数据库，包括图形数据库和属性数据库，通过建立二者的连接实现对研究区各种数据资料的存储、编辑、管理、使用和更新，利用 ArcGIS 强大的空间分析功能对基础数据资料进行分析，得到影响研究区泥石流危险性评价的各因子图层。

（3）泥石流堆积扇的特征。整个岷江上游流域的泥石流堆积扇的规模不等，其主要取决于泥石流的流量、总输移量、出山口到主河间的宽度以及河流的冲刷作用等。泥石流堆积扇的平面形态多样，主要由泥石流自身条件和出山口处的环境这两个因素决定，定量地展示泥石流堆积扇的平面形态，即利用泥石流堆积平面形态比（DSPS$=L/W$）。河谷聚落和泥石流灾害数量分布现状主要集中分布在低中山区，坡度 35°以下、平地和北西两个方向的区域内。

岷江上游 1994~2014 年 20 年间泥石流灾害数量明显增加，整体上泥石流堆积扇的面积和周长呈增大趋势，1994~2004 年以原始泥石流堆积扇的演化为主，2004~2014 年主要为新增泥石流堆积扇造成的演化；扇体面积和最大堆积宽度的最大值在泥石流灾害数量增多的情况下呈现出先压缩后扩大，而泥石流最大堆积长度则呈现前 10 年间的小幅度波动、后 10 年大幅度增长的状态；泥石流堆积扇形态整体由 $L<W$ 向 $L>W$ 演变，即堆积扇的形态由横向扩展转向纵向发展；泥石流堆积扇几何中心点的分布特征为：在高程上，1994~2014 年的泥石流堆积扇有所增加，20 年间的分布格局保持一致，均为在低山区和高山区分布极少，在 1000~3500m 的中山区集中分布。但堆积扇几何点在各级高程上的分布模式却不同，1994~2004 年向中山区转移，而 2004~2014 年向低山区和高山区有所转移；在坡度上，泥石流堆积扇的几何中心点主要集中在 35°以下地区，但整体上泥石流堆积扇几何中心点是在向低坡度区转移，1994~2004 年 10 年间的分布格局相同，2004~2014 年由于受地震和分布格局的影响，泥石流堆积扇几何中心点由随坡度增加呈波动下降变为随坡度增加呈线性下降；在坡向上，1994 年和 2004 年泥石流堆积扇几何中心点分布在平地和北西两个方向上，1994~2014 年这 20 年间的泥石流堆积扇几何中心点整体上呈增加趋势，但其空间分布格局无明显变化，泥石流堆积扇几何中心点在坡向上的迁移演化模式呈现四种状态。

（4）泥石流发育规律。区内泥石流物源主要以崩滑地质体、沟底堆积、坡面侵蚀为主。概括泥石流启动机制为地表径流引起沟道两侧斜坡中下部松散物质整体向沟道位移，或 "V" 字型沟底产生湍急水流，冲刷沟道堆积的松散物，使其运动。

（5）泥石流灾害风险评价。岷江上游全区风险度较小，基本都在低风险区，风险较高的区域主要集中在茂县、黑水县和松潘县的城区附近，汶川县境内属于较低和中等风险区，比较符合实际情况。岷江上游泥石流灾害高危险区总面积为 5216.28km²，占全区总面积的 22.43%，但有 78.43% 的泥石流灾害分布在其中；该区不与低危险区相联，只与中危险区接壤；高危险区的分布主要与水系形态和人口活动密切相关，是经济活动最为频繁的地区；值得注意的是岷江上游五县县城和干温河谷区（主要位于松潘县镇江关以下，黑水县河西尔以下，理县杂谷脑镇以下，汶川县绵虒以上广大地区）基本都在高发区里。中危险区总面积为 11763.53km²，占全区总面积的 50.58%；区内有泥石流灾害 69 处，占全区调查总数的 20.12%。低危险区较为分散，总面积为 6276.39km²，占全区总面积的 26.99%；区内灾害较少，有 5 条典型泥石流沟，是水系和人烟较稀少的地区。

(6)河谷聚落的特征。岷江上游河谷聚落是该区域内最主要的聚落形态。在岷江干流以及较大的支流两侧成条带状，但在局部的节点地区形成平面上的不规则团块状。从另一角度看，岷江上游河谷聚落土地利用类型在整个流域呈松散状，在局部的地势平缓的地带呈集聚状。岷江上游土地利用类型划分为：耕地、林(草)地、裸地、城乡建设用地、冰川、水域 6 个类型，得到的土地利用类型总体分类精度为 97.05%，kappa 系数为 0.9644，分类结果评价良好。

岷江上游河谷聚落 1994~2014 年总面积是扩大的，聚落密度呈现先集聚后局部范围内出现衰退迹象，平面形态整体由规则形态向不规则变化。河谷聚落斑块的分布特征为：在高程上，在低山区呈现高密度的集中，在中山区呈现数量上的集聚，对比发现河谷聚落逐渐向低海拔迁移而且在各级高程上的演化呈现不同的变化模式；在坡度上，河谷聚落斑块数量先增加后减少，在 5°~15° 地带河谷聚落斑块的数量达最大，斑块密度在小于 15° 的坡度区内集中分布，河谷聚落在各级坡度上的演化模式出现明显的改变：1994~2004 年，聚落斑块数均呈现明显的增长，河谷聚落逐渐向低坡度区转移，2004~2014 年，由于受地震影响及震后次生山地灾害的影响，河谷聚落小于 5°(平坦坡)和大于 35° 的聚落逐渐向 5°~35° 的坡度区迁移；在坡向上，1994 年和 2004 年河谷聚落集中分布在平地和北西两个方向上，2014 年河谷聚落集中在平地和西两个方向上，这 20 年间河谷聚落斑块分布由 1994~2004 年间的北、东、西、西北基本上向呈轴对称的 2004~2014 年的东南、南、西南、西迁移，河谷聚落在各级坡向上的演化模式呈现三种状态。

(7)河谷聚落对泥石流堆积扇演化的响应。岷江上游河谷聚落对泥石流堆积扇演化的响应显著，其中河谷聚落面积与堆积扇面积呈线性的增长变化，且河谷聚落面积的增长速度随时间的增大而增大(斜率 k：$k_{2014} > k_{2004} > k_{1994}$)；而河谷聚落斑块形状指数(LSI)平均值和泥石流堆积扇形态比(DSPS)平均值较为符合指数型的变化，即随 DSPS 的递增LSI 呈指数型递减，同时具体的每一堆积扇上响应状态却有差异；河谷聚落和泥石流堆积扇分布关系的响应：在高程上两者的分布存在线性递增关系，而且两者的耦合关系随时间变化，同时河谷聚落随泥石流堆积扇分布的变化速率是先增大后减小；在坡度上，两者符合二次多项式函数模型，即河谷聚落斑块密度随着泥石流堆积扇几何中心点密度的增加而先增大后减小；在坡向上，两者之间符合线性模型的演化关系，而且河谷聚落斑块密度随泥石流堆积扇几何中心点密度的变化速率随时间增加而增加($k_{2014} > k_{2004} > k_{1994}$)，表明长时间段内河谷聚落在坡向上的变化受泥石流堆积扇的影响将越来越显著。

(8)土地利用对泥石流灾害的响应。在靠近断裂带的泥石流沟内，地震能量巨大，泥石流沟道两侧斜坡表面的破坏程度已经不受地表土地利用方式差异的影响，只要利于崩滑地质灾害发育，林(草)地、耕地、裸地、城乡建设用地、冰川等类型的土地均可为泥石流提供物质来源。而在稍远离断裂带的泥石流沟内，地震能量还不至完全占据主导，耕地、林(草)地、裸地、城乡建设用地在不同沟道内，促进泥石流灾害形成的程度不一。在人类工程活动强烈的沟道内，裸地、城乡建设用地所产生的松散物质较多，在强降雨作用下，松散物可直接转换为泥石流流体物质。在地表植被发育的泥石流沟道内，林（草）地、耕地所产生的松散物质较多，这与斜坡重力侵蚀、植被根系对岩土体的破坏有关。

在分析前人研究成果的基础上，本书提出改进的敏感性计算模型，可得到不同坡度、不同岩性条件下土地利用类型对泥石流灾害敏感性值。根据计算结果分析，在坡度为 25°～45°区域内，坡度增加，林（草）地、裸地、城乡建设用地的敏感性值快速增加，并达到最大值，由此可见，25°～45°区域是形成泥石流灾害的优势坡度；在不同岩组条件下，第四系（Q）、志留系（S）、泥盆系（D）地层地区的耕地、城乡建设用地等地区泥石流敏感性值较高。

通过距离 D 的统计分析可得哈尔木沟、色尔古沟、七盘沟 2005 年、2009 年、2013 年泥石流物源形心的变化趋势，总体上，地震前 2005 年的物源形心距离沟道较远，2009、2013 年泥石流物源形心距离沟道较近，泥石流在地震之后，活跃性增强。

（9）泥石流灾害短临预警。通过传感节点、ZigBee 数据传输协议、网关节点、Internet 及监控中心，构建完成无线传感监测网，并根据研究区降水量垂直分异特征分析传感节点布设要求：在地貌条件下，主要布设于小起伏中山、小起伏高山、中起伏中山、中起伏高山；在坡度及坡向条件下，可以忽略坡向因素，仅考虑坡度因素，传感节点布设密度由西北向东南区域逐渐增大，且由于随着坡度的增加，降水量也不断增加，因此同一区域内，传感节点布设于坡度最大处；在垂直方向上，分别从西北部、中部、东南部考虑传感节点的布设，西北部在小于 3650m 处，传感节点布设于海拔 2650m 处，大于 3650m 的区域则在同一范围内布设于高海拔处，中部区域传感节点布设于同一区域范围内高海拔处，东南部区域在小于 5162m，布设于海拔 4238m 处，其余区域布设于高海拔区域处。

利用 ArcGIS 技术，结合泥石流短临预警报需要，对数据库总体结构、子数据库的逻辑结构、关联数据表结构、图形要素结构进行了相应的设计；同时，分析了研究区临界降水量计算方法（临界水深法）。

以岷江上游七盘沟为例进行实例应用，基于实际条件限制，完成了泥石流短临预警报体系的三部分：①传感监测网的节点布设；②七盘沟泥石流松散堆积体临界启动雨量计算；③七盘沟泥石流短临预警报数据库的构建以及基础数据的处理与导入。

在过去的几十年，自然灾害管理从一个基于传统技术措施的流程方法转为针对减少灾害风险频率或幅度的概念，它允许评估灾害对人类圈的影响及其对建筑环境的影响。在管理自然灾害风险中，为了减少危险事件带来的损失，更广泛地了解所需的易损性概念是必须的。由于部门行业的规定，多个固有的易损性概念存在明显的差异。它们之间的整体差异用来演绎和归纳易损性评价。第一，旨在依据不同的指标和指数（经验获得），识别、比较和量化区域易损性、群体的易损性或行业易损性；第二，针对易损性行为和能力的认知，为了更好地发展本地，植入相适应的应对策略，承认多种不同根源的易损性概念，通过多维的方法实现减少自然灾害风险的总体目标。这种方法应该不仅包括灾害来源本身尺度，而且关注经济、社会和制度方面的应对力和恢复力。这些方法的核心是一个内部反馈回路系统，凸显出易损性是动态的。易损性评价不能局限于静态模型允许识别个人因素的暴露性、应对力和恢复力。本书提供的模型反复应用更新的指标和指数，因而非常适合应用于数据有限的地区。

11.2　展　　望

　　本书通过获得的河谷聚落和泥石流堆积扇的范围、形态以及分布特征，将这些特征进行多期的演化分析，根据两者演化特征的分析结果，将两者关系进行耦合分析，同时从多个特征角度讨论并验证两者之间存在一定的响应关系。但是由于一些条件的限制，研究中没有精确地表达长时间序列下河谷聚落对泥石流堆积扇演化的响应关系，同时文中也没有泥石流堆积扇特征对河谷聚落的经济影响和泥石流堆积扇的物理特征等分析，这些方面的不完善，在一定程度上影响了研究结果的完整性。在今后的研究中，将继续关注该流域聚落和泥石流灾害的演进过程，并积极地补充"河谷聚落和泥石流堆积扇"的响应研究内容，同时也将对研究的尺度进行细化，在未来的研究中，选取某一具有河谷聚落的特定泥石流沟，对河谷聚落和泥石流堆积扇两者关系进行深入细致的探讨。

　　对临界降水量的计算采用临界水深法，基于模型原理，该模型主要应用范围为单沟泥石流，本书拟借助该模型与 GIS 技术的综合应用进行点(临界降水量)对点(松散堆积体)的监测预报，但基于实际条件限制(数据量不足)，对临界水深法模型的改进有所欠缺；在实际情况中，在明确气流方向的情况下，可以确定迎风坡与背风坡。降雨作用在迎风坡与背风坡具有不同的雨量，因此对于降水量的垂直分异特征，坡向因子也是不可忽略的要素之一，而对这一情况的分析需要采集同期次不同坡向情况下的降水量，因此文中在降水量垂直分异特征中未有提及坡向因素；在后期获取到反馈数据的情况下，可对该情况进行进一步的研究分析；在本书实例应用中，七盘沟数据来源于野外调查与《七盘沟泥石流勘察报告》，由于数据量不足(所有松散堆积体的相关参数)，导致最终获取的临界降水量数据不全。拟在泥石流短临预警报体系的构建过程中，针对缺损松散堆积体进行进一步勘察。

附　　录

附表　岷江上游 244 条泥石流沟面积－高程积分与发育阶段汇总表

沟谷编号	Strahler 面积－积分曲线函数 $X = [0, 1]$	S	H	发育阶段
1	$y = -1.0196x^3 + 1.0352x^2 - 0.9147x + 0.877$	0.5098	0.1835	壮年偏幼年期
2	$y = -0.93476x^3 + 1.3312x^2 - 0.754x + 0.3951$	0.2282	0.7058	老年期
3	$y = -1.3937x^3 + 2.1809x^2 - 1.7273x + 0.9656$	0.4807	0.2132	壮年期
4	$y = -1.8871x^3 + 3.1679x^2 - 2.1844x + 0.967$	0.4590	0.2377	壮年期
5	$y = -0.8167x^3 + 1.2052x^2 - 0.9107x + 0.5365$	0.2787	0.5663	老年期
6	$y = -1.7413x^3 + 2.6395x^2 - 1.7994x + 0.9439$	0.4344	0.2682	壮年期
7	$y = -1.3854x^3 + 2.3946x^2 - 1.9537x + 0.9679$	0.4429	0.2573	壮年期
8	$y = -1.0129x^3 + 1.4777x^2 - 1.3573x + 0.9494$	0.5101	0.1833	壮年偏幼年期
9	$y = -0.5313x^3 + 0.6987x^2 - 1.1144x + 0.9785$	0.5214	0.1727	壮年偏幼年期
10	$y = -1.7627x^3 + 2.3759x^2 - 1.498x + 0.9547$	0.5570	0.1422	壮年偏幼年期
11	$y = -1.5113x^3 + 1.866x^2 - 1.2774x + 0.9727$	0.5782	0.1261	壮年偏幼年期
12	$y = -1.7854x^3 + 2.908x^2 - 2.0149x + 0.9154$	0.4309	0.2727	壮年期
13	$y = -1.3844x^3 + 1.9424x^2 - 1.5118x + 0.9664$	0.5119	0.1816	壮年偏幼年期
14	$y = -1.825x^3 + 2.6737x^2 - 1.7693x + 0.9658$	0.5161	0.1776	壮年偏幼年期
15	$y = -0.8933x^3 + 1.878x^2 - 1.9333x + 0.9684$	0.4029	0.3119	壮年偏老年期
16	$y = -2.0416x^3 + 2.7048x^2 - 1.5668x + 0.9633$	0.5711	0.1313	壮年偏幼年期
17	$y = -1.6306x^3 + 2.4858x^2 - 1.7496x + 0.9299$	0.6739	0.0686	幼年期
18	$y = -1.4268x^3 + 2.02x^2 - 1.4663x + 0.9572$	0.5407	0.1556	壮年偏幼年期
19	$y = -0.6209x^3 + 1.1121x^2 - 1.4498x + 0.9577$	0.4483	0.2506	壮年期
20	$y = -1.4689x^3 + 2.0918x^2 - 1.5316x + 0.9378$	0.5022	0.1910	壮年偏幼年期
21	$y = -1.8807x^3 + 2.7607x^2 - 1.7448x + 0.9241$	0.5018	0.1914	壮年偏幼年期
22	$y = -1.7926x^3 + 2.6814x^2 - 1.8008x + 0.9374$	0.4827	0.2111	壮年期
23	$y = -2.7264x^3 + 3.8530x^2 - 2.4233x + 1.4037$	0.7948	0.0245	幼年期
24	$y = -2.3659x^3 + 3.8625x^2 - 2.7282x + 1.2940$	0.6259	0.0945	幼年期
25	$y = -1.8070 x^3 + 2.4906x^2 - 1.5393x + 0.9288$	0.5376	0.1582	壮年偏幼年期
26	$y = -1.8166x^3 + 2.7867x^2 - 1.8321x + 0.9058$	0.4645	0.2313	壮年期
27	$y = -1.2096x^3 + 1.3439x^2 - 1.2505x + 0.9617$	0.4820	0.2118	壮年期
28	$y = -1.5479x^3 + 2.4307x^2 - 1.8008x + 0.9417$	0.4646	0.2312	壮年期

沟谷编号	Strahler 面积－积分曲线函数 $X=[0,1]$	S	H	发育阶段
29	$y=-1.3409x^3+1.854x^2-1.4453x+0.975$	0.5352	0.1603	壮年偏幼年期
30	$y=-1.2864x^3+1.9049x^2-1.5775x+1.0029$	0.5275	0.1671	壮年偏幼年期
31	$y=-1.5719x^3+2.0085x^2-1.3341x+0.955$	0.5645	0.1363	壮年偏幼年期
32	$y=-3.2848x^3+5.3873x^2-3.7954x+1.7563$	0.8332	0.0157	幼年期
33	$y=-1.7739x^3+2.9094x^2-2.0497x+0.9472$	0.4487	0.2501	壮年期
34	$y=-1.5022x^3+1.9881x^2-1.4114x+0.9568$	0.3370	0.1588	壮年偏幼年期
35	$y=-0.904x^3+0.7455x^2-0.7545x+0.9688$	0.6141	0.1017	幼年期
36	$y=-1.0365x^3+1.3474x^2-1.2597x+1.03$	0.5902	0.1175	壮年偏幼年期
37	$y=-1.6265x^3+2.05x^2-1.2873x+0.9318$	0.5649	0.1360	壮年偏幼年期
38	$y=-1.8738x^3+2.6819x^2-1.7103x+0.9295$	0.4999	0.1933	壮年偏幼年期
39	$y=1.3853x^3-1.8181x^2-0.473x+0.9539$	0.4577	0.2393	壮年期
40	$y=-1.1026x^3+1.5922x^2-1.3717x+0.9404$	0.5096	0.1837	壮年偏幼年期
41	$y=-1.6594x^3+1.8139x^2-1.1525x+0.9768$	0.5903	0.1170	壮年偏幼年期
42	$y=-1.9385x^3+2.7928x^2-1.7551x+0.9759$	0.5447	0.1523	壮年偏幼年期
43	$y=-1.1574x^3+1.6142x^2-1.3698x+0.9538$	0.5176	0.1761	壮年偏幼年期
44	$y=-1.7667x^3+2.4917x^2-1.6333x+0.9363$	0.5085	0.1848	壮年偏幼年期
45	$y=-1.8747x^3+2.34x^2-1.4106x+0.9289$	0.5349	0.1601	壮年偏幼年期
46	$y=-1.6312x^3+2.6421x^2-1.9375x+0.966$	0.4702	0.2249	壮年期
47	$y=-2.0061x^3+2.7757x^2-1.6693x+0.9579$	0.5470	0.1503	壮年偏幼年期
48	$y=-2.1438x^3+2.9562x^2-1.6574x+0.9415$	0.5623	0.1381	壮年偏幼年期
49	$y=-2.0131x^3+3.2371x^2-2.1037x+0.9108$	0.4347	0.2678	壮年期
50	$y=-1.1204x^3+1.547x^2-1.6182x+1.4152$	0.8417	0.0140	幼年期
51	$y=-0.8565x^3+1.1826x^2-1.237x+0.954$	0.5156	0.1781	壮年偏幼年期
52	$y=-1.8414x^3+2.678x^2-1.7276x+0.922$	0.4905	0.2028	壮年期
53	$y=-1.7184x^3+2.5492x^2-1.6973x+0.9275$	0.4990	0.1942	壮年偏幼年期
54	$y=-1.5172x^3+1.9811x^2-1.3672x+0.9599$	0.5574	0.1419	壮年偏幼年期
55	$y=-0.86x^3+0.8867x^2-0.92x+0.9452$	0.5658	0.1353	壮年偏幼年期
56	$y=-1.2837x^3+1.5691x^2-1.1968x+0.9509$	0.5546	0.1441	壮年偏幼年期
57	$y=-1.685x^3+2.7432x^2-2.0143x+0.9381$	0.4241	0.2820	壮年期
58	$y=-1.2924x^3+1.5553x^2-1.2047x+0.9823$	0.5753	0.1282	壮年偏幼年期
59	$y=-0.9366x^3+1.1741x^2-1.1737x+0.9519$	0.5223	0.1718	壮年偏幼年期
60	$y=-0.4964x^3+0.6156x^2-1.0549x+0.9437$	0.4974	0.1958	壮年偏幼年期
61	$y=-1.8592x^3+2.3869x^2-1.4342x+0.9859$	0.5996	0.1111	幼年期
62	$y=-2.2188x^3+3.1335x^2-1.7634x+0.9112$	0.5193	0.1746	壮年偏幼年期
63	$y=-1.5389x^3+2.3486x^2-1.7439x+0.9642$	0.4904	0.2029	壮年期

沟谷编号	Strahler 面积－积分曲线函数 $X=[0，1]$	S	H	发育阶段
64	$y=-1.8514x^3+3.638x^2-2.7373x+0.9416$	0.3228	0.4536	老年期
65	$y=-2.3138x^3+3.9544x^2-2.626x+0.9253$	0.3790	0.3493	壮年偏老年期
66	$y=-1.107x^3+1.3226x^2-1.1124x+0.9566$	0.5645	0.1363	壮年偏幼年期
67	$y=-1.197x^3+1.6015x^2-1.3272x+0.9729$	0.5439	0.1529	壮年偏幼年期
68	$y=-1.0205x^3+2.1131x^2-2.0585x+0.9812$	0.4012	0.3145	壮年偏老年期
69	$y=-1.1586x^3+1.1771x^2-0.9475x+0.9708$	0.5998	0.1110	幼年期
70	$y=-1.5771x^3+2.1587x^2-1.5049x+0.9813$	0.5541	0.1445	壮年偏幼年期
71	$y=-1.003x^3+0.9314x^2-0.8524x+0.9692$	0.6207	0.1090	幼年期
72	$y=-1.3327x^3+0.906x^2-1.4902x+0.9747$	0.5318	0.1633	壮年偏幼年期
73	$y=-2.3509x^3+3.2987x^2-1.8059x+0.9158$	0.5147	0.1789	壮年偏幼年期
74	$y=-2.4088x^3+3.8009x^2-2.2583x+0.9224$	0.4580	0.2389	壮年期
75	$y=-0.2541x^3+1.0076x^2-1.7057x+0.9906$	0.4101	0.3015	壮年偏老年期
76	$y=-1.2234x^3+1.4703x^2-1.1399x+0.955$	0.5693	0.1327	壮年偏幼年期
77	$y=-0.6829x^3+0.8567x^2-0.8362x+0.6921$	0.3888	0.3334	壮年偏老年期
78	$y=-1.1292x^3+1.4616x^2-1.2443x+0.9311$	0.5139	0.1797	壮年偏幼年期
79	$y=-0.9373x^3+1.0553x^2-1.0489x+0.9989$	0.5212	0.1728	壮年偏幼年期
80	$y=-0.9373x^3+1.0553x^2-1.0489x+0.9282$	0.4709	0.2240	壮年期
81	$y=-0.8861x^3+1.4539x^2-1.4716x+0.9436$	0.5685	0.1332	壮年偏幼年期
82	$y=-1.7643x^3+2.2704x^2-1.4066x+0.9561$	0.5084	0.1849	壮年偏幼年期
83	$y=-1.9792x^3+2.8678x^2-1.8212x+0.9579$	0.4648	0.2309	壮年期
84	$y=-1.4942x^3+2.3746x^2-1.7847x+0.9392$	0.4618	0.2344	壮年期
85	$y=-1.2313x^3+1.9759x^2-1.6458x+0.9339$	0.5162	0.1774	壮年偏幼年期
86	$y=-1.5829x^3+2.2421x^2-1.578x+0.9536$	0.5065	0.1868	壮年偏幼年期
87	$y=-1.2424x^3+1.7801x^2-1.4214x+0.9344$	0.6547	0.0783	幼年期
88	$y=-1.1616x^3+2.2169x^2-1.4819x+0.9471$	0.5118	0.1816	壮年偏幼年期
89	$y=-1.03x^3+1.5915x^2-1.4927x+0.9375$	0.4662	0.2294	壮年期
90	$y=-2.3372x^3+2.9663x^2-1.5079x+0.9701$	0.6206	0.0977	幼年期
91	$y=-1.0757x^3+1.415x^2-1.287x+0.9937$	0.5529	0.1454	壮年偏幼年期
92	$y=-0.6193x^3+0.6934x^2-1.0079x+0.9678$	0.5402	0.1561	壮年偏幼年期
93	$y=-1.9364x^3+2.8626x^2-1.8505x+0.9561$	0.5010	0.1922	壮年偏幼年期
94	$y=-1.4589x^3+2.264x^2-1.7073x+0.9307$	0.4670	0.2284	壮年期
95	$y=-0.8214x^3+1.1893x^2-1.257x+0.9305$	0.4931	0.2002	壮年期
96	$y=-1.9021x^3+2.7077x^2-1.6933x+0.9628$	0.5432	0.1535	壮年偏幼年期
97	$y=-1.4647x^3+2.2377x^2-1.6755x+0.919$	0.4610	0.2354	壮年期
98	$y=-1.2523x^3+2.0766x^2-1.7358x+0.9562$	0.4674	0.2279	壮年期

沟谷编号	Strahler 面积－积分曲线函数 $X=[0，1]$	S	H	发育阶段
99	$y=-1.2243x^3+1.8105x^2-1.5019x+0.9513$	0.4978	0.1954	壮年偏幼年期
100	$y=-1.9565x^3+2.7064x^2-1.6134x+0.9082$	0.5145	0.1791	壮年偏幼年期
101	$y=-0.6216x^3+0.9617x^2-1.3096x+1.0133$	0.5217	0.1724	壮年偏幼年期
102	$y=-1.2771x^3+1.8128x^2-1.4963x+0.9752$	0.5120	0.1814	壮年偏幼年期
103	$y=-2.0852x^3+2.997x^2-1.7944x+0.9497$	0.5302	0.1647	壮年偏幼年期
104	$y=-2.1513x^3+2.9246x^2-1.7169x+0.9608$	0.5394	0.1567	壮年偏幼年期
105	$y=-1.8603x^3+2.5939x^2-1.417x+0.934$	0.5251	0.1693	壮年偏幼年期
106	$y=-1.1454x^3+1.9838x^2-1.7937x+0.9684$	0.4466	0.2527	壮年期
107	$y=-0.7143x^3+1.0267x^2-1.23x+0.9692$	0.5179	0.1759	壮年偏幼年期
108	$y=-1.2523x^3+1.7035x^2-1.378x+0.9657$	0.5315	0.1636	壮年偏幼年期
109	$y=-0.9005x^3+1.3447x^2-1.3646x+0.9689$	0.5087	0.1836	壮年偏幼年期
110	$y=-1.834x^3+2.4747x^2-1.5301x+0.9372$	0.5186	0.1574	壮年偏幼年期
111	$y=-1.3636x^3+1.7448x^2-1.2929x+0.9705$	0.5648	0.1361	壮年偏幼年期
112	$y=-1.9943x^3+2.9166x^2-1.83x+0.8967$	0.4720	0.2228	壮年期
113	$y=-1.8939x^3+2.9306x^2-1.8386x+0.9422$	0.5013	0.1919	壮年偏幼年期
114	$y=-1.7594x^3+2.7925x^2-1.9408x+0.9446$	0.4652	0.2305	壮年期
115	$y=-1.193x^3+1.576x^2-1.3032x+0.9583$	0.5318	0.1616	壮年偏幼年期
116	$y=-1.5033x^3+2.3471x^2-1.7611x+0.9464$	0.4724	0.2223	壮年期
117	$y=-1.8133x^3+2.6657x^2-1.7501x+0.9549$	0.5151	0.1785	壮年偏幼年期
118	$y=-0.2599x^3+0.1759x^2-0.8585x+0.9793$	0.5437	0.1531	壮年偏幼年期
119	$y=-1.5149x^3+2.217x^2-1.6257x+0.964$	0.5114	0.1819	壮年偏幼年期
120	$y=-1.3597x^3+2.1177x^2-1.6896x+0.9693$	0.4905	0.2029	壮年期
121	$y=-1.5231x^3+2.3398x^2-1.7539x+0.9793$	0.4925	0.2029	壮年期
122	$y=-0.9887x^3+0.9151x^2-0.8962x+0.9696$	0.5992	0.1114	壮年偏幼年期
123	$y=-1.469x^3+2.2974x^2-1.7524x+0.9629$	0.4852	0.2084	壮年期
124	$y=-1.2626x^3+1.6209x^2-1.2623x+0.9569$	0.5504	0.1575	壮年偏幼年期
125	$y=-1.8376x^3+2.5883x^2-1.6028x+0.9592$	0.5612	0.1389	壮年偏幼年期
126	$y=-1.9305x^3+2.8306x^2-1.7834x+0.9336$	0.5028	0.1904	壮年偏幼年期
127	$y=-0.9506x^3+1.0356x^2-1.0309x+0.9729$	0.5650	0.1359	壮年偏幼年期
128	$y=-1.1686x^3+1.3038x^2-1.056x+0.9495$	0.5635	0.1371	壮年偏幼年期
129	$y=-1.7649x^3+2.5101x^2-1.6457x+0.965$	0.5326	0.1582	壮年偏幼年期
130	$y=-1.7377x^3+2.499x^2\_1.6992x+0.9895$	0.5385	0.1375	壮年偏幼年期
131	$y=-1.0514x^3+1.7167x^2-1.6066x+0.9765$	0.4826	0.2418	壮年期
132	$y=-1.8748x^3+2.7181x^2-1.7557x+0.9677$	0.5272	0.1674	壮年偏幼年期
133	$y=-1.7209x^3+2.676x^2-1.8658x+0.958$	0.4869	0.2066	壮年期

沟谷编号	Strahler 面积－积分曲线函数 $X=[0,1]$	S	H	发育阶段
134	$y=-1.6849x^3+2.3824x^2-1.6348x+0.9494$	0.4964	0.1978	壮年偏幼年期
135	$y=-1.0827x^3+1.4878x^3-1.33x+0.9707$	0.5310	0.1640	壮年偏幼年期
136	$y=-1.548x^3+2.21x^2-1.585x+0.9651$	0.5223	0.1711	壮年偏幼年期
137	$y=-1.709x^3+2.4034x^2-1.6161x+0.967$	0.5327	0.1624	壮年偏幼年期
138	$y=-1.1892x^3+2.618x^2-1.8189x+0.9575$	0.4685	0.2267	壮年期
139	$y=-1.4126x^3+2.1579x^2-1.6734x+0.9554$	0.4849	0.2877	壮年期
140	$y=-1.2313x^3+1.5263x^2-1.1671x+0.925$	0.5424	0.1542	壮年偏幼年期
141	$y=-1.4223x^3+1.5965x^2-1.1205x+0.9877$	0.6240	0.1282	壮年偏幼年期
142	$y=-1.5873x^3+2.0916x^2-1.4424x+0.9915$	0.5123	0.1304	壮年偏幼年期
143	$y=-2.4805x^3+3.477x^2-1.8756x+0.9266$	0.5277	0.1010	幼年期
144	$y=-1.9211x^3+2.3389x^2-1.3561x+0.9791$	0.1004	0.1106	幼年期
145	$y=-1.1355x^3+1.6953x^2-1.5042x+0.9618$	0.4909	0.2024	壮年期
146	$y=-1.8786x^3+2.7235x^2-1.7394x+0.9621$	0.5306	0.1644	壮年偏幼年期
147	$y=-0.428x^3+0.2374x^2-0.7489x+0.9673$	0.5650	0.1359	壮年偏幼年期
148	$y=-1.5418x^3+2.1059x^3-1.436x+0.9227$	0.5212	0.1728	壮年偏幼年期
149	$y=-0.0304x^3-0.155x^2-1.7599x+0.9772$	0.5580	0.1579	壮年偏幼年期
150	$y=-1.5817x^3+1.9173x^2-1.248x+0.9513$	0.5115	0.1265	壮年偏幼年期
151	$y=-1.0755x^3+1.2673x^2-1.0889x+0.9654$	0.5745	0.1288	壮年偏幼年期
152	$y=-1.0539x^3+1.3765x^2-1.2513x+0.9823$	0.5520	0.1462	壮年偏幼年期
153	$y=-1.1293x^3+1.7373x^2-1.5465x+0.923$	0.4965	0.1967	壮年偏幼年期
154	$y=-1.6128x^3+2.4074x^2-1.7105x+0.9677$	0.5117	0.1817	壮年偏幼年期
155	$y=-2.1703x^3+2.951x^2-1.6425x+0.93$	0.5498	0.1479	壮年偏幼年期
156	$y=-1.5211x^3+1.8812x^2-1.2518x+0.9445$	0.5654	0.1356	壮年偏幼年期
157	$y=-1.4273x^3+1.8296x^2-1.3474x+0.979$	0.5583	0.1412	壮年偏幼年期
158	$y=-1.2612x^3+1.4367x^2-1.0843x+0.9639$	0.5853	0.1209	壮年偏幼年期
159	$y=-0.663x^3+0.9527x^2-1.2362x+0.9851$	0.5188	0.1750	壮年偏幼年期
160	$y=-1.2572x^3+1.9455x^2-1.624x+0.9827$	0.5049	0.1883	壮年偏幼年期
161	$y=-0.831x^3+0.8979x^2-0.9448x+0.9615$	0.5806	0.1243	壮年偏幼年期
162	$y=-1.7344x^3+2.633x^2-1.8039x+0.9503$	0.4924	0.2009	壮年期
163	$y=-1.602x^3+2.394x^2-1.6984x+0.9702$	0.5201	0.1738	壮年偏幼年期
164	$y=-1.6614x^3+2.0741x^2-1.3103x+0.9533$	0.5741	0.1291	壮年偏幼年期
165	$y=-1.8389x^3+2.6894x^2-1.7658x+0.9791$	0.5329	0.1623	壮年偏幼年期
166	$y=-1.7521x^3+2.6663x^2-1.8176x+0.9393$	0.4812	0.2127	壮年期
167	$y=-1.9083x^3+2.8326x^2-1.8129x+0.9278$	0.4884	0.2050	壮年期
168	$y=-2.1021x^3+2.84x^2-1.6384x+0.9498$	0.5517	0.1465	壮年偏幼年期

续表

沟谷编号	Strahler 面积－积分曲线函数 $X = [0, 1]$	S	H	发育阶段
169	$y = -1.1293x^3 + 1.3543x^2 - 1.1177x + 0.9734$	0.5836	0.1221	壮年偏幼年期
170	$y = -1.9063x^3 + 2.6204x^2 - 1.6516x + 0.9893$	0.5604	0.1395	壮年偏幼年期
171	$y = -1.938x^3 + 2.8149x^2 - 1.7362x + 0.9102$	0.4959	0.1973	壮年偏幼年期
172	$y = -0.867x^3 + 1.0009x^2 - 1.0916x + 0.9694$	0.5404	0.1558	壮年偏幼年期
173	$y = -1.3347x^3 + 1.9252x^2 - 1.4935x + 0.9573$	0.5186	0.1752	壮年偏幼年期
174	$y = -1.2428x^3 + 1.8801x^2 - 1.5571x + 0.9525$	0.4899	0.2035	壮年期
175	$y = -2.5349x^3 + 3.9342x^2 - 2.2984x + 0.9347$	0.4637	0.2322	壮年期
176	$y = -2.5889x^3 + 3.951x^2 - 2.2493x + 0.9265$	0.4716	0.2232	壮年期
177	$y = -2.3775x^3 + 3.6428x^2 - 2.164x + 0.9231$	0.4609	0.2355	壮年期
178	$y = -1.6257x^3 + 2.2685x^2 - 1.5603x + 0.9778$	0.5474	0.1500	壮年偏幼年期
179	$y = -1.289x^3 + 1.6486x^2 - 1.2691x + 0.9622$	0.5524	0.1459	壮年偏幼年期
180	$y = -1.329x^3 + 2.1939x^2 - 1.7333x + 0.9391$	0.4555	0.2419	壮年期
181	$y = -1.8852x^3 + 3.1371x^2 - 2.1565x + 0.9619$	0.4581	0.2388	壮年期
182	$y = -1.5959x^3 + 2.4978x^2 - 1.8144x + 0.936$	0.4624	0.2337	壮年期
183	$y = -1.5412x^3 + 2.0139x^2 - 1.3702x + 0.9741$	0.5750	0.1284	壮年偏幼年期
184	$y = -1.0509x^3 + 1.4472x^2 - 1.3177x + 0.9373$	0.4981	0.1951	壮年偏幼年期
185	$y = -1.375x^3 + 2.0625x^2 - 1.6294x + 0.9822$	0.5112	0.1822	壮年偏幼年期
186	$y = -1.4756x^3 + 2.0109x^2 - 1.4531x + 0.9619$	0.5367	0.1590	壮年偏幼年期
187	$y = -1.1342x^3 + 1.3943x^2 - 1.1831x + 0.9711$	0.5607	0.1393	壮年偏幼年期
188	$y = -0.7133x^3 + 1.0867x^2 - 1.3119x + 0.9629$	0.4908	0.2025	壮年期
189	$y = -2.969x^3 + 4.7315x^2 - 2.626x + 0.8981$	0.4200	0.2875	壮年期
190	$y = -4.4675x^3 + 7.1656x^2 - 4.607x + 2.1585$	1.1260	0.0073	幼年期
191	$y = -0.4924x^3 + 0.5965x^2 - 1.0135x + 0.9457$	0.5147	0.1789	壮年偏幼年期
192	$y = -1.5907x^3 + 2.3335x^2 - 1.6456x + 0.9391$	0.4964	0.1968	壮年偏幼年期
193	$y = -1.2349x^3 + 1.6451x^2 - 1.312x + 0.9276$	0.5112	0.1822	壮年偏幼年期
194	$y = -1.8154x^3 + 2.8447x^2 - 1.922x + 0.9378$	0.4712	0.2237	壮年期
195	$y = -1.2726x^3 + 1.6611x^2 - 1.2945x + 0.9532$	0.5415	0.1549	壮年偏幼年期
196	$y = -0.7439x^3 + 1.0084x^2 - 1.2034x + 0.9623$	0.5107	0.1827	壮年偏幼年期
197	$y = -0.9637x^3 + 1.5109x^2 - 1.4877x + 0.9601$	0.4789	0.2152	壮年期
198	$y = -0.8841x^3 + 1.1035x^2 - 1.1369x + 0.969$	0.5473	0.1501	壮年偏幼年期
199	$y = -1.4572x^3 + 2.2195x^2 - 1.6408x + 0.9325$	0.4876	0.2059	壮年期
200	$y = -0.9917x^3 + 1.1903x^2 - 1.107x + 0.9717$	0.5670	0.1344	壮年偏幼年期
201	$y = -1.6384x^3 + 2.0789x^2 - 1.3494x + 0.9727$	0.5813	0.1238	壮年偏幼年期
202	$y = -1.9401x^3 + 2.5671x^2 - 1.5492x + 0.9851$	0.5812	0.1239	壮年偏幼年期
203	$y = -1.9118x^3 + 2.8876x^2 - 1.8591x + 0.8662$	0.4210	0.2861	壮年期

沟谷编号	Strahler 面积－积分曲线函数 $X=[0, 1]$	S	H	发育阶段
204	$y=-1.6224x^3+2.3408x^2-1.6203x+0.9569$	0.5214	0.1726	壮年偏幼年期
205	$y=-0.9676x^3+1.3642x^2-1.2794x+0.9482$	0.5235	0.1707	壮年偏幼年期
206	$y=-1.4267x^3+2.0162x^2-1.5101x+0.9566$	0.5169	0.1768	壮年偏幼年期
207	$y=-2.631x^3+3.0398x^2-1.8433x+0.933$	0.5088	0.1845	壮年偏幼年期
208	$y=-2.1194x^3+3.3267x^2-2.1294x+0.9701$	0.4844	0.2092	壮年期
209	$y=-0.5381x^3+0.8459x^2-1.2739x+0.9838$	0.4943	0.1989	壮年偏幼年期
210	$y=-0.6692x^3+0.7664x^2-1.0365x+0.9727$	0.5426	0.1540	壮年偏幼年期
211	$y=-1.1706x^3+1.3855x^2-1.0838x+0.9491$	0.5764	0.1274	壮年偏幼年期
212	$y=-1.9092x^3+2.8125x^2-1.7915x+0.9377$	0.5021	0.1911	壮年偏幼年期
213	$y=-1.4576x^3+2.2568x^2-1.7377x+0.9655$	0.4845	0.2091	壮年期
214	$y=-2.4708x^3+3.5661x^2-1.9434x+0.9348$	0.5341	0.1613	壮年偏幼年期
215	$y=-0.827x^3+0.9616x^2-1.0534x+0.975$	0.5621	0.1382	壮年偏幼年期
216	$y=-1.6774x^3+2.1559x^2-1.3575x+0.9414$	0.5620	0.1383	壮年偏幼年期
217	$y=-0.7853x^3+1.1227x^2-1.2671x+0.9787$	0.5230	0.1712	壮年偏幼年期
218	$y=-2.3929x^3+3.0479x^2-1.5904x+0.982$	0.6045	0.1079	幼年期
219	$y=-0.7523x^3+1.062x^2-1.2642x+0.9952$	0.5290	0.1658	壮年偏幼年期
220	$y=-1.7955x^3+2.678x^2-1.8183x+0.9814$	0.5160	0.1776	壮年偏幼年期
221	$y=-0.6814x^3+1.2672x^2-0.324x+0.9799$	1.0690	0.0023	幼年期
222	$y=-1.6279x^3+2.8492x^2-2.1651x+0.9487$	0.4090	0.3030	壮年偏老年期
223	$y=-1.3412x^3+1.7859x^2-1.3927x+0.9964$	0.5601	0.1398	壮年偏幼年期
224	$y=-1.5672x^3+2.0816x^2-1.3832x+0.9472$	0.5576	0.1417	壮年偏幼年期
225	$y=-1.6104x^3+2.1962x^2-1.4789x+0.9658$	0.5558	0.1431	壮年偏幼年期
226	$y=-0.4109x^3+1.1341x^2-1.6662x+0.9616$	0.4038	0.3106	壮年偏老年期
227	$y=-1.1256x^3+1.5568x^2-1.0448x+0.6374$	0.3525	0.3952	壮年偏老年期
228	$y=-1.5297x^3+2.3795x^2-1.7908x+0.9663$	0.1783	0.9026	老年期
229	$y=-1.0688x^3+1.6035x^2-1.5046x+0.976$	0.4910	0.2023	壮年期
230	$y=-1.6875x^3+2.2414x^2-1.5035x+0.9891$	0.5626	0.1378	壮年偏幼年期
231	$y=-0.8909x^3+1.0517x^2-1.0461x+0.9944$	0.6000	0.1108	幼年期
232	$y=-2.2011x^3+3.0531x^2-1.8001x+0.9772$	0.5651	0.1359	壮年偏幼年期
233	$y=-1.3749x^3+1.8483x^2-1.3943x+0.9721$	0.5473	0.1501	壮年偏幼年期
234	$y=-1.8162x^3+2.6919x^2-1.729x+0.9033$	0.4821	0.2118	壮年期
235	$y=-1.5892x^3+2.446x^2-1.7623x+0.947$	0.4839	0.2098	壮年期
236	$y=-1.7945x^3+2.7671x^2-1.8504x+0.9159$	0.4644	0.2314	壮年期
237	$y=-1.5343x^3+2.1584x^2-1.5196x+0.9716$	0.5477	0.1497	壮年偏幼年期
238	$y=-1.4705x^3+2.3814x^2-1.8475x+0.9666$	0.4690	0.2262	壮年期

沟谷编号	Strahler 面积－积分曲线函数 $X=[0,1]$	S	H	发育阶段
239	$y=-1.4947x^3+2.6043x^2-2.1651x+0.9954$	0.4073	0.3055	壮年偏老年期
240	$y=-1.8187x^3+2.4704x^2-1.6017x+0.94$	0.5079	0.1854	壮年偏幼年期
241	$y=-0.7471x^3+1.4048x^2-1.627x+0.9968$	0.4648	0.2309	壮年期
242	$y=-1.605x^3+2.3614x^2-1.4835x+0.9791$	0.5520	0.1462	壮年偏幼年期
243	$y=-1.8679x^3+2.8523x^2-1.855x+0.9403$	0.4966	0.1966	壮年偏幼年期
244	$y=-1.5498x^3+2.0547x^2-1.3786x+0.9208$	0.5290	0.1658	壮年偏幼年期